博士论丛

# 建筑形态演进与科学技术发展

## The Evolution of Architecture Form and the Development of Science and Technology

杨 涛 著

U0207705

中国建筑工业出版社

**图书在版编目（CIP）数据**

建筑形态演进与科学技术发展 /杨涛著. — 北京：中国
建筑工业出版社，2013.8
（博士论丛）
ISBN 978-7-112-15635-1

Ⅰ．①建…　Ⅱ．①杨…　Ⅲ．①建筑形式 —研
究　Ⅳ．①TU-0

中国版本图书馆CIP数据核字（2012）第163955号

在历史长河中，科学技术、建筑技术的发展与建筑形态的演进关系密切。本书
以科学技术的发展为主干，以建筑技术、建筑形态为枝叶，构筑了一幅建筑形态在
科学技术的影响下，不断演进的美妙画卷。借鉴西方建筑的成功经验以解决中国建
筑健康发展的问题，是本书写作的根本动机，探寻建筑形态演进的真正动因是本书
写作的目标。

本书可供建筑师、建筑院校师生等阅读参考。

责任编辑：吴宇江　许顺法
责任设计：董建平
责任校对：肖　剑　陈晶晶


博士论丛
**建筑形态演进与科学技术发展**
The Evolution of Architecture Form and the Development
of Science and Technology
杨　涛　著
\*
中国建筑工业出版社出版、发行（北京西郊百万庄）
各地新华书店、建筑书店经销
北京京点图文设计有限公司制版
北京市密东印刷有限公司印刷
\*
开本：787×1092毫米　1/16　印张：17　字数：315千字
2013年9月第一版　2013年9月第一次印刷
定价：**43.00元**
ISBN 978-7-112-15635-1
　　　　　（24180）

# 前　言

建筑是时代的载体，具有民族性，中国人不是西方人，中国人的建筑不该、更不可能西方化。民族的本性与中国近现代以来的社会变化，特别是改革开放以来的巨大成就，要借助中国现代建筑得以体现；借助中国传统可以，但必须现代化；借助西方建筑也可行，但必须中国化。当代中国建筑缺失的是近现代以来一直没有探索到的，可以指引中国建筑在正确发展方向上前进的"新风格"。

借鉴西方建筑的成功经验以解决中国建筑健康发展的问题，是本书写作的根本动机，探寻建筑形态演进的真正动因是本书写作的目标。建筑形态演进追随科学技术进步的规律是建筑风格追随时代的理论与实践印证，这值得我们反思150年中国近现代建筑实践中存在的问题——片面重视形式问题，这一状况导致我们难以很好地做到建筑的技术与艺术的完美统一，难以统筹兼顾地把握建筑所涉及的政治、经济、文化、传统等诸多因素。

在历史长河中，科学技术、建筑技术的发展与建筑形态的演进关系密切。本书以科学技术的发展为主干，以建筑技术、建筑形态为枝叶，构筑了一幅建筑形态在科学技术的影响下，不断演进的美妙画卷。

古代科技处于手工业时期，经济和社会发展速度相对缓慢，人们的需求相对稳定，因而科技发展缓慢，建筑技术革新力度不大，建筑形态相对稳定。

近代科学依靠科学实验来检验和发展科学理论，科学与技术逐步走向密切结合实现了两次技术革命。西方近代建筑借助新材料、新技术与新形式的应用，最终成功地完成了对砖石结构体系的古典建筑的革命。

19世纪末至20世纪，依靠自然科学的最新成就，一大批新兴技术不断涌现。科学与技术的一体化趋势，使西方建筑迅速摆脱了旧技术的限制，探索着更新的材料和结构，特别是钢和钢筋混凝土的广泛采用，促使在建筑形式上开始摒弃古典建筑的"永恒"范例，掀起了创新运动——现代建筑完成了对近代建筑的批判，并使建筑形态得以升华。

当代，计算机参数化技术帮助建筑师设计和控制更高级、更复杂的几何形体。计算机已不再是简单的绘图工具，而是从最初的直觉行为转成由系统理论指导的理性应用，带给建筑更多形式上的可能性。借助计算机技术，当代建筑实现了形态由量变到质变的"大爆发"。

几千年的建筑实践表明，传统中国虽没有出现类似西方的完备的建筑学科与建筑体系，却不能否认中国传统建筑具有自己独到的建筑定位，即以实用为主旨的中国传统建筑"器物论"。近代西学东渐以来，由于科学精神的缺失，在西方 Architecture 的冲击下，中国建筑失去了理性的判断力，盲目地接受西方 Architecture 的理念并把它当成中国建筑的发展方向。

　　中国建筑发展应回归以人为本，风格当随时代。研究发现，西方建筑的发展演进中隐含着一条科学技术进步影响、制约建筑形态的内在规律，其建筑形态的演进追随着科学技术的发展自然而然地发生。反观中国近现代以来建筑形态的发展，却主要走在模仿与追随的道路上，"固化"了中国建筑的风格。"风格"是果，不是因。中国现代建筑"新风格"的真正来源是我们对当代中国人的建筑要求与中国当代状况的全面的、正确的研究与把握——既要做到以现代中国人为本，又要做到风格追随时代要求。

# 目　　录

第 1 章　绪论 ·········································································1

　　1.1　选题背景及其意义 ···················································1

　　1.2　已有研究回顾 ··························································5

　　1.3　理论依据和研究方法 ··············································11

　　1.4　研究思路及主要内容 ··············································12

　　1.5　创新点 ·······························································14

　　1.6　其他相关问题 ·······················································16

第 2 章　相关概念的解读 ·····················································17

　　2.1　建筑的含义与理解 ·················································17

　　2.2　建筑形态 ·····························································21

　　2.3　演进的概念与理解 ·················································23

　　2.4　科学与技术 ··························································23

　　　　2.4.1　科学的概念 ···················································23

　　　　2.4.2　技术的概念 ···················································24

　　　　2.4.3　科学与技术的关系 ···········································25

　　　　2.4.4　科学技术与建筑的关系 ·····································27

　　2.5　建筑技术 ·····························································28

　　　　2.5.1　建筑材料 ·····················································28

　　　　2.5.2　建筑结构 ·····················································29

　　　　2.5.3　建筑设备 ·····················································30

　　2.6　小结 ·································································31

第 3 章　古代科技与建筑形态相对稳定的状况 ·····················32

　　3.1　古代埃及的科技与建筑形态 ····································32

3.2　古代两河流域的科技与建筑形态 ……………………………… 34

3.3　古代希腊 ……………………………………………………… 35

3.4　古代罗马 ……………………………………………………… 37

3.5　中世纪欧洲 …………………………………………………… 39

3.6　小结 …………………………………………………………… 42

第4章　近代科技发展引起的古典建筑形态的革命 …………………… 44

4.1　近代科学技术 ………………………………………………… 44

4.1.1　近代科学的发展 ……………………………………… 44

4.1.2　近代技术革命 ………………………………………… 51

4.2　近代工程师的贡献和结构科学的发展 ……………………… 54

4.2.1　工业革命之前建筑结构概况 ………………………… 55

4.2.2　工业革命之后结构科学的发展 ……………………… 58

4.2.3　结构计算理论的发展 ………………………………… 60

4.3　近代西方建筑技术与建筑形态的发展 ……………………… 67

4.3.1　近代前期西方建筑技术与建筑形态的发展 ………… 67

4.3.2　近代中期西方建筑技术与建筑形态 ………………… 70

4.3.3　近代后期西方建筑技术与建筑形态 ………………… 73

4.4　小结 …………………………………………………………… 79

第5章　现代科技发展带来的对近代建筑形态的批判 ………………… 80

5.1　现代科学技术 ………………………………………………… 80

5.1.1　数学 …………………………………………………… 80

5.1.2　物理学 ………………………………………………… 82

5.1.3　化学 …………………………………………………… 84

5.1.4　生物学 ………………………………………………… 86

5.1.5　天文学 ………………………………………………… 88

5.1.6　地学 …………………………………………………… 90

5.1.7　系统科学 ……………………………………………… 91

5.2　现代建筑技术的发展 ………………………………………… 96

5.2.1　现代前期（1871～1918年）建筑技术的发展 ……… 97

　　　5.2.2　现代中期（1918～1945年）建筑技术的发展........................98

　　　5.2.3　现代后期（1945年以后）建筑技术的发展........................98

　　5.3　现代建筑形态对近代建筑形态的批判........................101

　　　5.3.1　现代前期对新建筑的探索........................102

　　　5.3.2　现代中期建筑形态的发展........................105

　　　5.3.3　现代后期建筑形态的发展........................114

　　5.4　现代主义之后的非理性建筑形态........................127

　　5.5　小结........................133


第6章　当代科学技术引起建筑形态"大爆发"........................135

　　6.1　当代科学技术........................135

　　　6.1.1　信息技术........................136

　　　6.1.2　生物技术........................139

　　　6.1.3　新材料技术........................140

　　　6.1.4　新能源技术........................142

　　　6.1.5　空间技术........................143

　　　6.1.6　光电子技术与激光技术........................143

　　　6.1.7　传统产业技术的新进展........................144

　　　6.1.8　海洋资源及海洋技术........................146

　　6.2　当代建筑技术与建筑形态........................147

　　　6.2.1　计算机技术与建筑形态........................148

　　　6.2.2　参数化设计........................150

　　　6.2.3　数字建构........................153

　　　6.2.4　非线性与复杂性建筑形态........................159

　　6.3　未来建筑形态发展趋势........................163

　　　6.3.1　追随绿色的建筑形态........................164

　　　6.3.2　追随生态的建筑形态........................169

　　　6.3.3　智能建筑........................173

　　　6.3.4　未来建筑可能性猜想........................175

　　6.4　小结........................187

**第 7 章　中国建筑科技发展与形态演变** ·········································190

　7.1　古代中国的科技发展与建筑形态演变 ·····························190

　　7.1.1　古代中国的科学技术 ·········································190

　　7.1.2　建筑技术与建筑形态 ·········································192

　7.2　近代中国的科学技术发展与建筑形态演变 ·····················196

　　7.2.1　近代中国的科学技术发展 ·····································196

　　7.2.2　近代中国建筑技术与建筑形态 ·································200

　7.3　现代中国的科学技术发展与建筑形态演变 ·····················203

　　7.3.1　现代中国的科学技术 ·········································203

　　7.3.2　现代中国的建筑技术与建筑形态 ·······························205

　　7.3.3　用科学精神梳理中国当代建筑的乱象 ·························221

　7.4　日本的经验借鉴 ·················································230

　　7.4.1　从模仿到创新 ···············································230

　　7.4.2　西方 Architecture 的日本化 ··································232

　7.5　小结 ····························································233

**第 8 章　结语：对中国建筑问题的思考** ·································235

　8.1　中国建筑与西方 Architecture 的差异 ·····························235

　8.2　中国当代建筑问题的文化解读 ···································240

　8.3　风格的来源 ·····················································247

　　8.3.1　"风格"借鉴不可行——理论论证 ·························248

　　8.3.2　"风格"借鉴不可行——实践印证 ·························249

参考文献 ·······························································253

后记 ···································································263

# 第 1 章 绪论

## 1.1 选题背景及其意义

梁思成先生在《清式营造则例》中写道：中国建筑为东方独立系统，数千年来，继承演变，流布极广大的区域，虽然在思想及生活上，中国曾多次受外来异族的影响，发生多少变异，而中国建筑直至成熟繁衍的后代，竟仍然保存着它固有的结构方法及布置规模；始终没有失掉它原始面目，形成一个极特殊、极长寿、极体面的建筑系统[1]。这应当算作是对中国传统建筑成就最真实、最权威的写照。它也表明中国传统建筑有风格且风格独到，这也正是其在世界建筑之林中的立足之本。

19 世纪 40 年代以来，受到了西方建筑在结构、技术和形式诸方面的影响，中国建筑与传统营造方式分道扬镳，西方建筑思想与手段开始在中国建筑的发展中产生影响。随之，在中国出现的现代建筑学也并非是自然发展的结果，而是外来文化移植的产物，近代中国建筑人才的出现和建筑教育在中国的发展也体现了这一移植的过程[2]。种种变革的交织预示着，近代开始的中国建筑新风格的探索之路必然是一条头绪千丝万缕，矛盾错综复杂的艰辛之路。

大多数建筑师比较喜欢谈体量和空间、文脉、历史典故、"构造学"（tectonics）和"实体"（materiality）等，很愿意接受"建筑物是把观念具体化"的想法，却不喜欢谈论风格[3]。但成熟与稳定的建筑风格却是衡量建筑师设计水平的重要标准，也是衡量一个国家的建筑是否真正能够反映自身变化的标准。当代中国社会的巨大进步要求，当代中国建筑能够反映出时代的变化和成就——这既是建筑发展的动因，也是时代发展的必然结果。

当代，伴随着中国社会的全面进步，中国建筑的风格探索果然出现了一个"高潮"，典型的代表是相当数量的"洋设计"在中国的出场。其规模之大，费钱之多，形象之"新"，都是中国其他时代所达不到的。但这些"洋设计"却遭到了国人普遍的质疑，非但许多中国的建筑专家们不满意，

---

1 梁思成.清式营造则例[M].北京：中国建筑工业出版社，1987：3。

2 赖德霖.中国近代建筑史研究[M].北京：清华大学出版社，2007：115。

3 [美]威拖德•黎辛斯基.建筑的表情[M].杨惠君译.天津：天津大学出版社，2007：5。

1

公众也多不买账，多个针对"洋设计"的不雅称谓的出现就是例证。

2007年4月，画家陈丹青在其《退步集续集》中指出：中国只有两种建筑——中国传统建筑与西方建筑。在他看来中国有建筑，可有的只是老祖宗留下的"中式"传统建筑和西方建筑带给我们的"西式"的"洋建筑"。这表明，他隐约感到中国只具备以上两种建筑是有问题的，中国还应当具备第三种建筑，而且这第三种建筑才是我们真正迫切想要的建筑。这第三种建筑是什么呢？

建筑是时代的载体，它要反映国家的进步，同时建筑是有民族性的，中国人不是西方人，中国人的建筑不该更不可能西方化。中国民族的本性与中国近现代以来的社会变化，特别是改革开放以来的巨大成就，必须要借助某种现代建筑得以体现：借助中国传统可以，但它必须现代化；借助西方建筑也可行，但它必须中国化。以上两者其实是一回事，它们共同的指向就是"中式"的中国现代建筑——既中国，又现代。这种"既中国，又现代"的"中式"的中国现代建筑应该就是陈丹青感觉到的这第三种建筑。

当代中国建筑的发展程度之深、之广，世所瞩目，甚至于"友邦"都到了无比垂涎的地步。当代中国建筑已经发展到了一个人、财、物、技术、设备等等都不是问题的阶段，唯一缺失的就是近现代以来一直没有探索到的，可以指引中国建筑在正确发展方向上前进的"新风格"。这一"新风格"之珍贵，多少代中国建筑师们一直在寻找，但至今无果。

理论上讲，多年的探索与积累，中国建筑的风格应当越来越能够满足公众的审美要求才对，但现实中看，中国的建筑风格是越来越"艺术"了，公众却越来越反感了[1]。问题出在哪里？

统计表明中国现在每年新建的房屋面积占到了世界建筑总量的50%。但简单地复制、抄袭西方的模式是中国这一时期建设最令人遗憾的基本手段。当代建筑界对西方的东西缺乏深入的研究，其原因完全在于我们浮躁的心态，我们一味盲目地抄袭，抄来了大量令国人莫名其妙、匪夷所思的"洋风格"。同时，对中国传统建筑文化的精髓我们也缺乏研究、梳理与挖掘，不假思索地判定传统建筑文化已经不能满足当代的要求，想当然地认为它们是落伍的、过时的。

与西方发达国家相比，中国现代建筑的发展起步较晚，发展过程中也经历了各种原因引起的中断与延迟，但毕竟也有了一个半世纪的长期的发

---

1　2011年1月17日晚，宋丹丹在微博上向潘石屹发问："长安街南边那么好的位置，你盖了那么一大片难看极了的廉价楼（建外SOHO），把北京的景色毁得够呛，你后悔吗今天？求你了，不带这样的！"类似事件反映出公众对建筑"艺术"的质疑。

展历史了。特别值得关注的是，我们正经历着的改革开放所带来的，中国近现代历史上从未出现的近三十余年时间的发展黄金期，我们必须反思中国建筑设计水平依然如此令人不满意的原因，我们必须要反思中国近现代以来的建筑观念与实践。

与中国不同，西方已经完成了他们传统建筑文化的现代化诠释的工作，这可以从当代西方发达国家的建筑实践中得到证明。西方建筑现代化的发展历程中科学技术与建筑形态的关系比较明晰，表现为科学技术在不断进步的同时，建筑形态也相应发生变化，建筑的进步与新技术和新材料的发展及突破密切相关，换言之，科学技术是建筑形态发展不可回避的主要动因。以科学技术发展为参照系，西方建筑的发展大致可以分为以下几个阶段：

### 1.近代建筑对古典建筑的革命

西方近代科学摆脱直观和哲学思辨对自然界提出的种种猜测，依靠科学实验来检验和发展科学理论，科学与技术逐步走向密切结合。现代技术在自然科学的指导和推动下取得了长足的进步，实现了两次技术革命，大大地推动了社会经济的发展。当代，计算机技术的发展带给世界的影响巨大而深远。

近代铁与玻璃等建筑材料已能大量生产，并用于工程实践。但由于政治上的原因和考古发掘进展的影响，加上欧洲建筑师对传统建筑观念的固化，西方近代建筑创作中出现了古典复兴、浪漫主义、折中主义等复古思潮，并成为阻碍新的建筑形制出现的重要因素。当时的欧洲建筑师对这些新技术还不了解，也没有将之运用于建筑之中。

但在不受传统束缚的新建筑类型中，新材料、新技术被大量使用，铁和玻璃配合使用以满足工业建筑对于采光和大空间的要求。1833年巴黎植物园的温室成为第一个以铁架和玻璃构成的巨大建筑物，并对后来建筑的构造方式带来启发；美国出现了以生铁框架代替承重墙的框架结构。1851年，在传统的建筑材料和构造方式根本无法满足建筑要求的极端情况下，帕克斯顿用铁和玻璃建造的水晶宫得以"偶然"实现，开辟了建筑形式的新纪元。它是工业革命的产物，并成为20世纪现代建筑的先声。1889年建成的埃菲尔铁塔预示着建筑高度发展的可能性。依托高架铁结构、升降机与电梯的发明，摩天楼最先在美国出现……

近代以来，工程师对新材料、新技术与新形式的应用大大影响了建筑的发展，并带来新的建筑思潮。西方近代建筑借助新材料、新技术与新形式的应用，最终成功地完成了对砖石结构体系的古典建筑的革命。

## 2. 现代建筑对近代建筑的批判

19世纪末，西方建筑开始突破旧技术的束缚，热衷于探寻新材料和新结构的使用，在建筑中广泛使用钢、钢筋混凝土等新材料，古典建筑的"永恒"范式被抛弃，新的建筑形式不断开始涌现。

1909年贝伦斯设计的德国通用电气公司的透平机车间造型简洁，摒弃了任何附加的装饰，成为现代建筑的雏形，被称之为第一座真正的"现代建筑"。1925年格罗皮乌斯设计的包豪斯校舍，在设计中始终把建筑的使用功能作为根本，充分考虑现代建筑材料和结构的特点，在构图手法上突破传统的规则规整构图手法的约束，注重建筑本身要素的运用，使得该建筑具有与传统不同的艺术特色。

勒·柯布西耶认为建筑的出路在于来一个建筑的革命，并提出了"住宅是居住的机器"的观念，主张建筑走工业化的道路，要求建筑师向工程师学习。1826年提出了新建筑的五个特点。1928年密斯提出了著名的"少就是多"的建筑处理原则，并将此原则充分应用到了钢、玻璃和大理石建成的巴塞罗那博览会德国馆。善用钢和玻璃并形成独到的"密斯风格"。1950年提出"当技术实现了它的真正使命，它就升华为艺术"的观点。20世纪后期，地球的生态环境越来越恶劣，直接影响了人类的生存质量，人们开始全方位地进行反思，从反思过度依赖技术，到建筑中的种种浪费资源的现象，并着力批判单一的强调功能与技术的思维方式，多元化的研究开始受到重视，从而涌现了一批强调功能多样化的现代主义之后建筑流派。

经过长时期的努力与探索，西方现代建筑完成了对近代建筑的批判，并使之得以升华。与近代建筑不同，现代建筑追求新功能、新技术、新形式，提出建筑是技术与艺术的统一，认为建筑空间是建筑的实质，提倡功能与形式的一致，反对外加装饰，重视建筑的经济性和社会性。西方建筑世界因之焕然一新。

## 3. 当代建筑形态的"大爆发"

当代，计算机参数化技术帮助建筑师设计和控制更高级、更复杂的几何形体，已不是简单地发挥其绘图优势，而是从最初的直觉行为转成由系统理论指导的理性应用，带给建筑更多形式上的可能性。

威廉·米舍尔在"CAAD的未来2005"大会上发言：建筑现在已经成为物质化的数字信息而非物质化的草图。[1] 建筑设计、组装都已经高度数字化，数字时代的建筑呈现高度复杂性的特征，与工业化的现代主义建筑相

---

1　李大夏. 数字营造 [M]. 北京：中国建筑工业出版社，2009。

比，数字时代的建筑对场地、功能以及设计理念的表达方面的追求反应更为迅速和敏感。甚至还有建筑师正在考虑在几何模型中引入具有动态与实际比例的"虚拟人"。通过基于 Agent 技术的计算，使工具内部的虚拟人模型进行移动，并表现出他们对空间特征如透明表面、实体表面、带孔表面和家具的反应[1]。诺曼·福斯特设计的伦敦瑞士再保险塔楼和弗兰克·盖里及 SOM 公司设计的纽约时报总部楼群，用曲面或多截面表皮建造出来的复合外墙构造赋予大楼极具动感的景象，让人能从多维度解读建筑物。借助计算机技术，西方当代建筑实现了形态由量变到质变的"大爆发"。可持续发展的理念，带来了绿色建筑、生态建筑再到智能建筑等具有未来发展趋势的建筑理念。

表面上看，西方技术发展引起了建筑形态的变化，表现为不断摆脱旧的建筑形态，产生新的建筑形态，其过程虽然艰辛，但总可以看到一条顺畅的演变路径；反观中国近现代以来建筑发展，一直在追随西方建筑发展的脚步，但总也达不到同样的高度，更不用提超越了。同样的科技发展，同样的建筑技术进步，而建筑形态的发展却不同步。这些现象表明，建筑形态演进背后一定还有更深层次的原因。在研究西方 Architecture 的技术问题时发现，建筑技术发展的根源在于西方科学技术的发展，影响建筑形态变化的表面上看是建筑技术，但其根本动因却完全在于西方的科技发展。由此，本文的选题就定位在研究西方科学技术发展与建筑形态演进之间的关系问题，以期对中国建筑的健康发展提供借鉴。

## 1.2　已有研究回顾

### 1. 奈尔维的《建筑的艺术与技术》[2]

P.L. 奈尔维（1891～1979 年），是意大利著名建筑大师，兼工程师、建筑师和营造师于一身，被誉为运用钢筋混凝土结构的巨匠。1913 年在波伦亚接受工程学教育，1946 年后一直在罗马大学建筑系讲授结构工程，1950 年被布宜诺斯艾利斯大学授予荣誉学位。

奈尔维精通结构工程的背景，使他对存在于建筑中的技术与艺术之间或显或隐的关系饶有兴趣。他认为在任何情形下，建筑物必须遵守其普遍规律，即建筑功能必须要满足，建筑结构的处理要遵循科学要求，建筑细部的艺术处理要重视，以上构成一个统一的整体。也就是说，建筑不是技术与艺术的简单相加，而是艺术与技术的有机综合。在此基础上，才能产

1　李大夏．数字营造 [M]．北京：中国建筑工业出版社，2009：71。
2　[ 意 ]P•L• 奈尔维．建筑的艺术与技术 [M]．黄运昇译．北京：中国建筑工业出版社，1987。

生好的具有艺术特色的建筑。

对建筑师主要的职责，奈尔维有自己独特的理解。他认为建筑师必须具有高度创造性和专业协调性，在工作中应注重各种专业的协调，要把各种不同的因素融合到一起并得到体现，由此建成现代化的建筑。尽管建筑师不一定对建筑过程中涉及的每一个专业的知识都了解，但他必须对建筑涉及的每一个部门都要有一个清晰的概念和理解，就好像是乐队的指挥，尽管他可能对所有的乐器都不会完全精通，但每一件乐器的优点和缺点他却必须了解。

"现在建筑学校中五六年的学习，是不可能给予学生以正确解决技术、结构、施工和功能等各种问题，构成优良建筑基础所必需的全部知识的。因此，只有建筑学校的效率提高了，才能真正在各种不同的技术专家之间，由建筑师统领指挥着对某个特定的工程从开始构思直到最后的施工图都能予以密切的合作。"

他认为还存在一个更为潜在而不显的事实："建筑要想获得良好的艺术效果，应该注重建筑结构、建筑施工、建筑方案与建筑艺术的内在契合。要想得到良好的艺术效果，在构造细部上就必须充分考虑每一种建筑所用材料的特点，在结构上也应该遵从简洁、有效的设计形式。"作为新型建筑材料，钢筋混凝土和钢材在造型能力方面具有传统的木材和砖石材料无与伦比的技术特性。由于新材料的应用，再加上随着社会的发展，人们思维模式的开拓，一个新型的、壮观的建筑艺术导向就会在我们的脑海中形成，而非简单地来源于那些有纲领的艺术倾向（当它们不自觉地进入人们头脑中的时候，就会起更大的作用）。

奈尔维具有从计算结果求得艺术美的卓越能力。他以丰富的想象力，从材料和技术的天然性质中得到建筑的艺术形式。他取得在建筑历史中的地位首先是由于他某些作品的纯粹美学意义上的价值，在这些作品中，技术和艺术结合起来，一起决定了建筑物的尺度和比例，而他据以创造的结构理论与诞生了金字塔和柱式的结构理论完全不同。他认为，不论是工程师还是艺术家，他们进行形式创作过程中的原则是相同的：比方说，结构的美，就不单是一个结构计算的结果，而是采用了计算的直观的结果，或者说，是将计算和直观合并起来的结果。显然，并非他所有的工程作品都完美地做到了这种结合，但是凡是已经做到了这一点的作品，都是 20 世纪建筑艺术无可非议的一个标志。

奈尔维所用的材料是钢筋混凝土，他深刻地理解了钢筋混凝土的可能性，因而能够运用自如地进行造型创作。他的第一个重要作品是佛罗伦萨市体育场（1930～1932 年），全部由外露的构件组成，使人强烈地感受到了混凝土材料本身的表现效果，被作为现代建筑的一个范例，有人认为在结构探索上，它可以与勒·柯布西耶的某些作品相媲美。

奈尔维在 1935 年设计了一个军用飞机库（图 1-1），采用了以节点承载的网状屋盖。这是奈尔维为减轻结构自重而取得的极大进展。都灵展览馆（1948～1949 年）从外观上像是由一个整体屋盖所构成，其实是由波折状的预制构件组成的。基德尔·史密斯（Kidder Smith）把它称为自从帕克斯顿的水晶宫以来欧洲最好的展览建筑，并将它与勒·柯布西耶的马赛公寓，并称为战后欧洲两个最重要的建筑物。此后，他又设计了许多小型建筑，都是使用钢筋混凝土，遵循同样的屋盖结构原则，保持屋盖下的空间完全无柱而自由空敞。

图 1-1 奈尔维设计的飞机库顶棚

来源：[英]洛兰·法雷利·构造与材料 [M].黄中浩，译·大连：大连理工大学出版社，2001：47

同时，奈尔维还进行了钢筋混凝土预制体系的研究，他把小型钢丝网水泥模板用于现场预制，同时配合使用一种活动的脚手架（这种活动脚手架由他和巴托利、昂格利一起获得了专利权）。这一装置使他的肋形结构设计得到极大丰富和变化。他在技术领域的另一重要发明是以液压方法对钢筋混凝土加预应力的体系。由于这些技术上的改进，使工程进行得更为简单和迅速，并带来了更大的自由，奈尔维开始对美的一个要素——韵律进行深入研究。如他与布鲁尔（Breuer）和泽尔菲斯（Zehrfuss）一起设计的巴黎联合国教科文组织总部会堂（1953～1957 年）。这座建筑既带有使人回想起某些古代神庙粗犷的纪念性遗风，又融会了极大的技术与艺术上的现代感，是奈尔维所设计的最有特色的结构之一。"通过形式得到强度"，事实上，强度感是通过表面的波折得到的，奈尔维研究了贝壳、昆虫和花托的波形表面；大自然中奇妙的完美似乎都可以按结构上、美观上同样的特质转移到他的作品中。从巴黎全国工业中心展览馆的帆形屋盖

（1955 年）、加拉加斯的圆形展览馆（1956 年）、都灵劳动宫（1961 年）的巨柱——形如棕榈大树，都可以看到作为一个工程师的奈尔维对于结构富有创造性的运用（图 1-2）。

奈尔维的结构造型是特别令人好奇的，因为他研制了一套建筑体系，这套体系包括采用由钢丝网水泥制成的预制永久性框架体系。钢丝网水泥是一种由非常细的骨料制成的混凝土，它能够用模子做成非常细而精美的形状。许多临时模板可以取消，钢丝网水泥能够模压成具有复杂几何形的"改进型"截面，这使得人们可以比较经济地建造更为复杂的大跨结构。最终的穹隆或拱顶是由现浇混凝土和钢丝网模板的复合结构构成的。

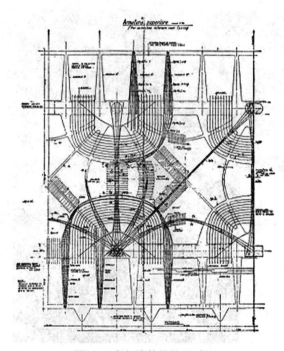

图 1-2 奈尔维的结构设计图

来源：[意] P.L. 奈尔维著 . 建筑的艺术与技术 [M]. 黄运昇，译 . 北京：中国建筑工业出版社，1987：68

## 2. 勒·柯布西耶的走向新建筑[1]

勒·柯布西耶是一位积极倡导风格追随时代的建筑大师。他认为飞机、轮船和汽车等是表现新时代精神的产品，从这些产品中可以看出时代精神，因此他的著名论断是"住房是居住的机器"。勒·柯布西耶还认为结构可以

---

1　[法] 勒·柯布西耶 . 走向新建筑 [M]. 陈志华译 . 天津：天津科学技术出版社，1991。

产生建筑形式，他的建筑作品大都采用钢筋混凝土结构。他认为可以用工业化方法大规模建造房屋，并减少房屋的组成构件，是降低造价的有效手段。同时，他也十分强调建筑的艺术性。1926年，他提出了新建筑五点：①底层采用独立支柱；②屋顶花园；③自由的平面；④横向长窗；⑤自由的立面。他认为："工程师的审美能力和建筑艺术——两者同步行走并相互依存。"从萨伏伊别墅到朗香教堂，可以清晰地看出勒·柯布西耶将建筑技术与艺术结合的建筑理念。

3. 密斯·凡·德·罗的结构观[1]

密斯在强调结构在建筑中的地位与作用方面是最为尖锐的。他把结构的明晰性、逻辑性与极限性视为"结构合理"最充分的体现，也是建筑艺术中美的集中表现。他认为"结构系统"是（建筑）"整体的主心骨"，并说："我们毫不含糊地提出明确的结构系统，因为我们需要一种规则的结构，以适应当前标准化的要求。"密斯始终认为"建筑艺术形式是以其内在的结构逐渐成形确定下来的"。密斯的建筑风格以讲究技术精美著称，大跨的统一空间和钢铁玻璃摩天楼是密斯风格的具体体现。

4. 布正伟的《结构构思论——现代建筑创作结构运用的思路与技巧》[2]

布正伟1962年毕业于天津大学建筑系，同年考上硕士研究生，导师徐中，1965年毕业后一直在建筑设计第一线从事建筑创作。布正伟是一个学者型的建筑师，早在读书期间，就在《人民日报》上发表过文章，介绍建筑彩画艺术。在"文化大革命"的动荡中，他继续研究徐中提出的课题"在建筑设计中正确对待与运用结构"，写成《现代建筑的结构构思与设计技巧》一书，并于1986年出版[3]。2006年，他对原书进行了修订，以《结构构思论——现代建筑创作结构运用的思路与技巧》为书名重新出版。

在书中，布正伟指出：现代建筑，是凝结着人类科学技术与文化艺术非凡智慧的复杂综合体。建筑学的发展正处在一个深刻变革时期，这突出表现在它的各门学科的构成及其相互关系上。而其中，建筑学专业的基本技能训练，怎样才能与结构技术的巨大进步相适应，已成为我们正在探索的新领域。

在漫长的古代和中世纪，从事建筑营造活动的工匠，既是建筑师，又是结构工程师。随着社会生活和大工业生产的发展，科学技术的进步，结

1  刘先觉. 密斯·凡·德·罗 [M]. 北京：中国建筑工业出版社，1992。
2  布正伟. 结构构思论——现代建筑创作结构运用的思路与技巧 [M]. 北京：机械工业出版社，2006。
3  邹德侬. 中国建筑60年（1949—2009）：历史纵览 [M]. 北京：中国建筑工业出版社，2009：212。

构工程日趋复杂，建筑学与结构工程学的区分才应运而生。在人类建筑实践的总进程中，这是合乎事物发展规律的。然而，长期以来，由于建筑师们并没有消除旧的手工业生产方式的影响，没有彻底摆脱由此而产生的传统建筑观念的束缚，所以，在处理结构与建筑功能、建筑艺术以及建筑经济之间的关系问题时，往往处于消极、被动的地位。即便是在工业技术、现代物质文明最先发达起来的西方各国，直到20世纪初，绝大部分建筑师也仍然是革新结构技术、开创建筑设计新局面的落伍者。现代建筑师出色完成其历史使命的一个先决条件就是正确对待与运用结构技术。国外建筑界在20世纪60年代就已认可了这一观点，并被他们合理地运用在建筑创作实践中。基于很多原因，结构与建筑脱节的问题在我国的建筑教学、学术研究和生产设计中依然未能得到解决。特别应当指出，传统的教学思想体系和教学方法，越来越不适应现代建筑及其结构技术的发展。被培养的建筑学专业人才，不善于根据建筑功能、建筑艺术以及建筑经济等诸方面的要求，运用工程结构的基本原理，去综合地考虑设计中的结构问题。结构工程师的工作被认为只着重在实施与结构问题，而"空间"的创造却被认为是建筑师的任务，这种观念是不正确的。基于以上想法，在建筑师与结构工程师的相互合作过程中，往往会出现两种尴尬的情形：一种是结构一味地迎合建筑的不合理要求，以至于造成建筑在结构工程方面的浪费；另一种就是结构工程决定着建筑的走向，导致建筑所应具有的文化品质荡然无存。这些做法都是片面的，都难以产生比较好的建筑。

国内外建筑创作的丰富实践也清楚地表明了，结构的运用既非只是一个结构技术本身的问题，而且，也不是孤立地、分门别类地去学习那些被"肢解开来"的理论知识，如建筑力学、建筑构造、设计原理、构图方法等所能奏效的。这里，最重要的，就是要把涉及的各种知识融会贯通起来，使之彼此关联、相互渗透，在理论上形成反映现代建筑创作规律的思想体系，并在实践中使之能引导建筑师自觉地去培养那种潜藏着职业本能的综合创造力。

5. 吴焕加的《中外现代建筑的解读》[1]

吴焕加指出：建筑材料，建筑结构，建筑设备，房屋的体量，高度和跨度，房屋的种种实用功能，以及建筑量的多少，速度的快慢，科学技术含量的大小等等，同社会生产力、经济发展水平、科学进展程度紧密联系，也就是说同社会经济基础直接相关，它们是建筑活动的物质层面，而建筑理论、建筑思潮、设计指导思想、建筑艺术及风格等则是建筑活动的精神层面。

---

1　吴焕加. 中外现代建筑的解读 [M]. 北京：中国建筑工业出版社，2010。

当社会生产力发生变化之后，建筑材料、结构等建筑活动的物质层面随即发生变化，可是建筑理论、建筑艺术和风格等建筑活动的精神层面却要等到社会意识形态和整个上层建筑改变之后，才会发生显著的变化。一般来说，社会生产力和社会经济基础的变化走在前面，上层建筑和意识形态的改变发生在后。基于以上原因，房屋建筑业与社会总的发展趋势具有十分相近的发展态势，设计思想、建筑艺术、建筑观念等的变化往往滞后于结构、设备和材料等等的改革。

建筑艺术与建筑观念的发展变化的重要物质基础来自于随时代发展而产生的建筑的新功能、新技术和新材料。但这还不是问题的全部，建筑观念和艺术的成熟还需要依靠除了新功能、新技术和新材料的其他领域，即社会意识形态。因此，只有借助这两点才能促进新观念和新艺术的发展与成熟。这个过程是漫长而且艰辛的。

## 1.3　理论依据和研究方法

### 1. 因果关系

原因和结果——揭示客观世界中普遍联系着的事物具有先后相继、彼此制约的一对范畴，其中，引起一定现象的现象是原因；由于原因的作用而引起的现象是结果，先因后果（原因在先而结果在后的简称）是因果联系的特点之一，但原因和结果必须同时属于引起和被引起的关系，即二者的关系具有必然的联系。"由此之故"不等于"在此之后"。

例如，社会学中的因果关系是指：两种社会现象之间存在因果关系，完全在于是否是一种社会现象的变化引起了另一种社会现象的变化。不对称关系常被我们用来界定因果关系：A 导致 B，反之则不然。单因果关系、双因果关系和多因果关系是因果关系的三种主要类型。

建筑形态演进是由多种原因引起的，如政治、经济、文化等，科学技术是其重要动因之一。

### 2. 与时俱进

成语"与时俱进"出自于（清）姚鼐《谢蕴山诗集序》："（谢启昆）才丰气盛，锐挺飙兴，不可阻遏。……然先生殊不以所能自足。十余年来先生之所造，与时俱进。……往时鸿篇巨制，人所惊叹以谓不可逮者，先生固已多所摈去矣。"

蔡元培于 1910 年初撰写《中国理论学史》。通过中西文化对比，蔡元培针对清朝末年中国思想文化界固步自封、抱残守缺的局面，提出"故西洋学说则与时俱进"。从散见于中国古书中的"与时俱新"、"与时俱化"、"与时偕行"等激励人的说法中，蔡元培将它们概括、综合为"与时俱进"。

当代与时俱进的主要含义：要在准确把握时代脉搏的基础上，以实事求是、解放思想和开拓创新的精神，始终站在实践前沿和时代前列，大胆探索的同时注重继承与发展，最终做到思想观念和实际行动与时代的发展同步。其英文释义为：to advance with the times。

与时俱进在建筑中可以这样理解：随着时代的发展，科学技术的进步，建筑技术水平的提高，建筑形态必须有所改变，做到技术与艺术的统一。勒•柯布西耶告诉我们："风格是原则的和谐，它赋予一个时代所有的作品以生命，它来自富有个性的精神。我们的时代正每天确立着自己的风格。不幸，我们的眼睛还不会识别它。"

### 3. 跨学科比较法

物质世界是普遍联系和永恒发展的，这是具有普遍指导意义的唯物辩证法认为的世界观和方法论。在学科研究方面促进人们贯彻与实施唯物辩证法关于普遍联系观点的重要实践，要求我们要提倡跨学科研究，它是推动我们在科学研究领域更加有效的逼近真理的正确研究方向。走向更加符合客观物质世界规律"普遍联系"的研究模式，要求我们必须突破现有以学科划界的研究模式。

方法交叉、理论借鉴、问题拉动、文化交融四个大的层次是跨学科研究根据不同的视角所概括的重要内容。其中，方法比较、移植、辐射、聚合等是方法交叉的内容；知识层次的互动是理论借鉴的要求，新兴学科向已经成熟学科的求借和靠近，或成熟学科向新兴学科的渗透与扩张是其主要表现；纯粹为研究客观现象而实现的多领域综合，以较大的问题为中心所展开的多元综合过程，探讨重大理论问题而实现的多学科综合以及为解决重大现实疑难而实现的各个方面的综合是问题拉动的要求；不同学科所依托的文化背景之间的相互渗透与融合是文化交融的要求，文化交融是跨学科研究的终极目标。

本文采用跨学科的研究方法更好地把握了科学技术发展与建筑形态的演进的内在联系，推导出科学技术的发展是建筑形态演进的主要动因。

## 1.4 研究思路及主要内容

本文主要研究了科学技术、建筑技术和建筑形态在中西方历史长河中发生、发展历程，以及它们在各个历史时期所发生的相互纠葛。本文以科学技术的发展为主干，以建筑技术、建筑形态为枝叶，构筑了一幅建筑形态在科学技术的影响下，不断演进的美妙画卷。

第 1 章 绪论部分。主要是对论文选题的背景和意义进行了论述。研究西方科学技术发展与建筑形态演进之间的关系问题，以期对中国建筑的健康发展提供借鉴。

第 2 章 相关关键概念的解读。包括东西方对建筑含义的理解，建筑形态、演进的概念和理解，科学、技术的概念以及科学技术与建筑技术、建筑形态的关系等。

对于相关概念的解读，都是动态的过程，在历史发展中不断丰富各自的内涵。东西方因其文化背景不同，对相关概念的理解也是有差异的。对相关概念的不同理解，决定了不同的建筑观。

第 3 章 古代科技与建筑形态相对稳定的状况。西方古代大致是指从公元前 5000 年至资本主义出现萌芽的 15 世纪。古代科技处于手工业时期，经济和社会发展速度相对缓慢，人们的需求相对稳定，因而科技发展缓慢，建筑技术革新力度不大，建筑材料主要是砖石、木材等为主，因而建筑形态也是相对稳定的。一般平民建筑形态基本上是因地制宜，从当地气候和主要材料为主。西方古典建筑的集大成者主要集中在宫殿庙宇等宗教建筑上。

第 4 章 近代科技发展引起的对古典建筑形态的革命。西方近代是指 15 世纪至 19 世纪末，这一时期出现了以蒸汽机的发明为标志的第一次工业革命和以电力的广泛应用为标志的第二次工业革命。近代科学摆脱直观和哲学思辨对自然界提出的种种猜测，依靠科学实验来检验和发展科学理论，科学与技术逐步走向密切结合。技术在自然科学的指导和推动下取得了长足的进步，实现了两次技术革命，大大地推动了社会经济的发展。铁与玻璃等建筑材料已能大量生产，并用于工程实践。近代时期，工程师对新材料、新技术与新形式的应用大大影响了建筑的发展，并带来新的建筑思潮。西方近代建筑借助新材料、新技术与新形式的应用，最终成功地完成了对砖石结构体系的古典建筑的革命。

第 5 章 现代科技发展带来的对近代建筑形态的批判。现代主要是指 19 世纪末至 20 世纪末。19 世纪末 20 世纪初，由于物理学的革命，开辟了科学认识的新领域，使自然科学进入到一个新的历史时期——现代科学时期。科学、技术各学科在发展过程中的不断分化与综合，现代科学与技术形成了一个各门类、各学科相互联系、相互渗透的统一的知识体系。现代科学技术的发展表现出整体化趋势、数字化趋势以及科学与技术的一体化趋势。依靠自然科学的最新成就，一大批新兴技术不断涌现，新技术与现代科学理论的紧密结合，使得西方建筑开始突破旧技术的束缚，热衷于探寻新材料和新结构的使用，在建筑中广泛使用钢、钢筋混凝土等新材料，古典建筑的"永恒"范式被抛弃，新的建筑形式不断开始涌现。经过长时期的努力与探索，现代建筑完成了对近代建筑的批判，并使之得以升华。

第6章 当代科学技术带来的建筑形态"大爆发"。当代，计算机已不再是简单地绘图工具，而是从最初的直觉行为转成由系统理论指导的理性应用。参数化技术帮助建筑师设计和控制更高级、更复杂的几何形体，带给建筑更多形式上的可能性。借助计算机技术，西方当代建筑实现了形态由量变到质变的"大爆发"。而对于环境恶化的反思，则带来了绿色建筑和生态建筑等可持续发展的建筑发展方向。

第7章 中国建筑科技发展与形态演变。中国传统建筑是木构架为主的建筑体系。在近代以前，中国长期处于封闭的封建社会中，满足于自给自足的农业经济，建筑技术和建筑形态演变不大，没有质的变化。而到了近代，在西方船坚炮利的攻击下，自觉不自觉地开始接触西方先进科学技术，建筑形态因而得到一定的发展。而到了改革开放后，尤其是进入 21 世纪，中国在经济实力和科学技术水平上得到了长足的发展，建筑发展也是日新月异。但是，在科学技术与建筑形态的关系上，一直没有找到正确的结合点，还需要重新建立科学精神，真正运用好科学技术这个动力机，为中国未来建筑发展探求适宜的发展方向。

第8章 结语：对中国建筑问题的思考。研究西方建筑目的在于借鉴其成功经验以解决中国建筑健康发展的问题，这是本书写作的根本动机。本章结合本人的三篇学术论文，对中国建筑问题进行再思考，以探寻建筑形态演进的真正动因，找到中国建筑健康发展的方向。西方建筑形态演进追随科学技术进步的规律，正是建筑风格追随时代理论的实践印证。这值得我们反思我们不顾技术变化而进行的 150 年中国近现代建筑探索中存在的问题——技术与艺术不统一。建筑要以人为本，风格追随时代，这两个建筑基本原则告诉我们一个"常识"——"风格"是果，不是因。从中、西建筑"风格"中探索不出中国现代建筑的"新风格"，只会收获邯郸学步、东施效颦般的虚假"新风格"。中国现代建筑的"新风格"的真正来源是我们对当代中国人的建筑要求与中国当代状况的全面的、正确的研究与把握——既要做到以现代中国人为本，又要做到风格追随时代要求。

## 1.5  创新点

本书的主要创新点如下：

### 1. 中国建筑实践中缺失科学精神的指引

科学对社会产生作用与影响通常具有两种方式：第一种是物质层面上的"科学—技术—生产"体系，科学借助生产技术的力量推动社会的进步，表现为物质生产力；第二种是精神层面上的"科学—理性—世界观"体系，科学发展所积淀的科学精神可直接作用于人的理智和心灵，进而影响到社会生活的方方面面，表现为精神生产力。第一种方式较容易为大家所熟悉与接受，而第二种方式却常常被人们所忽视。通过分析中西方各个时期科学技术发展与建筑形态演进的作用关系发现，中国近现代以来建筑技术在科学技术的推动下虽然取得了巨大进步，但由于在建筑实践中科学精神并未得到足够重视与应用，这一状况导致我们难以很好地做到建筑的技术与艺术的完美统一，难以统筹兼顾地把握建筑所涉及的政治、经济、文化、传统等诸多因素。

## 2. 中国建筑有区别于西方 Architecture 的独特建筑定位

东西方具有不同的传统建筑体系，即使在当代全球一体化导致建筑趋同的情况下，不同民族的建筑形态还是或多或少地存在着差异。几千年的建筑实践表明，传统中国虽没有出现类似西方的完备的建筑学科与建筑体系，甚至于没有出现可类比于西方 Architecture 的"建筑"概念，却不能否认中国传统建筑具有自己独到的建筑定位，即以实用为主旨的中国传统建筑"器物论"。近代西学东渐以来，由于科学精神的缺失，在西方 Architecture 的冲击下，中国建筑失去了理性的判断力，盲目地接受西方 Architecture 的理念并把它当成中国建筑的发展方向。但几千年积淀的中国建筑重实用的"器物论"并没有因为西方 Architecture 的到来而失去作用，近代以来中国建筑发展历程中一直存在着"器"与"艺"的博弈现象，也因此，建筑的艺术问题成了近现代以来中国建筑发展中的一个大问题。解决这些问题的关键在于我们必须理性地对待中西建筑不同的价值取向，让中国建筑的定位回归实用。实用并非排斥建筑的艺术属性，而是在实用的主旨下，使艺术科学理性地融合到建筑"坚固、实用、美观"的目标中。

## 3. 中国建筑发展应回归以人为本，风格追随时代

建筑要以人为本，风格追随时代，这两个建筑基本原则告诉我们一个"常识"——"风格"是果，不是因。研究发现，西方建筑的发展演进中隐含着一条科学技术进步影响、制约建筑形态的内在规律，其建筑形态的演进是伴随着科学技术的发展而发展。然而，纵观近现代以来中国建筑形态的发展历程可知，中国建筑长时间走在模仿与追随的道路上，将中国传统建筑风格和西方建筑风格，当成了中国建筑"新风格"的源泉，"固化"了中国建筑的风格。150 年的中国现代建筑"新风格"探索带给我们的经验不是继续在模仿风格的道路上前行，而是要果断放弃注定无果的"风格"

借鉴。中国现代建筑的"新风格"的真正来源应是对当代中国人的建筑要求与中国当代状况的全面的、正确的研究与把握——既要做到以现代中国人为本，又要做到风格追随时代要求。如此，中国建筑"新风格"就会自然而然地成长出来。

## 1.6　其他相关问题

本书研究的主要内容是西方 Architecture 的形态如何借助科学技术的发展，实现其技术与艺术统一问题的，但更重要的目的在于从研究中找到可用于中国建筑"新风格"产生的借鉴经验。

对于发展年代的分段，由于历史发展中具有的重叠与复杂，难以有一个确切的时间点来界定，同时，它也并不构成对本研究的影响，因此采用了更为宽泛的分类办法。根据西方科技发展变化的特征，将研究的时段主要定为了古代、近代、现代、当代（信息时代）四个部分。中国因其特殊的历史发展历程，与西方科学技术发展走的不是同样的路线，因而，虽然在阶段上也将中国科技和建筑发展历程定为古代、近代、现代和当代四个部分，但是他们在具体的时间上是有差异的，尤其是近代部分，以及现代的起点部分。中国古代所形成的建筑技术和建筑形态已经被世界所承认，成为世界建筑文化的有机组成部分；中国近代建筑的发展是一场思想观念的重大转变，对以前的建筑文化有着颠覆性的变革；中国现代建筑的发展除了延续过去对中国传统建筑不加思索地仿古或运用某些构件、装饰外，现代化部分基本是在模仿西方现代建筑，所以，在中国现代建筑部分除了详细叙述 21 世纪几个重大事项有关的建筑外，更多的是对中国杂乱的建筑现象进行反思，从而强调运用科学精神梳理科学建筑理念的重要性。

# 第2章 相关概念的解读

## 2.1 建筑的含义与理解

建筑从诞生之日起，就是为人类遮风避雨、抵御自然侵害而建造的庇护所，为了使自己生活得更加舒适，更加远离各种自然灾害的侵害，人类不断寻求效能更佳的建筑材料，更坚固的结构，以及能使结构更坚固的建筑工艺，使自己的庇护所更加坚固，更加舒适、健康等等，同时又能显示自己的经济实力和审美水准，使建筑具有社会需求、技术创新、美学思潮等三位一体的综合特征[1]。

"建筑"一词在人类活动的过程中并不是一成不变的概念，也不是人类经验永恒不变的形式，而是随着人类经验的不断积累而发展变化的概念，尽管概念的发展相对来说有缓慢的变化，我们还是可以认为，在某一个特定时期，它大致是不变的[2]。一直以来，东西方具有不同的传统建筑体系，在全球一体化导致建筑趋同的情况下，不同民族的建筑形态还是或多或少地存在着差异（图2-1）。

追溯"architecture"这个词语的源头，它来自拉丁语中的

BANISTER FLETCHER.INV.

原载于英国弗莱彻著的《比较法世界建筑史》一书中扉页的插图。它意欲表明世界建筑发展源流。我们可以在图中看到，在西方建筑学者的观点中，中国及日本建筑不过被视作早期文明的一个次要的分枝而已。原图有此附注：这棵"建筑之树"表示各种建筑形式主要的成长或者演进过程，实际上只不过是一种示意图，因为较小的影响不能在这样的图解中表达出来。

**图2-1 存有偏见的世界建筑之树**

来源：李允鉌.华夏意匠：中国古典建筑设计原理分析
[M].天津：天津大学出版社，2006：12

---

1 周铁军，王雪松.高技术建筑[M].北京：中国建筑工业出版社，2009：2-3。
2 [意]L.本奈沃洛.西方现代建筑史[M].邹德侬等译.天津：天津科学技术出版社，1996：778。

"architectura"。再早一些时候，古希腊语中有"architectonice"一词，它是"architectonice techne"的省略，意指"architecton"的"techne"（术）。这个"architecton"，是由"archet"和"tecton"组合而成的。所谓的"archet"，是置于词语的开头，表示"原始、首位"等意思的接头词。所谓"tecton"，是指"工匠"。因此，"architecton"建筑师，是指了解事情原理，掌握根本性知识，具备指导工匠，综合多种技术进行策划制造能力的人。

"architecture"这个来源于古希腊语"architectonice techne"的词，原来的意思是指那些只有具有这种能力的人才能做到的"techne"（术）。由此，可以清楚地知道"architecture=建筑"这个等式并不成立。可以说在中文中被译为"建筑"的英文单词"architecture"，不是指"建设construction"或"建筑物building"本身，而是用于构思建设和建筑物，进行创造的"软件"。

日本明治时期，将"architecture"译成了"建筑"。在那之前有一段时期将"architecture"译作"造家"。但"architecture"实际上与"建筑物"或"建设"存在着维度上的不同。在日本，将一级建筑师、建筑公司、工务店、工匠等建筑的东西统称为"建筑"。将"architecture"译作"建筑"，也可以说是误译[1]。

"Architecture"在《朗文当代英语大辞典》的解释："the art and science of building，including its making，planning and decoration"。确切的中文翻译应当为：房屋的建造、设计及装饰的艺术与科学。"art"与"science"是"Architecture"具有的两个基本属性，值得注意的是，"Architecture"的两个基本属性在意义上的排序中，"art"是列于"science"之前的，"art"处于"Architecture"的两个基本属性No.1的位置。所以，"器艺"是西方Architecture的定位，它强调建筑是实用与艺术的并重，最终是艺术。

古罗马建筑师维特鲁威在约2000年前，写下了现存最古老的建筑理论书《建筑十书》。他在书中写道，"architecture"的含义有三个："建造建筑物，制造钟表，制造器械。"这里所说的"建筑物"以及"钟表"、"器械"（主要指兵器），是古罗马建筑师们主要从事的工作内容，随着时代的变化，这个定义也发生了变化。但重要的是，这本《建筑十书》，不仅记载了特定的技术和事件，还记载了从事建筑工作的人应具备广泛的基础知识、修养以及理论等，它其实是一本综合性的百科全书。书中还写道，建筑师的能力，是以这些诸多知识为基础，由制造能力和理论构成的。"所谓制作，是指不断练习以培养实际技能。它是利用符合造型意图的所有材料以手工来实现的。另一方面，所谓理论，是指能够以比例的方法来巧妙地证明和

1　[日]建筑学教育研究会．新建筑学初步[M]．范悦等译．北京：中国建筑工业出版社，2009：10。

解释制造出的作品。"[1]

只有精通实用技能和理论这两者的人才能称之为建筑师。这是非常严格的条件，如上面所述，所谓"architecture"，不是单纯地制造建筑物、器械、道具，而是在"原理知识"基础上制作这些东西，并评价其结果的全面技术体系。因此，在实用技能之上，还要求广泛的知识和理论研究。

另外，建筑必须具备"实用"（utility）、"坚固"（stableness）、"美观"（pleasure）的特性。其中"实用"是指功能性和使用便利性，"坚固"是指耐久性和安全性，"美观"是指审美以及与周围的协调。现代社会是将艺术和技术领域截然分开的，但在古代，建筑艺术 = 技术（art=techne），建筑师兼任艺术家和技术者两种职能。其中的 pleasure 也具有多义性，中国建筑界习惯用"美观"代替，现在看略有不妥，应以"愉悦"为宜，建筑有审美的要求，建筑要带来视觉愉悦，不单单指视觉上的"美观"还应包含有精神上的回应[2]。

日本社会的西方式改造早于中国，并早于中国提出"建筑"一词，中国"建筑"一词借自日本。"建筑"是长期以来约定俗成的被默认为中国的"Architecture"的替代词汇。可以实现与西方 Architecture 对译的更贴切的汉语词汇在古汉语中并不存在，"建筑"一词才被勉为其难地用来客串了这一角色。

老子在《道德经》第十一章指出："三十辐共一毂，当其无有，车之用。埏埴以为器，当其无有，器之用。凿户牖以为室，当其无有，室之用。故有之以为利，无之以为用。"[3]点明了实用是中国传统的建筑观。中国传统文化认为中国传统建筑的本质是"器"，"室"用是"器"的定位。

从汉字的字源学角度对"建筑"的解释如下：

建：从廴，从聿。立朝律也（《说文》）。建，立也（《广雅》）。筑，从木，筑声。本义：筑墙。古代用夹板夹住泥土，用木杆把土砸实。文"筑"，实是"捣"意。不筑，必将有盗。筑，这里指把坏墙修复（《韩非子·说难》）。

从这些古书籍对于建筑的解释中可以看到，中文中的建筑本义是指修建房屋、道路、桥梁的行为，是动词，如建筑铁路、建筑桥梁及这座礼堂建筑得非常坚固等。房屋的工程属性与科学属性是建筑的本义强调的重点。

同时，我们可以看到在中文本义中，建筑没有含有艺术属性，因而，"建筑"与西方的"Architecture"应该是两个不对等的名词，其中重要区别就是是否含有"art"属性。"建筑"一词不是对"Architecture"的全面的、

1 [古罗马] 维特鲁威. 建筑十书 [M]. 高履泰译. 北京：知识产权出版社，2001。
2 [日] 建筑学教育研究会. 新建筑学初步 [M]. 范悦，周博译. 北京：中国建筑工业出版社，2009：2。
3 沙少海. 老子全译 [M]. 贵阳：贵州人民出版社，1995：17。

正确的解读，是误读也是漏读。这一问题的存在也恰恰表明了中西方在建筑观念上是有差异的。

梁思成曾经就中国传统建筑的艺术性问题表述过如下观点：中国的知识分子直到 20 世纪 20 年代后期才认识到自己的书法和绘画的重要性与建筑艺术的不相上下，甚至在某种程度上建筑艺术的重要性甚至优于书法和绘画。促成这种转变的原因如下：一大批的中式建筑被外国人建造；一些西方及日本的学者通过一些书籍对中国传统建筑所具有的艺术属性进行了评论；许多受过西方建筑教育的留学生开始转变观念，不再将中国建筑简单地归结为木材和砖头的堆砌行为，而有了更深层次的认识，中国传统建筑是中华民族所特有的，具有区别于西方的独特艺术属性[1]。

建筑能够反映时代的象征，而文化遗产反映了时代的变迁，随着建筑中艺术属性的增加，尤其是后来文人园林的出现，文人阶层对待建筑的态度逐渐由对"匠作之事"轻视，转变为赞赏和钦佩。林徽因在《林徽因讲建筑》中《论中国建筑之几个特征》提到："建筑艺术是个极酷刻的物理限制之下的创作。人类由使两根直柱、架一根横楣而能稳立在地平上起，至建成重楼层塔一类作品，其间辛苦艰难的展进，一部分是工程科学的进境，一部分是美术思想的活动和增富。这两方面是在建筑进步的一个总则之下同行并进的。"

西方在 1875 年之前没有出版过一本算得上是比较全面的论述与研究中国传统建筑方面的著作，但可以在西方普通建筑方面的书籍中看到对中国建筑的那些非常明显的特征的概括与总结。弗格森（Fergusson）说过："在传统中国，真正能够称之为建筑的东西数量不多。"以西方石头建筑的观念看待中国木构建筑很容易得到这样的结论，而许多中国学者也认为中国木构建筑，因为材料的耐久性不够，而不能被很好地保存；更不能像帕特农神庙那样，虽然残破了，但是石头骨架依然留存，木构建筑倒塌后就腐烂了，不易留下古迹。与之不同，弗格森认为中国人有保护传统建筑的能力，只是由于缺乏对古建筑的欣赏品位，所以才没有建筑遗迹的留存。他还认为，中国缺少一个绝对由教权统治的时代，是中国没有值得称道的建筑的另一个原因。在西方，神学艺术的发展通常需要这种绝对统治的刺激和推动，建筑艺术的进步又得益于神学艺术的推进。古伯察也认为，同西方宗教建筑与普通民宅风格迥异相比较，中国的许多庙宇的建筑风格与居民的住宅太相像了，因而中国人无法理解西方宗教建筑那种宏伟、庄严和忧郁的风格[2]。

---

1  梁思成 . 图像中国建筑史 [M]. 北京：百花出版社，2001：153。

2  [美] 马森 . 西方的中华帝国观 [M]. 杨德山等，译 . 北京：时事出版社，1999：337-342。

在中国古代，作为手艺人的画家与工匠都处于同一社会阶层，具有相同的社会地位。然而，随着历史的发展，由于文人士大夫可以通过进行绘画创作并利用自己的作品表达自己的"胸中逸气"，而且彼此之间也可以通过各自的作品沟通交流。另外，结合自己的绘画作品撰写的文章也随之出现，传统的绘画地位因此得以大大提升，绘画成了艺术。传统中国儒家思想始终重视"道"轻视"器"，认为"器"是末技，即"形而上者为之道，形而下者为之器"。在古代，工匠处于一个较低的社会地位。即使在现在，由于职业偏见仍然不能消除，中国建筑师的地位仍没得到足够的重视。在古代，由于中国工匠高超的手工艺水平，使得中国传统建筑具有独特的艺术韵味。反观当代中国的一些建筑，有"工"无"艺"，建筑普遍缺少艺术性，建筑物（Building）多于建筑（Architecture）是当代中国建筑发展中存在的突出问题，"器"的品质低下，令人担忧。

## 2.2　建筑形态

形状（Shape）：指物体或图形由外部的面或线条组合而呈现出的外在体貌特征，主要指人的视觉所能够感受到的物体的客观物质属性，强调的是物体在视觉过程中的可识别程度，重点用于描述物体。物体的轮廓与体量尺寸具客观性。形象（Image）：是指能引起人的思想或感情活动的形状或姿态，强调的是人在观看物体之后的心理反应和感受，重点在人而不在物。形式（Form）：物体的外形和结构，有别于其本质，或其组成物质；其显著外貌是由其有形的线条、图形、轮廓、构形和断面所决定的。

形态（Form）的概念既指代最终使形态确立的物质形式，如构建形态的材料、结构、色彩、外形、表面肌理等，也指代确立形态的条件，如主题的情绪、意念、环境、时间等因素。某个形态的形成都是以上两个方面共同作用的结果。悟性、能量和原材料在空间的表现形态是各式各样的，普里昂蛋白是一种形态，信息也是一种形态[1]。

建筑作为有目的性的物质载体，其形态的生产就成为用材料、结构、色彩、轮廓、肌理等"形"的因素构造主题的情绪、意念、环境、时间等因素组成的"态"的表达。"形"的要素具有可变性、可组织性，是物质的、客观的；"态"的定义是来自于人的需求和感受，是变化的参数，是主观的、心理的[2]。

一直以来，建筑形式美的原则是建筑审美的主要内容，但随着历史的

---

1　[法]雅克•阿塔利.21世纪词典[M].梁志斐等，译.桂林：广西师范大学出版社，2004：104。
2　何颂飞.立体形态构成[M].北京：中国青年出版社，2010：8-9。

发展，人们的审美标准及对美的价值取向也发生着缓慢的变化，特别是自现代建筑兴起以来，关于建筑艺术的探讨有了相当大的发展，许多问题已经难以用传统的构图原则进行解释，如建筑中应用到的变异、减缺、重构等艺术手法难以涵盖于建筑形式的范畴，故当以"形态"取代"形式"成为建筑审美研究的重点。

图 2-2  SANAA 事务所设计的纽约新当代艺术博物馆

来源：建筑创作编辑部 . 纽约新当代艺术博物馆 [J]. 建筑创作，2012(2)

彼得·祖姆托（Peter Zumthor）就曾对建筑教育的主旨进行论述，他认为，建筑是有形的事物。建筑设计是从对材料的物质与客观感知的假定开始的。我们建筑教育的目的就在于训练建筑师能够发掘出建筑所要求的感性属性，并在建筑设计中体现出来。

美籍日本建筑师山崎实 1945 年第一次回日本时，日本建筑给予他极大的触动，他感觉传统的日本房屋使人有亲切感，"使你常常想去触摸它"——不仅在表面上，而且内心也想触摸它，这使他对以人为本的文化有了更深刻的体会，感悟到建筑并不是抽象地玩弄无根的"形"和"饰"，更重要的是要把握当地的文化精神而把它们灌注到设计中[1]。

2010 年度的世界建筑最高奖普里茨克奖（Pritzker Prize）颁给了日本建筑师妹岛和世（Kazuyo Sejima）与西泽立卫（Ryue Nishizawa）组成的"妹

1  李允鉌 . 华夏意匠：中国古典建筑设计原理分析 [M]. 天津：天津大学出版社，2005：15。

岛和世与西泽立卫建筑事务所"(SANAA)(图 2-2)。这也是继丹下健三、槙文彦和安藤忠雄之后，日本建筑师第四次获得该奖。普里茨克奖评委会主席帕伦博勋爵（the Lord Palumbo）表示："他们的建筑风格，纤细而有力，确定而柔韧，巧妙但不过分；他们创作的建筑物，成功地与周边环境及环境中的活动结合在一起，从而营造出一种饱满的感觉及体验上的丰富性；他们非凡的建筑语言，来自他们的协作过程，这个过程独一无二而又激动人心。"

## 2.3 演进的概念与理解

《辞海》中，"演变"被解释为"不断变化"的意思，"演变"是一个持续的过程的发展与变化。演变（evolution）、变化（change）、渐变（process of opening out or developing）、突变（sudden or violent change）、革命（revolution）都是表示变化的词汇，他们在变化的程度、变化的时间上体现出差异性。

英文"evolution"有两种翻译："进化"和"演化"。"进化"是指生物由低级到高级、由简单到复杂的发展过程。而"演化"是指生物物种为了对应时空的嬗变，做到适者生存，而在形态和行为上与元祖的有所差异的现象。如今对于"evolution"译文的争议依然存在。有一些学者支持使用"演化"，认为与进化相比，演化带有连续和随机的意思，字面上是个中性词；而进化的含意中带有"进步"的意思。"进"与"退"在汉语中是一对反义字，如果使用了进化，那么在逻辑上"退化"就不是进化的一种类型了。对"evolution"翻译的争议反映出人们对进化论的理解也产生了变化，以前"进化"多表示生物朝适应环境的方向演化，而现在多认为生物的演化并没有进步退步之分，是随机的。译成"进化"主要考量的是达尔文所取英语原名的意义，由简单到复杂生物的出现确实有"进"的含义。

在建筑形态的发展中包含了多种多样的变化，总体来说主要是具有持续变化的过程，带有进步的意味，故本书的写作中选用"演进"一词用以涵盖这些变化。

## 2.4 科学与技术

### 2.4.1 科学的概念

科学（Science）一词源于拉丁文 Scientia，本义为"知识"、"学问"。法国最早使用，英国要晚些，一直到 19 世纪中叶以后才逐渐用"science"取代以往惯用的"natural philosophy"（自然哲学）来指称科学。罗素在其《宗教与科学》中写道：科学首先是时隐时现地存在于希腊人和阿拉伯人中间，然后突然在 16 世纪一跃而居于重要地位，而且从此以后对我们生活于其中的思想和制度产生越来越大的影响。

西方人对"科学"的理解具有共同一致的内涵：科学即知识。这种知识不同于"常识"与"意见"，是一种有条理的系统的知识。概言之，科学是一种关于自然现象的有条理的系统知识。人们在给"科学"下定义时都强调科学是反映自然界客观事实和规律的知识体系。凡是新发现的事实和规律，要能够纳入已有的学科理论体系，才能算是科学。通过理性思维方式所认识的自然界的事实和规律，常常表述为原理、公理、定义、定理、定律等。

东方人在西学东渐之际开始接触"科学"这一词汇。尽管东方各国自古以来就有各具特色的数学、天文学、医学和化学等专项学问，但没有合适的词汇与之对译。如古印度人有"观星明"（jyotisha vidya）的天文学，"长寿吠陀"（Ayurveda）的医学；古代中国则有"算术"、"天文"和"中医方"等传统学问；日本有"和算"、"汉方医术"等。在印度，用"明"（梵文Vidya 的意译，指"知识"）来比附"科学"，但"明"更多地具有直觉知识的味道，与西方人的实证科学知识还有一段距离。中国与日本相继用"格物"、"格致"和"穷理"来比附"科学"这个新词汇。但是，作为中国儒家道德修养方法的"格物致知"与西方的自然科学显然不是一回事。直到19 世纪后半叶，日本和中国才先后共同使用"科学"这一最后确定的汉文译名[1]。

当代，自然科学各门学科已趋成熟，科学家已把各学科积累的大量知识单元，即原理、公理、定义、定理、定律等，按照内在逻辑关系，加以综合，使之条理化、系统化。这样，各学科都形成了系统的知识，学科又组成学科群，构成了多层次的知识体系。

### 2.4.2　技术的概念

《考工记》中说："知者造物，巧者述之，守之，也谓之工"。中国古代把有经验有技巧的人称之为"工"；"造物"，即发明，"工"只负责发明的应用，并将其经验、技巧传给后代。《考工记》中又说："天有时，地有气，材有美，工有巧，合此四者然后可以为良。"所谓"工有巧"指的就是工匠的技术。天、地、材指的是自然、物质的特性，要把这些天然属性同"巧"结合起来，才能获得"良"的结果。

"技术"（Technology）一词来源于希腊文，原意是指个人的技能、技艺。

---

1　胡省三 . 科学技术发展简史 [M]. 上海：上海科技教育出版社，1996：1-3。

在实践中摸索、创造和传授经验的工匠们、技师们是推动手工业时代技术进步的主要动力。技术中的主观因素是人们对技术理解的侧重点，认为技术是由生活中的经验而获得的某些方面的技巧和能力。

使劳动手段发生根本性的变革是近代产业革命的大机器生产方式。一些事情现在看来用工具和机器很容易就能做到，但在过去做这些事情的技能和技巧是靠长期的经验积累才能实现的。随着机器、工具作用的增强，技能和技艺的作用被逐渐削弱。于是，技术活动的客观因素即设备、机器、工具等物质手段，被人们看作是技术的主要标志。

技术的概念伴随着现代科技的发展又产生了许多新的特点：人类活动的各个方面都受到技术活动的影响，包括认识自然、科学探索这些重要的领域；技术是科学进程化的结果，已不仅是经验的产物；技术活动的物质手段包括硬件和软件，机器、设备、工具和装置称为硬件，而标明工具和设备相互作用方式、作用的程序与过程，以及运用硬件的方法，即软件。随着计算机的发明和广泛的应用，软件的作用越来越重要。现在的技术已不同于以前，存在于人们的经验、技能之中，而是已经物化了的软件[1]。技术发展是连续性与革命性的统一，包括渐进和跃进两种形式。技术是人类改造自然、拓展自我的手段，技术前行的脚步始终辉映着人类的理想和追求。建筑技术在历经了经验技能型的古代，经验科学型到科学技术型的近代，系统科学型的现代之后，正在步入更加复杂的系统科学的当代。

### 2.4.3 科学与技术的关系

1. 科学与技术的区别

科学与技术的最主要区别是：科学着重回答"是什么"、"为什么"的问题；技术着重回答"做什么"、"怎么做"的问题。与科学相比，技术更加面向社会，更加联系生产实际。观测到的事实与原有理论产生矛盾，或者科学研究过程中发现的新问题、产生的新矛盾等等一般是科学研究的课题来源。有明确的实用目标是技术的一般特点，工程建设和生产中需要解决的各种实际问题，或现有技术的提高和改进问题是技术研究课题的基本内容。正确与错误、真与伪是科学成果的评价标准。质量的好与坏，效率的高与低，以及发明的实用性、经济性、安全性、可靠性等是技术成果的评价标准。科学革命与技术革命并非同步发展，技术革命的先导往往是科学革命，新的科学革命需要技术革命为其奠定基础；通过技术，科学理论才能转化为直接劳动力，而技术则是直接的生产力。两者既互相联系又互相分离，呈交替演进态势。

———————
1　胡省三.科学技术发展简史 [M]. 上海：上海科技教育出版社，1996：23-26。

### 2. 科学与技术之间的联系

科学与技术之间的联系因他们所处的各个时代表现出不同的特点。古代科学对技术的影响甚微，而技术却在一定程度上推动了古代实用科学的发展，以科学理论的应用为特征的技术在古代几乎没有出现。直到16世纪近代自然科学产生以后，科学与技术的联系才开始逐步发生着变化。一部分科学家在19世纪上半叶才开始关心生产技术，并试图从技术上的困难和矛盾中寻找科学研究的课题。伴随时代的发展，技术表现出越来越需求科学理论的支撑，"工匠传统"开始出现向"学者传统"靠拢的迹象。在现代条件下，科学与技术的关系在19世纪中叶以后发生了根本性变化，特别是对于新兴的科技领域来说，变化变得尤为明显——自然科学发展和应用水平往往在相当大的程度上决定着现代技术，科学明显地走在技术的前面并起到了引导技术进步的作用。现代技术对自然科学的支撑也有了新的变化，科学研究所需要的越来越先进的实验仪器、设备和条件更多地依靠技术的支持，科学发展新的增长点往往依赖于许多技术中提出的求解问题。互相制约、互相促进是现代科学和技术之间的关系，科学和技术之间的联系越来越密切并最终形成了"科学技术一体化"的趋势。

### 3. 科学技术的作用

科学技术可以帮助人类战胜迷信、愚昧。科学技术在提高人的认识能力，改变人的精神和道德面貌与发展社会文化教育等方面都能起到促进作用。马克思在历史上第一次揭示了科学技术的生产力功能，他于19世纪中叶做出了"社会劳动生产力，首先是科学的力量"以及"生产力中也包括科学"的精辟论断，科学技术在第二次世界大战以后已成为现代经济发展中最主要的驱动力。在中国社会发展新的历史条件下，邓小平提出了"科学技术是第一生产力"的主张；随后，胡锦涛提出"科学发展观"的要求，进一步全面地阐明了科学技术的生产力功能；科学技术可以帮助人类在掌握自然规律，正确认识人类对自然过程干预不当所引起后果（全球性的环境污染、能源危机、资源短缺等）的基础上，通过有计划、有目的地调节和控制人类改造自然的活动，应用科学技术以防止和消除有害后果，帮助人类有效地、充分地、经济地利用自然资源以维持生态平衡并创造出一个适合人类生存和可持续发展的自然环境。

基于现代科学探索和技术创造两种活动之间关系日益密切以及科学的技术化和技术的科学化趋势的出现，"科技"一词往往被用来指代科学技术。

科学对社会产生作用与影响通常具有两种方式：一是物质层面上的"科

学—技术—生产"体系，科学借助生产技术的力量推动社会的进步，表现为物质生产力；第二种是精神层面上的"科学—理性—世界观"体系，科学发展所积淀的科学精神可直接作用于人的理智和心灵，进而影响到社会生活的方方面面，表现为精神生产力。第一种方式较容易为大家所熟悉与接受，而第二种方式却常常被人们所忽视。

历史经验证明，只重视科学技术的实用价值，而忽视科学的理性价值，必然产生不利于社会经济发展，阻碍现代化进程的后果。因此，只有全面地认识科学的价值，在重视科学技术的实用价值的同时，重视科学的理性价值，才能有效地推动各项工作的健康发展。

### 2.4.4 科学技术与建筑的关系

科学技术对建筑的影响主要体现在两个方面：一是科学技术的发展改变了人类的价值观、生活方式等，带来了不同的需求，导致了建筑从功能到形态全方位的变化；二是科学技术的发展导致了建筑技术的进步，直接影响建筑的变化[1]。

古典时期，建筑师身兼艺术家、雕塑家、工程师于一体，有的甚至还是科学家，如米开朗琪罗不仅是画家、雕刻家，还是建筑师，达·芬奇还探索了数学方面的问题等等。近代以来，科学开始萌芽，第一次、第二次工业革命导致自然科学的进步和世界的大发展，建筑技术也得到了深刻的变革，表现在建筑结构的选择从经验传承转变为依靠精确的计算，虽然在近代初期，建筑师仍钟爱着古典范式，但建筑美的内涵已拓展到技术美的层面。马克思这样认为，判断一门学科是否是真正意义上的学科的标准，是能否运用数学方法。每一门学科的成熟都会把能否成功地运用数学作为其自身发展的标志。数学把科学问题的实质总是以其简洁性、明确性展现在人们的面前。建筑学从古典时期只是一门艺术上升为艺术和科学的集合体，这是近代以来建筑学发展的主要特征之一。

对科学技术（工业文明）的反思和信息技术的突飞猛进，是现代科学技术在 20 世纪 60 年代以来的发展中的两个巨大变化。在当代，以计算机技术和通信技术为核心的信息技术高速发展，伴随而来的是信息技术对建筑业的发展影响巨大。

科学理论对建筑学理论影响的滞后性是建筑与科学之间的关系的另一个显著特点。梳理近代以来建筑学与科学技术关系的发展可以发现，建筑学对技术变革的反应表现得明显迟钝。例如牛顿力学的科学理论到蒸汽机的发明乃至钢铁的大量生产，并没有立刻对近代建筑学的理论与观念产生

---

1　秦佑国.建筑技术概论 [J].建筑学报，2002（7）：4-8。

直接的影响，而是迟至水晶宫建成及巴黎世界博览会才表现出建筑学对科学技术的反应，建筑学总比相关的其他设计学科对新科学技术的敏感滞后一个节拍是一种必然[1]。但随着科学技术发展的加速，这种延迟性也发生了变化。现代建筑对科学技术的反应明显加快，甚至主动寻求新技术以使自己的建筑形态能够标新立异，并反映时代特点。

## 2.5 建筑技术

本书所涉及的建筑技术主要包括建筑材料、建筑构造和建筑设备。支撑建筑的结构就像身体的骨骼，而结构所承托的建筑材料就像形成人体形状与特性的组织和皮肤，建筑结构和建筑材料的合作给建筑形状、形式与空间带来各种可能性[2]。而建筑设备就好像人体的各种内脏器官，给使用者带来各种舒适和便利。

### 2.5.1 建筑材料

建筑材料的使用是通过建筑构造设计进行的，为建筑营造了一种氛围，并为其带来纹理和品行。

传统建筑材料主要包括砖石、木材等；近现代建筑材料主要有混凝土、玻璃、钢、铝、复合材料（塑料、玻璃纤维、碳纤维、聚碳酸酯材料）等；随着绿色、可持续理念的深入，一些建筑开始运用可回收的建筑材料；建筑师也在探索将智能材料、发光材料、形态记忆材料、仿生材料、纳米材料等作为建筑材料以创造新的建筑形态。建筑材料的选择要综合考虑材料的性能尤其是其物理力学性能、稳定性和耐久性、外观特性、污染性等[3]（图 2-3）。

建筑材料的发展情形大致如下：古代的木、石、砖、瓦等传统材料的利用到草筋泥、复合土等复合材料的发展；近代的木、石、砖、瓦等传统材料的广泛应用到混凝土、玻璃、铁等材料的改进，再到钢、钢筋混凝土等新材料的开发应用；现代的木、石、砖、瓦等传统材料的改进，到混凝土、玻璃、铁等材料的广泛使用，再到建筑塑料、金属板覆膜材料、玻璃钢等新型人造复合材料的开发应用；当代传统绿色材料的改进，到新型混凝土技术、模拟生物元件功能的仿生材料及智能型材料等新的性能优良的复合材料的开发应用。

1　任军.当代科学观影响下的建筑形态研究 [D].天津：天津大学，2007。

2　[英]洛兰•法雷利.构造与材料 [M].黄中浩，译.大连：大连理工大学出版社，2010：1。

3　秦佑国.建筑技术概论 [J].建筑学报，2002（7）：4-8。

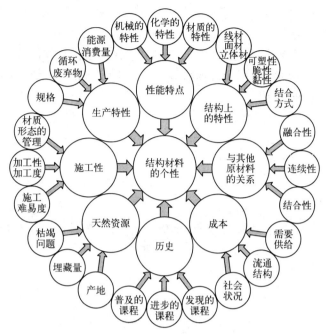

**图 2-3　建筑材料特性示意图**

来源:[ 日 ] 渡边邦夫 . 结构设计的新理念 • 新方法 [M]. 小山广, 小山支子, 译 . 北京:中国建筑工业出版社, 2008:22

### 2.5.2　建筑结构

　　建筑结构是建筑的"骨骼"。作为建筑空间"围蔽"体的支持系统，建筑结构的重要作用是把建筑受到的重力、地震力、风力等荷载传到地基去。用于结构体的材料性能决定着结构的强度和形态，而结构形态取决于结构自身特性、建筑物的空间构成、美观及最优化等因素。一般来说，结构分为平面结构（梁柱结构、平面桁架结构、拱结构、剪力墙结构等）和空间结构（空间网架、悬索结构、折板结构、薄壳结构、张拉膜结构、空气膜结构等）。结构的选择要统筹考虑力学、材料、施工技术和建筑空间要求等，不同材料的建筑结构其形式特点也不同。另外，建筑形式和风格受材料的影响也较大（图 2-4）。

　　建筑工艺上经历了从古代的石斧、石刀→斧、凿、钻、锯、铲等青铜和铁制工具→打桩机、起重机等机械的发展到近代的冶铁、钢工艺的开发→大型水压机与铆接机的发明；再到现代的工业化、现代化的生产手段→计算机辅助技术的大量应用；然后进入到了当代高效、低耗工艺手段的开发应用的发展过程。在整个发展过程中，始终以社会生产效率的提高、资源利用效率的改善作为追求和发展的目标。

建筑结构的发展经历了从古代的早期的梁柱体系、拱券、穹顶体系，近似于框架体系的演变过程；到近代的桁架、框架结构的兴起；再到现代的高层建筑结构和大跨度结构的广泛应用；直到当代具有高强度、良好延展性和应变能力的钢结构和抗震结构的研究应用的发展过程。在此过程中，结构的效能不断增强。

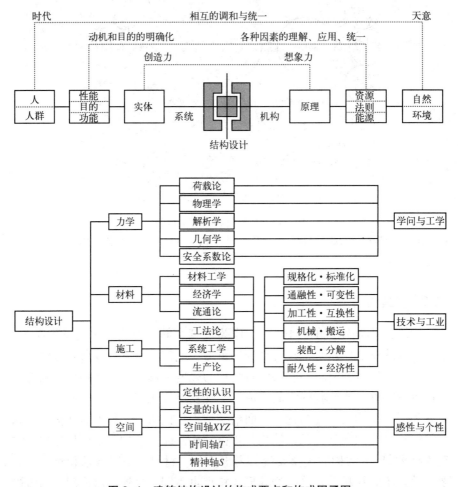

**图 2-4　建筑结构设计的构成要点和构成因子图**

来源：[ 日 ] 渡边邦夫 . 结构设计的新理念·新方法 [M]. 小山广，小山友子，译 . 北京：中国建筑工业出版社，2008：19

### 2.5.3　建筑设备

建筑设备一般包括空气调节设备、给水排水卫生设备和电气设备等。建筑师和工程师通过选择适宜的墙体材料、开窗方式等建筑规划手法，配合建筑设备，处理好热、空气、声音、光线、水等环境因素，创造出舒适的室内环境。随着地球温室化和能源的枯竭，现代建筑正尝试运用自然通风等内部再循环系统、可再生能源等方式，减少建筑对自然环境的破坏，建筑设备的内涵和外延被进一步扩展。

## 2.6　小结

本章对不同文化背景下建筑的含义进行了梳理和解读，同时对科学、技术的概念以及两者之间的作用关系进行了系统的描述，还从建筑材料、建筑结构和建筑设备三个方面分析了建筑技术的发展。

# 第3章 古代科技与建筑形态相对稳定的状况

古代西方建筑中原始的土木工厂活动大致出现在公元前5000年，一直到15世纪出现资本主义萌芽，期间经过了一个很长的时间跨度。这是一个工业文明不发达的阶段，人们修建起简陋的道路、房舍、沟渠、桥梁，以满足简单的生活和生产的需求。大量的城池、宫殿、寺庙、运河等类型的建筑物也相继修建起来，以纪念战争胜利，表示生活和生产的富足，以及达到宗教传播的目的。

## 3.1 古代埃及的科技与建筑形态

### 1.古代埃及的科学技术

公元前2787年古埃及人通过观察尼罗河水的涨落，找出了其与一些天象的关系，创立了世界上最早的太阳历，是今天世界通用公历的原始基础。他们确定一个太阳年为365.25日。

古埃及人在修建水利设施以及建筑神庙和金字塔时，能够运用几何学知识，利用10进制记数法计算三角形、矩形、圆形、梯形的面积，以及平截头正方椎体、正圆柱体的体积，圆周率也已经达到了 $\pi =3.165$ 的程度。在代数上，一些比较容易的一元二次方程和一元一次方程都能够被解答出来。

木乃伊千年不腐，医学水平较高。早在公元前1600年就已经发明了玻璃的制造方法。亚麻织物、书写用的纸草、皮革等制造技术水平已非常高。公元前1500年前后古埃及人已经掌握了青铜的冶炼技术。到公元前7世纪铁器代替了铜器，并得到普遍应用。

### 2.古代埃及的建筑技术

石材是古埃及主要的建筑材料。公元前4世纪，埃及人已用光滑的大块花岗石板铺地面。建筑物砌筑得严丝合缝，在没有风化的地方，至今连刀片都插不进去[1]（图3-1）。其中有一块石材长达5.45m，重达42t。用石料建造了许多几十米高的方尖碑，最高达52m，宽高比大约为1/10。新王国时期，有些石梁的长度超过了9m，柱子高达21m左右。

---

1 [美]爱德华•麦克诺尔•伯恩斯.世界文明史（第一卷）[M].罗经国等，译.北京：商务印书馆，1995：58。

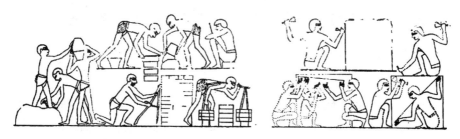

**图 3-1 古埃及建筑材料加工技术**

左图：制作土坯。人们用锄从尼罗河取泥（一般混以滑稽或草），装入桶里搬回来堆在一起。地上的坯，一排三块，最后一块刚从木模里倒出。一个监工手持木棍坐在跟前。做好的坯用扁担挑走。选自底比斯的一幅壁画。约公元前 1500 年。

右图：石匠修整石块。人们用槌和凿把一方方石块修凿成平面。图下方两人检查修打的精确程度。石块的两棱定准以后，再用一根绳子绷在两根木钉上，以测量尚需凿去多少。

来源：[美] 爱德华•M.伯恩斯•世界文明史（第一卷）[M]. 北京：商务印书馆，1995：58

　　古埃及在石质工具时代，已用巨大的雕像装饰纪念性建筑物。在石材上雕琢出用木材或纸草做的柱子的模样，甚至逼真地刻出编制的苇箔的模样。到中王国和新王国时期，使用青铜器，建筑的雕饰更丰富，柱子的式样多而精致华丽，有满墙的大幅主题性浮雕（图 3-2）。

**图 3-2　古埃及柱体装饰**

来源：[美] 爱德华•M.伯恩斯.世界文明史（第一卷）[M]. 北京：商务印书馆，1995

　　古埃及发展了几何学、测量学。古王国时期的金字塔方位准确，几何形体的误差几乎为零。创造了起重运输机械，能组织几万人的劳动协作。公元前四千纪，会用正投影绘制建筑物的立面和平面图。新王国时期能画相当准确的建筑图样，会用比例尺绘画总图和楼房的剖面图，并在总图里把立面画在平面位置上。新王国时期，已有了铜质的锯、斧、凿、锤和水平尺等工具。

### 3. 古代埃及的建筑形态

三四千年前，古埃及人在石器和青铜器时代时，将神庙和金字塔修建起来，堪称人类历史的奇迹（图 3-3）[1]。由石头建造的神庙和巨大金字塔是古埃及在人类史上最显著的技术成就。其中最大的一座是高 146.5m 的胡夫金字塔，修建于公元前 2600 年，巨大的石块全都是经过精琢细磨的，平均每块巨石重 2.5t，数量约 230 万块。石块间的砌缝施工精确，根本不用石灰泥粘结。在神庙建筑方面，古埃及人也达到了令人吃惊的程度。坐落于尼罗河畔的卡纳克神庙，建造于公元前 14 世纪，拥有面积达 5000m$^2$ 的主殿，包括 12 根直径达 3.6m 支柱在内的 134 根巨大的圆柱，支撑起这个庞然大物。

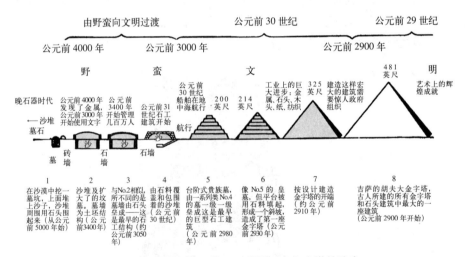

**图 3-3　古埃及最早的石工建筑到大金字塔的演变**

来源：[美]J.H. 伯利斯坦德.走出蒙昧（上）[M].周作宇，洪成文译.南京：江苏人民出版社，1995

## 3.2　古代两河流域的科技与建筑形态

### 1. 古代两河流域的科学技术

古代两河流域的人们通过观察月亮的盈亏周期发明了阴历历法，将月亮的一个盈亏周期算作一个月。根据他们的观察结果，月亮的平均盈亏天

---

1　[美]J.H. 伯利斯坦德.走出蒙昧（上）[M].周作宇，洪成文，译.南京：江苏人民出版社，1995：70。

数为 29.5 天，为了方便计算，将 29 大和 30 天相间排列，一年有 12 个月，这样一年便是 354 天，而不足的天数用闰月来解决，每隔几年就会有闰月。他们发明的阴历历法一直延续至今。

两河流域时期在代数学上也有很好的成就，发明了 10 进制与 60 进制的记数法。为方便计算，他们特别制定了很多数表，其中包括倒数表、乘法表、平方根表、平方表、立方根表等。运用这些数表，他们不仅能够计算一元一次方程、一元二次方程、多元一次方程，还能够解决一些复杂的特殊方程，如三次方程、四次方程和指数方程等。在几何学上，比较成功的是按 60 进制将圆角分为 360°，1°分为 60′，1′分为 60″，并应用至今。同埃及人一样，他们也能够正确地计算出很多立体图形的体积和平面图形的面积。

苏美尔人在公元前 4000 年左右已能够用青铜制造器物。及至公元前 1800 年，史称古巴比伦时期，青铜器已经成为人们的日常生活用品。苏美尔人使用青铜器及打造青铜器的技巧要比古埃及人更加先进。在青铜器发明 100 年以后，约公元前 1900 年，两河流域发明了冶铁技术并开始广泛使用，而直到公元前 800 年铁被广泛应用后，才真正称为铁器时代。

古代埃及和两河流域从生活、生产实践中得出经验，并善于归纳总结，将之上升为理论层面。此时，科学技术已不再停留在经验的获得上，而是超越了经验性水平，从而迈向理论性知识。脑力劳动者的出现，对科学知识的总结和深化起到了相当大的作用。

### 2. 建筑技术和建筑形态

由于两河流域所使用的主要是木材、石块以及未曾烧制的泥砖等建筑材料，所以能够保存至今的建筑为数不多。他们使用圆锥形陶钉以保护土坯墙，陶钉密密挨在一起，涂上颜料，组成图案。公元前 3 世纪之后，改用便于施工的沥青保护墙面。后来，发明了防水性能好、色泽美丽的琉璃，成为重要的饰面材料。

## 3.3 古代希腊

### 1. 古代希腊的科学技术

古希腊在对天体运行进行观察和思考后，到目前为止所得结论仍然具有一定的真理性。地球赤道的周长曾被亚历山大时期的埃拉托色尼（约公元 273 ~ 前 192 年）和欧多克索用天文学方法测量过。前者测量出的数据只比现代少 385.13km。喜帕克在天文学史上首先发现了岁差现象（即春分点西移现象），喜帕克对朔望月、回归年、月地半径之比的测算相当精准，

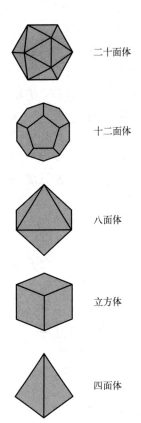

二十面体

十二面体

八面体

立方体

四面体

**图3-4 柏拉图立体**

来源：[美]J.E.麦克莱伦第三，哈罗德·罗恩.世界科学技术通史[M].王鸣阳译.上海：上海世纪出版集团，2007：92

其结果与现代测算比较相近。

古希腊非常重视对数学及其理论的研究。毕达哥拉斯（约公元前560～前480年）学派对数学做出了杰出的贡献：他们认为万物皆数，宣称宇宙万物本源就是数，并且企图用数来解释一切，认为研究数学的最终奥秘是探索自然而非用数作计算工具。毕达哥拉斯在音乐方面也有一定的造诣，他发现弦长成为简单的整数才能使音调保持和谐，即弦的长度和音律存在一定的关系[1]。

哲学家柏拉图提出了5种正多边形侧面都完全相同的三维多面体（图3-4）[2]。古希腊数学著作《几何原本》以很多简单的公理为基础，通过系统的演绎逻辑推导论证得出了诸多定理（400多个），由于这本书的出现，初等几何学理论体系变得更加系统完整。另外，在古代希腊科学和以后西方学术上的发展上，《几何原本》的作用不可忽视。阿波罗尼所著《圆锥曲线》用平面截圆锥体而得到各种二次曲线，椭圆、抛物线、双曲线等都是由他命名的。

集数学家和物理学家于一身的阿基米德（约公元前287～前212年），被后人誉为"力学之父"。阿基米德曾说过，给他一个支点和一根足够长的杠杆，他就能撬动整个地球。在他发现了"杠杆原理"和"力矩"的观念之后，使他在把理论转化为现实方面变得游刃有余。他对数学计算、逻辑论证、观察和实验都十分重视，为现代科学研究打下了良好的基础。求弓形面积、球面积和体积以及螺线所围面积和抛物线的方法都由阿基米德研究得出。很多难题都是他用穷竭法解决的，他还用圆锥曲线的方法求解了一元二次方程（图3-5）。

在古希腊，手工行业分工精细，因此导致技术上的进步巨大。由于铁器的制造以及大量使用铁器工具，同时掌握了铁件焊接、淬火和锻铁等技术，使得生产力水平获得极大发展。以造船为例，一般商船能达到250t位。

1　[美]J.E.麦克莱伦第三，哈罗德·罗恩.世界科学技术通史[M].王鸣阳，译.上海：上海世纪出版集团，2007：86。

2　[美]J.E.麦克莱伦第三，哈罗德·罗恩.世界科学技术通史[M].王鸣阳，译.上海：上海世纪出版集团，2007：92。

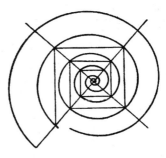

**图 3-5 古希腊从螺旋形中领悟宇宙的意义**

来源：[ 美 ] 玛乔里 • 艾略特 • 贝弗林 . 艺术设计概论 [M]. 上海：上海人民美术出版社，2006：164

### 2. 古希腊的建筑技术与建筑形态

木建筑向石建筑的过渡和柱式的诞生，以及圣地建筑群和庙宇形制的演进，是古希腊建筑成就的两个主要内容。用白色大理石砌成的雅典娜神庙（建于公元前 5 世纪），四周回廊上立有高 10.4m 的 46 根大圆柱，基座上层面积为 2800m²。公元前 279 年亚历山大城的两条中央大道均宽 90m，港口处有一座超过 120m 的灯塔，60 里外的船只都能看到塔灯的光亮。由此，显现出了古希腊人超凡的建筑水平。帕特农神庙之所以伟大，部分的原因就在于它的精益性，它通过了遵循用最少代价换取最大收益原则的各种测试。神庙里面的每一块石头，无一不在宣告，每块石头从功能到设计构思乃至外形的演变，都是与它建造方式的工艺性和经济性相平衡的 [1]。

## 3.4 古代罗马

### 1. 古代罗马的科学技术

罗马帝国初期，作为学者和工程师的赫伦（公元 1 世纪），著书无数，多种机械器具（滑轮系统等）都由他设计制造，其中蒸汽反冲球是现代喷汽动力和近代蒸汽轮机的雏形，是最早把热能转化成机械能的技术装置。他精于数学，最先得出三角形面积的公式：$S=\sqrt{s(s-a)(s-b)(s-c)}$，其中 $a$、$b$、$c$ 为三边之长，$s$ 为周长的一半。

在西方奴隶制社会发展过程中，富有聪明才智的古代希腊人将科学技

---

1 [ 美 ] 斯蒂芬 • 基兰，詹姆斯 • 廷伯莱克 . 再造建筑——如何用制造业的方法改造建筑业 [M]. 何清华等，译 . 北京：中国建筑工业出版社，2009。

术推向顶峰，成为西方科学文明的摇篮和起点。古希腊人非常重视运用以下方法解决自然界的理论现象：数学、逻辑推理、观察实验。同时，他们还注重以这些方法的结合来进行科学研究。古罗马人则对科学知识的实际应用非常重视，能够对在实践中出现的技术问题进行理论总结，这对后来近代科学技术的产生和发展起到了非常重要的启发和示范作用。

2.古代罗马的建筑技术与建筑形态

拱券技术是古罗马最重要的建筑技术。通过采用天然混凝土和改革施工技术，大大增加了拱和穹顶的跨度，罗马万神庙的穹顶直径达 43.3m，顶端高度也是 43.3m（图 3-6）。

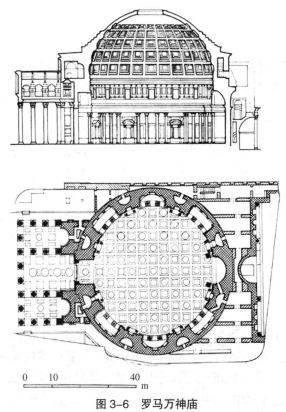

**图 3-6 罗马万神庙**

来源：罗小未等.外国建筑史图说 [M].上海：同济大学出版社，1986

公元 1 世纪左右，古罗马发明了十字拱，通过增加筒形拱和肋架拱等形成拱顶体系，使建筑摆脱了厚重的承重墙，窗上用上了玻璃，获得了宽广、灵活、开敞、流通的内部空间。建筑物具有较强的适应性，能满足各种复杂的要求。古罗马留下了形制严谨的广场建筑群（如恺撒广场、图拉真广场等），有经过细致声学处理的剧场，内部空间组织有序的公共浴场。罗马大角斗场平面为椭圆形、外墙高 48.5m，长短径分别为 188m 和 156m，可容纳 5 ~ 8 万观众。首都罗马城内共有 9 条水道，总长达 90 多公里，工程庞大而壮观；修筑了许多公路和桥梁，构成"条条大道通罗马"的交通网。古罗马的木桁架技术也相当高，已能分辨受拉构件和受压构件，并采用相应的节点构造，桁架的跨度达到了 25m。

古罗马时期，维特鲁维在总结了古希腊以来的建筑经验的基础上结合自己的认识，写出西方经典建筑论著——《建筑十书》，其内容包括设计原理、建筑施工、建筑师的教育以及建筑的一般理论等诸多问题。该书奠定了欧洲建筑科学的基本体系，建立了城市规划和建筑设计的基本原理和设计原理，对西方建筑学的发展影响深远。

## 3.5　中世纪欧洲

### 1. 中世纪欧洲的科学技术

欧洲的中世纪分前后两段：公元 5 ~ 10 世纪为前期，史称黑暗时期；公元 11 ~ 15 世纪为后期。

从整体上看，除了农业技术略有进步外，中世纪前期欧洲的技术和罗马帝国兴盛时期相比是大大倒退了。中世纪后期欧洲科学活动重新开展，科学技术得以复苏。中世纪后期，一些附属教会的学校逐步发展为面向社会以讲授非宗教知识为主的大学，其中著名的有意大利波朗尼亚大学（11世纪末）、英国的牛津大学（1168）、剑桥大学（1209 年）、法国的巴黎大学（1200 年）等。在大学里，出现了一批具有新思想的学者，他们在欧洲各国开展科学研究活动。

中世纪后期，欧洲的技术有了明显的进步。水利机械、风力机械、各种铁制机具普遍应用于冶金、采矿、纺织各行业，推动了手工业的发展；指南针则促进了航海业和造船业的发展。14 世纪欧洲人用中国发明的火药造出了火炮，14 ~ 15 世纪普遍建起了造纸厂，15 世纪中叶仿中国的活字印刷术发明了铅字印刷术。经过几百年的发展，欧洲人掌握了相当多当时世界上最先进的技术，逐步改变了落后的面貌，也为近代科学技术的诞生准备了条件。

### 2. 中世纪欧洲的建筑技术与建筑形态

东欧发展了古罗马的穹顶结构和集中式形制，西欧发展了古罗马的拱顶结构和巴西利卡形制。

东欧中世纪的代表建筑是拜占庭建筑。当时拜占庭建筑形制主要应用于教堂，为了体现宗教的主体地位，追求建筑布局的集中和空间的高敞，创造性地在穹顶下增加了鼓座，鼓座安装在四个或多个独立支柱上，既增加了高度，又增加了教堂主空间的高度。

古罗马的穹顶始终没有摆脱承重墙，因而只能在圆形的平面上建造封闭的空间。为解决这个问题，拜占庭建筑创造性地沿方形平面的四个边发券，然后在四个券之间砌筑以对角线为直径的穹顶，穹顶的重量由四个券承担，最终的荷载落在四角的支柱上，因此不再需要承重墙；也可以用这种方法把穹顶架在八个或者十个支柱上，在各种正多边形上使用穹顶，因而穹顶下的空间大大自由了。后来，又在四个券的顶点之上做水平切口，切口之上再砌半圆穹顶；再后来则先在切口上砌一段圆筒形鼓座，穹顶砌在鼓座上端，不仅室内空间升高了，也大大突出了穹顶在构图上的统率作用。水平切口所余下的四个角上的球面三角形空间，称为帆拱。帆拱、鼓座和穹顶，构成了拜占庭建筑的结构方式和艺术形式（图3-7）。为了平衡穹顶的侧推力，在四面对着帆拱下的大发券外砌筑筒形拱，筒形拱下面两侧再做发券，内侧券角落在承架中央穹顶的支柱上。通过这样复杂的、设计精密的结构，外墙不必承担侧推力，内部只剩下支撑穹顶的四个柱墩，自由灵活性不仅体现在内部空间，还表现在立面造型上。由此集中式教堂获得了开敞的、流转贯通的内部空间。一个成熟的建筑体系，总是把艺术风格同结构技术协调起来。拜占庭建筑的代表作是圣索菲亚大教堂。教堂平面深68.6m，宽32.6m，穹顶直径32.6m，高15m，有40个肋，通过帆拱架在四个7.6m宽的柱墩上，穹顶中心高55m。

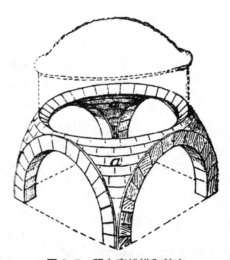

图3-7 拜占庭帆拱和鼓座

来源：罗小未等．外国建筑史图说[M]．上海：同济大学出版社，1986：67

中世纪之初，除个别地区，西欧各地普遍失去了拱券技术，教堂都用木屋架。因木屋架容易起火，10世纪起，教堂开始采用拱券结构。10～12世纪的教堂采用十字拱、筒形拱和骨架券，增加了侧廊的空间高度，因而在侧廊上设计了楼层。

12世纪下半叶，建筑工匠进一步专业化，石匠、木匠、铁匠、抹灰匠、彩画匠、玻璃匠等分工很细，他们使用量度外圆、内圆、方角、直线等的各种规和尺，使用复杂的样板，提高了工程效率，省工省料。从工匠中产生了专业的建筑师和工程师，除参加施工外，他们绘制平面、立面、剖面和细部的大致图样，做模型，研习历史经验，熟悉几何的和数学的构图规则等（图3-8）。专业建筑师的产生，对建筑水平的提高起着重要的作用。

**图3-8　欧洲中世纪斐波纳契级数向日葵**

来源：[美]玛乔里·艾略特·贝弗林. 艺术设计概论 [M]. 上海：上海人民美术出版社，2006：165

此时出现了新的教堂形制——哥特式教堂。与其他教堂相比，哥特式教堂的结构特点首先体现在采用了骨架券和飞券上，骨架券与飞券一起形成了类似于框架式的结构，其余部分沦为填充维护结构，减薄至25～30cm左右，拱顶重量减轻，材料节省，侧推力减少了。飞券的侧推力被十字拱减弱后，落在了横向的墙垛上，而不再需要侧廊承担，因而设计师在设计时降低了侧廊的高度，不仅中央大厅因此而有较大的侧高窗了，外墙上开洞尺寸也扩大了，建筑造型趋向通透。哥特教堂的另一个创新是，尖券和尖拱都是二圆心的，任何跨度的券和拱都可以一样高，中厅不必是正方形的了，内部形象变得整齐、单纯、统一[1]。

---

1　陈志华. 外国建筑史（十九世纪末叶以前）[M]. 北京：中国建筑工业出版社，1986：79-81。

**图 3-9　哥特教堂彩色玻璃**

来源：罗小未等著. 外国建筑史图说 [M]. 上海：同
济大学出版社，1986

哥特式教堂很少墙面，采用较大的玻璃窗。最初生产的是含有各种杂质的彩色玻璃，玻璃面积小，工匠们用彩色玻璃在整个窗子上镶嵌一幅幅的图画（图3-9）。到15世纪，玻璃片的面积增大且更透明，不再做镶嵌，而在玻璃上绘画。由小块到大片，由深色到透明，这是玻璃生产技术的进步。彩色玻璃的技术在罗马式建筑时期就已成熟，但一直到哥特时期才开始大规模地使用，它的制作工程也比以前更庞大、更复杂。制作彩色玻璃是件费时又大意不得的工作，艺匠们并不生产玻璃，而是从别的地方购买玻璃的原料（与今天的彩色玻璃工匠做法差不多）。由于需要大量的木材生火，生产玻璃的工厂大多靠近森林。原始玻璃以一份砂、两份羊齿类植物及山毛榉木材的灰屑混合，再以1500℃的高温烘制而成。玻璃加入不同的矿物原料可呈现出不同的颜色，加入钴可调出蓝色，而加入铜可制出绿色与砖红色。彩色玻璃上色的方式有两种：一种是将两种彩色玻璃高温融合，产生一种新的、透明般的色彩；另一种是在彩色玻璃上撒上一种如珐琅般的玻璃颜料，最后经过低温处理，使其完全溶解、着色在底层玻璃上[1]。

## 3.6　小结

古代科学技术的发展经历了一个漫长的历史过程，也有过较为辉煌的时期。但是总的来说，古代的科学技术并没有得到系统全面的发展，尤其是，作为近代科学技术基础的科学实验方法并没有完全确立，这就决定了无论是古代人的思维方式还是古代科学技术研究所运用的思维方式，主要是一

---

1　范毅舜. 走进一座大教堂 [M]. 北京：生活·读书·新知三联书店，2006：106-109。

种思辨的思维方式。人们凭借感性的经验，经过简单的逻辑推理，从整体上笼统地对思维对象做出粗浅的带有明显主观猜测和臆断的描述。从结果上看，虽然也可能对思维对象做出某种程度上的正确判断，但是，主要停留在感觉经验所及的范围，停留在事物的表面现象，不能揭示出事物的内在本质和规律性；而且由于缺乏足够的事实根据和严密的逻辑论证，往往是真假并存，似是而非，带有神秘主义的色彩。

建筑技术、建筑结构、建筑材料发展也没有质的变化。建筑材料大部分还是采用砖石、木材等。虽然开始应用了在现代建筑中扮演重要角色的混凝土与玻璃，但由于缺乏科学思维的指导，并没有发挥出它们应有的材料性能。但现代科学的种子已在古希腊孕育，其对建筑的影响为从工匠中产生了专业的建筑师和工程师，除参加施工外，他们绘制平面、立面、剖面和细部的大致图样，做模型，研习历史经验，熟悉几何的和数学的构图规则等。专业工程师与建筑师的产生，对未来建筑水平的提高起着至关重要的作用。

# 第4章 近代科技发展引起的古典建筑形态的革命

近代从资本主义出现萌芽的 15 世纪至 19 世纪末，期间发生了以蒸汽机的发明为标志的第一次工业革命和以电力的广泛应用为标志的第二次工业革命。在这一时期，至为重要的是技术的理论已经开始以力学和结构理论作为指导；1638 年，伽利略在《关于两种新科学——力学和局部运动——的论述与数学证明》的文章中首次提出将梁抵抗弯曲的问题作为力学问题；1678 年，英国皇家学会实验室主任胡克（Robert Hooke）提出胡克定律，奠定了弹性静力学的基础；17 世纪后期，牛顿创立了微积分的基础，促使力学在 18 世纪沿着数学解析的途径进一步发展起来。随之建筑技术也得到了长足的进步。

## 4.1 近代科学技术

### 4.1.1 近代科学的发展

1.近代科学革命

（1）哥白尼日心说

波兰天文学家哥白尼（1473 ～ 1543 年）在不朽著作《天体运行论》中阐述了他的日心说，彻底否定了天文学中的传统观念。其要点是：地球并非静止不动的天体，也不在宇宙的中心，它是一颗普通的行星，既有自转，又围绕太阳旋转；月亮绕地球旋转，并且和地球一起绕太阳旋转；太阳处于宇宙的中心，行星在各自的圆形轨道上围绕太阳旋转，它们的轨道大致处在同一平面上，它们公转方向也是一致的。

（2）哈维血液循环理论

1616 年英国生理学家哈维（1578 ～ 1657 年）经过科学实验和理论研究，提出了血液循环理论，给了生理学中的传统观念——盖仑的三灵气说以致命的打击。从此，生理学发展成为科学，哈维被誉为"生理学之父"。

（3）牛顿力学体系

英国大科学家牛顿（1642 ～ 1727 年）将伽利略的自由落体理论进一步精确化，得出了惯性定律（牛顿第一定律）、加速度定律（牛顿第二定律）；在笛卡儿和惠更斯对碰撞运动的研究基础上，总结出了作用力和反作用力定律（牛顿第三定律）。

2.近代数学的发展

（1）解析几何和微积分的创立

法国数学家费尔玛（1601～1665年）最早用代数方程来表示几何曲线的性质，笛卡尔（1596～1650年）进一步把几何图形看作是依照一定的函数关系运动的轨迹，用代数学问题来解决几何问题，数学引进了变量和函数，由此创立了解析几何学。

微积分是牛顿和德国科学家莱布尼兹（1646～1716年）在17世纪60～80年代各自独立发明的。这种方法可用以解决求曲线上任一点的切线和求运动的瞬时速度等几何学、物理学问题。

（2）概率论的产生和发展

产生概率论的直接原因是数学家对赌博中的机遇问题的考察。荷兰科学家惠更斯（1629～1695年）于1657年写成的《论赌博中的计算》是概率论最早的著作。概率论和数理统计用以探索纷纭复杂的大量偶然现象背后隐藏着的必然规律，在现代科学技术中获得了极为广泛的应用。

（3）代数学的发展

数学语言走向符号化、形式化，是数学自身抽象化程度提高和更加成熟的表现。以群论为标志，进入了抽象代数学（或称近世代数学）的阶段。群论、代数数论、超复数系、线性代数、环论、域论等许多新的分支相继出现，代数学的研究向着更加抽象的纯理论的方向发展。

（4）非欧几何学的出现

18～19世纪几何学出现了一系列新的分支学科，包括画法几何、微分几何、拓扑学等。非欧几何学的建立就是其中一项突破性的成果。传统观念认为现实物理空间是平直的、曲率为零的欧几里得空间，因而非欧几何学开始仅仅被视为是理智的游戏（图4-1）。现代科学诞生后，非欧几何学首先在爱因斯坦的广义相对论中获得了应用，才使人们改变了看法。

图4-1　莫比乌斯带

来源：[英]彼得·泰勒克编.科学之书[M].
济南：山东画报出版社，2004：144

3.近代物理学的发展

（1）热学的发展

热力学第一定律和第二定律是19世纪热学的主要成就。19世纪60年代英国的麦克斯韦和奥地利的玻尔兹曼（1844～1906年）分别把统计方法和概率的概念引进了热学。他们的研究表明：热状态是大量分子的无规则运动的统计表现，单个分子的运动对系统的热状态没有独立意义；大量分子的运动不服从牛顿定律，只服从统计规律。由此产生了一门新学科——统计力学，它的出现对物理学和化学的发展意义重大。

（2）电磁学的发展

1820年丹麦物理学家奥斯特偶然发现当磁针旁的导线通以电流时，磁针发生了偏转，证明电产生磁。英国科学家法拉第（1791～1867年）根据奥斯特的发现提出了磁可以转化为电的电磁感应设想（图4-2）。法拉第总结出了感生电动势的大小与闭路中磁通量变化率成正比的电磁感应定律，还进一步提出了"场"和"力线"的概念，用以解释电和磁的作用。英国科学家麦克斯韦（1831～1879年）在法拉第成就的基础上建立了电磁学理论，用偏微分方程组定量地表达电磁场的转化和电磁波的传播规律。麦克斯韦的理论是物理学发展的又一个里程碑，标志着近代物理学的成熟。

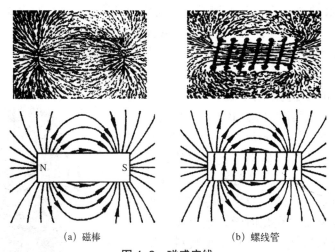

(a) 磁棒　　　　　　　　　　(b) 螺线管

图4-2　磁感应线

来源：赵凯华等. 电磁学 [M]. 北京：高等教育出版社，2003

（3）光学的发展

进入19世纪之后，英国物理学家托马斯·杨（1773～1829年）所做的光的干涉实验，法国工程师菲涅尔（1788～1827年）用数学运算证明了波动说对衍射现象的解释，以及法国人傅科（1819～1868年）测定光在水中的速度小于它在空气中的速度，符合波动说的预设（粒子说预设与此相反），极大地支持了光的波动说，使得微粒说的优势地位被波动说所取代（图 4-3）。19 世纪 60 年代麦克斯韦预言光是一种电磁波，1888 年德国人赫兹证实电磁波具有光的一切性质，进一步揭示了光的波动本质。

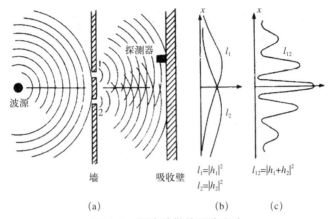

$$l_1=|h_1|^2$$
$$l_2=|h_2|^2$$
$$l_{12}=|h_1+h_2|^2$$

（a）　　　　　　　（b）　　　　　（c）

**图 4-3　用水波做的干涉实验**

来源：[ 美 ]R.P. 费曼著 . 费曼讲物理入门 [M]. 秦克诚，译 . 湖南：湖南科学技术出版社，2004

#### 4. 近代化学的发展

（1）化学科学的确立

法国化学家拉瓦锡（1743 ～ 1794 年）重复他人实验制得氧气，并通过进一步的实验研究证明，燃烧并非燃素的释放与吸收，而是可燃物或金属与空气中的氧气化合的结果，由此建立了他的燃烧氧化理论。1780 年出版专著《化学纲要》，标志着化学作为一门科学已经形成。

（2）原子—分子学说的创立

道尔顿的原子学说用原子的结合和分解来说明各种化学现象和定律间的内在联系，对当时的化学理论进行了一次大综合，对化学的发展具有重大意义。其缺陷在于没有建立"分子"的概念，它把化合物的分子也当作复杂的原子，因此在用原子学说解释一些化学现象时往往得出不正确的结论（图 4-4）。

（3）元素周期律的发现

1869 年，俄国化学家门捷列夫（1834 ～ 1907 年）提出了元素周期律，按照原子量的大小排列起来的元素在化学性质上呈明显的周期性，绘制出化学元素周期表。元素周期律的建立奠定了现代无机化学的基础，对化学同时也对哲学的发展起了巨大的作用（图 4-5）。

（4）有机化学和物理化学的建立

有机物原是指从动植物体内提取的化合物，对有机化合物的结构和化学性质的研究始于 18 世纪末 19 世纪初，以后逐渐形成有机化学这门分支学科。1828 年德国化学家维勒（1800～1882 年）用无机物氰酸与氨溶液混合，制得了有机物尿素（别名碳酰二胺、碳酰胺），是由碳、氮、氧和氢组成的有机化合物，又称脲（与尿同音）。其化学公式为 $CON_2H_4$。在此以前流行的"生命力论"认为有机物靠动植物体内神秘的生命力才能制造，维勒的实验否定了生命力论，是有机化学发展过程中的一大突破。

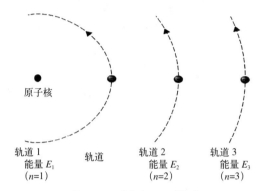

**图 4-4 玻尔氢原子模型**

来源：人民教育出版社物理室 . 高中物理（第三册）[M]. 北京：人民教育出版社，2010

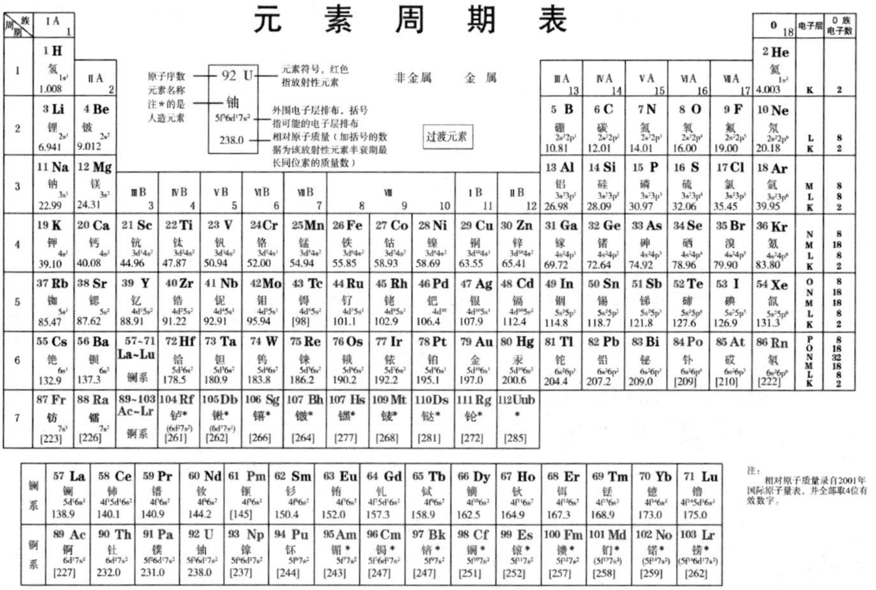

**图 4-5 元素周期表**

来源：教材课程研究所 . 化学（高一上）[M]. 北京：人民教育出版社，2007

5.近代生物学的发展

（1）细胞学说的创立

19 世纪 30 年代，由于消色差显微镜的问世，生物学家们得以更清楚地观察到细胞的构造，先后发现细胞核、细胞质等。在上述发现的基础上，法国植物学家施莱登（1804 ～ 1881 年）和动物学家施旺（1810 ～ 1882 年）先后于 1838 年和 1839 年著文，分别侧重阐述植物细胞和动物细胞的系统理论，从而共同建立了细胞学说。

（2）微生物学的建立

1857 年法国科学家巴斯德（1822 ～ 1895 年）通过密封煮沸过的肉汤得以长期保鲜不腐的实验，证明了微生物不能自然产生，生命只能来自生命。巴斯德的这一发现推翻了自然发生说，为微生物学奠定了基础。

（3）达尔文生物进化论的创立

达尔文认为进化的原因是生存斗争和自然选择。在自然选择过程中，被选择的有利性状，将在世代遗传过程中逐渐积累，由较小的变异转变为较大的变异，逐渐变成新的物种。达尔文在《物种起源》中指出人和灵长类动物属于一个目，是近亲。

6.近代天文学的发展

（1）太阳系起源与演化的星云假说的提出

康德认为太阳系起源于一团原始星云，组成星云的一些粒子由于引力作用凝聚成粒子团；粒子的碰撞和排斥又使粒子团按一定方向旋转和运动起来，在中心形成了太阳，周围粒子团则聚集为行星，在太阳的引力作用下按椭圆轨道围绕它旋转起来。1796 年法国科学家拉普拉斯在他的《宇宙体系论》中独立地提出了与康德类似的星云假说，比康德的假说更合理、更完善。后来人们把他们俩人的假说合称为康德—拉普拉斯星云假说。它表达了一种新的科学思想，即宇宙中的天体不是一成不变的，而是演化而来的（图 4-6）。

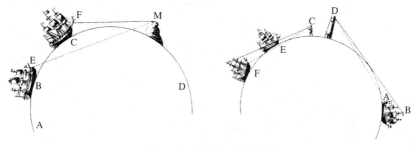

图 4-6　地球曲度的证明

来源：[ 英 ] 彼得·泰勒克编.科学之书 [M]. 济南：山东画报出版社，2004：21

（2）太阳系研究的新成果

19世纪20年代人们在绘制星表时发现天王星的运行轨道不是完美的椭圆，经天文学家们用万有引力定律进行仔细计算，认定在天王星的附近可能有一颗未知行星的引力在干扰其运动，并算出了这颗行星的位置。1846年，德国天文学家加勒（1812～1910年）在计算确定的位置上果然找到这颗行星，后命名为海王星。海王星的发现是运用已知理论，经数学计算做出预言，然后在观测中得到证实的一个实例。

（3）恒星和银河系的研究

18世纪天文学家赫歇尔认识到：银河系是由一层恒星组成的，形状像一只边缘有裂缝的凸透镜，其直径约为厚度的5倍，太阳系就位于银河系中央平面稍偏离中心的位置上。他发现了双星和聚星的存在，他认为，这些双星和聚星不是视觉上的双星和聚星，而是真正的双星和聚星。它们彼此靠引力的作用联系在一起，围绕着它们的公共质心转动，万有引力定律在远离地球的恒星世界同样适用。

（4）天体物理学的兴起

19世纪中叶以后，由于照相技术、光度测量和光谱分析应用于天文学，使天文学家能够考察天体的温度分布、化学构成、物理结构和演化过程等，天文学从观察、研究天体的机械运动深入到探索天体的本质，标志着天体物理学的产生。

## 7. 近代地质学的发展

（1）地质学各分支的形成

①地层学——17世纪人们普遍认识到化石是古代生物遗骸变化成的，地层中每一层都含有独特的生物化石气。于是，把化石的研究与地质的研究直接结合起来，形成了地层学。

②地槽学说——1873年美国地质学家达纳（1813～1895年）提出了地槽学说，从地球形成之初的热学、力学过程推测地质的变化，解释地壳的造陆运动和造山运动。地槽学说后来又经过一些地质学家的发展，成为现代大地构造理论中很有影响的学说。

③矿物学和岩石学——19世纪，在应用物理学和化学等学科的理论和方法的基础上，形成和发展起来了科学的矿物学和岩石学。科学家们确立了矿物晶体的分类方法；又用化学分析的方法研究矿物，建立了矿物的化学分类法。矿物学因而形成并迅速发展。科学家们应用偏光显微镜弄清岩石的光学性质，并与化学分析相结合，研究岩石的化学组成，从而产生了近代岩石学。

④地球物理学和地球化学——地球物理学兴起于18～19世纪，它的

研究对象是地球整体及其各组成部分的物理学性质和物理过程，包括地球重力加速度的测定、地磁的测定、地震的研究等等。地球化学起步于19世纪后期，到70年代以后才有长足的发展。它研究化学元素在地球中的迁移、富集及其在时空上的分布规律。

（2）近代地质学的争论

①岩石成因的"水成说"与"火成说"之争——水成论认为被洪水淹没的砂土和生物按重量的大小分层沉淀，逐渐形成不同的岩层和化石。后期水成论推测原始地球表面海水中的某些化学成分的结晶，沉析出来形成原始岩层，海水升降和风化作用使得原始岩层逐渐变化并与生物遗骸混合，形成岩层和化石。水成论否定火山作用能形成岩石，认为火山爆发是地下煤层燃烧所致；火成论则认为火山爆发喷出的物质形成新的地层，这种爆发多次重复就形成不同的岩层。

②地壳运动变化方式的"灾变说"与"渐变说"之争——法国古生物学家居维叶（1769～1883年）认为，在地球历史上洪水、地震之类的灾变使当地生物灭绝，从远处迁移过来的生物代替了原有物种，以后又可能被下一次灾害灭绝。这就是现在发现不同地层中动物化石在物种上有明显差别的原因；英国地质学家赖尔（1797～1875年）继承了赫顿的地质学思想，主张地壳演化的渐变论。赖尔认为地壳的变化不是突如其来的灾变，而是在漫长的历史进程中，由内力（地震、火山）和外力（气候、温度变化）共同作用，缓慢发生的。后来，赖尔经过进一步考察又认识到虽然地壳运动以渐变为主，但也确实发生过由造山运动而引起的激烈变化。这对达尔文形成生物进化思想起过重要作用。

### 4.1.2 近代技术革命

1. 蒸汽机的发明与应用——第一次技术革命

18世纪60～80年代，英国工匠瓦特（1736～1819年）采取汽缸外面加上绝热套的方法，以减少蒸汽热消耗，又在汽缸外设置冷凝器使做功后的蒸汽尽快冷却，以提高热机效率的方法改进了蒸汽机（图4-7）。19世纪30年代蒸汽机取代了其他动力，在工业生产和交通运输中普遍使用，宣告蒸汽技术革命完成。瓦特在改进蒸汽机的过程中能自觉地运用科学理论知识，表明蒸汽技术革命是科学理论和技术实践相结合的产物，结束了以往技术进步主要依靠工匠的实践经验和技巧、科学与技术相脱离的历史。

图 4-7　英国第一台蒸汽机

来源：[意]L. 本奈沃洛. 西方现代建筑史 [M]. 邹德侬等，译. 天津：天津科学技术出版社，1996：4

## 2. 电力技术革命——第二次技术革命

　　1865 年第一台永久磁铁式发电机问世。1866 年德国人西门子（1816 ~ 1892 年）用电磁铁代替永久磁铁，制成了自激式直流发电机，从而提高了电流强度，使电机得以推广使用。1882 年美国发明家爱迪生（1847 ~ 1931 年）建造了第一座直流发电站。19 世纪 70 年代实用的电动机被发明出来，到 80 年代已作为一种新的动力机逐步推广使用。1882 年德国工程师德普勒（1843 ~ 1918 年）成功地进行了高压直流远距离输电试验。1888 年建成了第一个交流供电系统。

　　电气技术革命至 20 世纪初结束，从此以电气为主导的新技术逐渐代替原有技术体系的蒸汽技术。这次技术革命与蒸汽技术革命相比，科学与技术的结合又更进了一步，始终以科学理论为前导，快速实现了由科学的发现（电磁感应等）向技术的发明（电机、变压器等）的转化。这表明科学已经开始走在了生产技术的前面（图 4-8）。

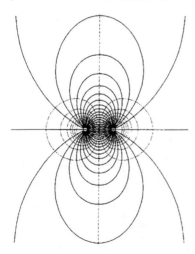

图 4-8　电场线和等势面

来源：赵凯华等. 电磁学 [M]. 北京：高等教育出版社，2003

### 3. 电信技术的兴起

电气技术革命引发了通信技术上一系列新发明：美国的莫尔斯（1791～1872年）于1835年发明了电报，贝尔（1847～1922年）于1867年发明了电话，俄国的波波夫（1856～1906年）和意大利的马可尼（1847～1937年）于1895年各自发明了无线电通信装置。电的应用导致了爱迪生的电灯、留声机、电影等一系列电器的发明。

### 4. 钢铁冶炼技术

1855年英国工程师贝塞麦（1813～1893年）发明了转炉炼钢法，用机械力代替人工搅拌，大大提高了生产效率。1865年西门子和法国的马丁（1824～1915年）发明了平炉炼钢法，扩大了原料来源，并且提高了钢的质量。1879年英国的托马斯（1850～1885年）发明了碱性转炉炼钢法，解决了含高磷的矿石在炼钢时的脱磷问题。这些新技术的推广应用，使钢铁产量有了巨大增长，质量明显提高，而且能生产出多品种的特种钢、合金钢，为其他相关制造业提供了必需的材料。

### 5. 内燃机技术

1876年法国工程师奥托（1832～1891年）运用四冲程循环理论制成了一台高效实用的煤气内燃机。德国工程师戴姆勒（1834～1900年）和狄塞尔（1858～1913年）先后于1883年和1892年各自发明了汽油内燃机和柴油内燃机。汽油机发明后的第三年就有德国人本茨（1844～1929年）制成以汽油机为动力可供实用的汽车。柴油机在20世纪广泛应用于各种重型车船。内燃机技术还导致了20世纪初飞机和各种农业机械的发明。

### 6. 化工技术

（1）铅室法生产硫酸

1746年英国的罗巴克（1718～1794年）发明了铅室法制硫酸。1806年英国使用氧化氮为催化剂完成了硫酸的连续生产工艺，使硫酸产量大大增加，其基本原理与塔式法相同，实质上是利用高级氮氧化物（主要是三氧化二氮）使二氧化硫氧化并生成硫酸：$SO_2+N_2O_3+H_2O = H_2SO_4+2NO$，生成的一氧化氮又迅速氧化成高级氮氧化物：$2NO+O_2 \longrightarrow 2NO_2$，$NO+NO_2 = N_2O_3$。因此，在理论上氮氧化物仅起着传递氧的作用，本身并无消耗。

（2）氨碱法生产纯碱

法国化学家路布兰（1742～1806年）于1789年发明了用食盐、硫酸等为原料制取纯碱的方法。1862年比利时人苏尔维发明了用氨和食盐为原料的更为先进的氨碱法。其化学反应原理是：$NaCl + NH_3 + H_2O + CO_2 = NaHCO_3 \downarrow + NH_4Cl$，将先通过过滤、洗涤产生的微小晶体碳酸氢钠经过加热煅烧最终所得的纯碱产品，$NaHCO_3 = Na_2CO_3 + H_2O + CO_2 \uparrow$，并将气体二氧化碳进行可回收循环利用。将石灰乳 $Ca(OH)_2$ 和具有氯化铵成分的滤液进行混合后再予以加热，得到可再利用的氨气。

（3）其他

19 世纪初人们从煤焦油中提取出苯、萘、苯胺等有机化合物后，相继发明了合成染料、香料、糖精及各种药品的工艺方法（图 4-9）。1863 年瑞典化学家诺贝尔（1833 ~ 1896 年）发明了安全炸药。

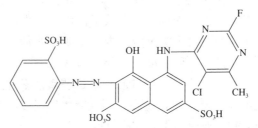

图 4-9　活性艳红 PN-B（染料）

## 4.2　近代工程师的贡献和结构科学的发展

18 世纪的工业革命给世界带来了翻天覆地的变革，自然科学的发展以及对工程结构的计算和分析的重视，使得工程师这种新的职业从建筑师中分离出来。这些工程师能够熟练掌握结构技术，并创造了许多伟大的建筑形式。而在同一时期，很多建筑师在创作中仍热衷于不断模仿古典形式，建筑师与工程师在如何对待建筑形式和装饰的问题上存在明显的分歧，建筑师推崇建筑的艺术属性，工程师则比较在乎建筑的技术性，因此形成两极对立的态势。作为技术和艺术有机统一的建筑，它的技术和艺术最终被割裂了，朝向两个片面的方向发展。

纵观近代发展史，主流建筑受传统思想和规范的束缚，对新技术、新结构和新材料不敏感，甚至持怀疑态度，前面第二章中提到了建筑接受新技术等新事物的延迟性的原因，这里不再赘述。新技术、新结构和新材料，一般首先应用在铁路、堤坝、桥梁等结构工程或诸如工业厂房等新兴建筑物上。工程师在近代史中，对促进建筑结构和建筑形态的发展起到至关重要的作用，1851 年建成的水晶宫是集大成者。及至近代后期，建筑师和工程师分工合作，建筑形态开始发生了根本的变化。

而其中工程师的重要贡献体现在近代结构科学的发展上。本节以吴焕加先生所著《中外现代建筑解读》中"近代结构科学的兴起"为蓝本，梳理了近代结构科学的发展史，旨在指出近代科技发展是近代建筑对古典建筑革命的动因[1]。

### 4.2.1 工业革命之前建筑结构概况

在数千年前，西方人在建造房屋的实践中，发现了很多结构形式，如梁、柱、拱券、悬索、穹顶、木屋架、木框架等多种多样的结构形式，并且得到了很大的发展。由此构成了许多古代宏伟建筑物，至今还使我们惊叹不已。在建造房屋的过程中，他们慢慢积累了关于结构与力学的初步知识。在欧洲，亚里士多德等学者（公元前287～公元前212年），初步总结概括了那个时代的力学经验。然而，在封建社会时期，不论是中国还是外国，同其他学科一样，结构与力学的发展相对缓慢，甚至停滞不前，始终停滞在宏观经验阶段，没有上升为系统的科学理论。因此，封建社会时期的工匠们在建造房屋的过程中，往往只能根据以往的经验与感性判断进行工作。一些工程做法、构件尺寸等大都以文字或数字的规定表现出来。比如说，15世纪意大利阿尔伯蒂著作中曾提到过拱桥的修建规定，具体如下：拱券净跨必须要介于桥墩宽度的4倍与6倍之间，桥高则应是桥墩宽度的4倍，石券的厚度不能小于拱券跨度的1/10。这些规定可能是符合力学原理的，但却不是经过具体分析计算所获得的结果，而是某种规范化的经验，并形成了传统模式，难以得到发展与突破。在很大程度上，羁绊了建筑和工程中的革新发展。除此之外，由于没有科学的计算方法，而仅仅是依靠经验，为了保证工程的安全，只能采用高造价、高耗材的办法，因此，工程的坚固性较高，这也是迄今为止很多古建筑得以存在的重要原因。

对工程结构进行科学的分析和必要的计算，是在资本主义生产方式出现后，经过几百年逐步发展起来的。

恩格斯在《自然辩证法导言》中提到："现代自然科学……是从15世纪下半叶开始的时代。"15世纪下半叶，在欧洲出现了资本主义萌芽，随着工场手工业和商业贸易的发展，新兴的资产阶级为摆脱教会的神权统治进行着斗争，科学在与神学束缚的斗争中开始发展。对此恩格斯这样说过，科学能够得以复兴的重要原因是中产阶级的兴起以及重新进行关于天文学、物理学、生理学、解剖学和机械学的研究。资产阶级必须借助科学才能大力发展公共生产，这是由于科学能够探察自然物体的物理特性以及自然力的活动方式[2]。

力学的发展，使得在工程中对结构进行分析和计算成为可能。15世纪

1　吴焕加.中外现代建筑解读 [M].北京：中国建筑工业出版社，2010：32-45。

2　恩格斯.反杜林论 [M].北京：人民出版社，1970：333。

末既是自然科学发展的初期也是力学发展的重要时期。在这一时期，力学已经发展到能够对工程结构进行数学分析，工程师可通过力学计算的方法来进行结构设计。正如恩格斯所指出的：地球上物体的和天体的力学是最基本的自然科学，而这些科学的发展离不开数学，数学方法的发现和完善对物体的和天体的力学的发展起着重要的作用[1]。

15 世纪末，一些工程力学问题（杠杆系统、梁的强度等）也引起了达芬奇的关注。在了解了力的平行四边形和拱的推力的基础上，达·芬奇指出梁的强度与其长度成反比，与宽度成正比，离支点最远处弯矩最大等。他研究各种不同长度钢丝的强度，最先应用数学方法分析力学问题，并通过实验决定材料强度。

受到哥伦布到达美洲，麦哲伦做环球航行以及世界新航路的发现等的刺激，16 世纪后半叶，欧洲一些国家的商业、工业和航海业对科学技术提出许多迫切的要求。建造更大吨位的海船，修建大型水利工程等，需要改进船体和工程的结构。解决这些问题，需要新的技术。在工程结构方面，提出了研究构件的形状尺寸与荷载之间的关系问题，以便尽可能准确预先估计结构强度与可靠性。

意大利科学家伽利略（1564 ～ 1642 年）发现了抛射体的轨道是抛物线，建立了落体定律、惯性定律等，奠定了动力学基础。他在 1638 年出版《关于两种新科学——力学和局部运动的论述与数学证明》中，论证构件形状、大小和强度的关系，并最先把梁抵抗弯曲的问题作为力学问题，通过实验和理论分析，研究杆件尺寸与所能承受的荷载之间的关系。这是材料力学领域的第一本科学著作，是用力学方法解决简单构件计算问题的开端。

1678 年，英国皇家学会实验室主任胡克（1635 ～ 1703 年）提出了著名的胡克定律，奠定了弹性静力学的基础。古典力学的奠基者是英国科学家牛顿（1642 ～ 1727 年），解析几何的创立者为笛卡尔，耐普尔发明了对数，微积分则由布莱尼兹和牛顿创立（图 4-10），这些科学家在解决问题的同时已经注重科学和实验方法的运用。18 世纪，瑞士人约翰·伯诺里（1667 ～ 1748 年）提出了虚位移原理，雅各布·伯诺里（1654 ～ 1705 年）提出了梁变形时的平截面假定，瑞士人欧拉（1707 ～ 1783 年）建立了梁的弹性曲线理论、压杆的稳定理论等，意大利人拉格朗日（1736 ～ 1813 年）提出了广义力和广义坐标的概念。

18 世纪前期，力学本身有了重要进展，但是还没成熟到足以解决复杂的实际工程结构问题，科学家们很少注意到工程，也不涉及结构强度问题，因此除极为特殊的场合才进行结构计算外，工业革命之前的房屋建筑没有

---

1 转引自：吴焕加. 中外现代建筑解读 [M]. 北京：中国建筑工业出版社，2010：32-45。

进行过结构计算，建筑工程仍按照传统经验办事。只有在极为特殊的场合才会运用结构计算，如1742年罗马圣彼得教堂圆顶的修缮工程。

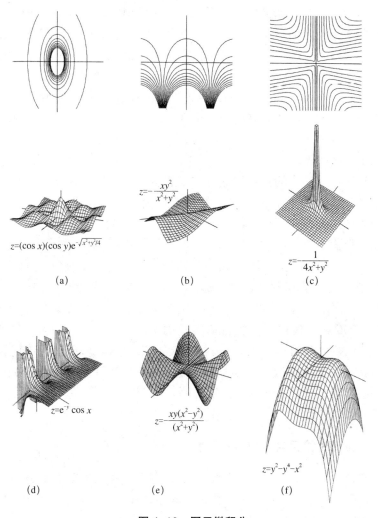

**图4-10 图示微积分**

资料来源：[美]FINNEY 等著. 托马斯微积分 [M]. 叶其孝等译. 北京: 高等教育出版社. 2003

圣彼得大教堂是世界上最大的教堂，1506年开始设计，1626年竣工，主圆顶直径41.9m，内部顶点距地面111m，圆顶由双层砖砌拱壳组成，底边厚约3m。庞大沉重的圆顶由四个墩座支撑着，圆顶建于1585～1590年。米开朗琪罗在设计这个圆顶时，主要着眼于建筑艺术构图，圆顶的结构、构造和尺寸全凭经验估定。建成不久，圆顶开始出现裂缝，到18世纪，裂缝日益明显，1742年教皇下令查清裂缝原因，并进行补救。

勒瑟尔（Le seur）、雅奎尔（Jacguier）、博斯科维克（Boscowich）被召来研究圆顶的破坏原因。他们先对建筑的现状进行了详尽的测绘，对裂缝进行了观察，否定了裂缝产生于基础沉陷和柱墩截面尺寸不足的猜测，认为是圆顶上原有的铁箍松弛，不足以抵抗圆顶的水平推力，他们经过计算后认为，圆顶上有约 1100t 的推力没有得到平衡，建议在圆顶上增设铁箍。当时很多人认为米开朗琪罗不懂数学也能建起穹顶，因此修复也不需借助于数学和力学。后来，经过著名工程师兼教授波莱尼（1685～1761 年）研究，认为：按照三个数学家的计算，整个圆顶连柱墩和扶壁都要翻动了，而这是不可能的，他认为裂缝产生于地震、雷击等外力作用和圆顶砌筑质量不佳，质量传递不均匀等原因。但结论仍是增设铁箍。1744 年，在圆顶上增加了 5 道铁箍。

虽然三位数学家的计算建立在错误的假设上，不符合实际情况，但是这个事件在建筑史上很有意义，在 16 世纪文艺复兴时期由建筑师按照艺术构图需要决定的教堂圆顶，到了 18 世纪，受到掌握力学和数学方法的科学家的检验，预示着建筑业不久将出现重大变革。

1757 年，法国建筑师苏夫洛（1713～1780 年）设计圣日内维埃教堂时把穹顶安放在四个截面比较细小的柱墩上，引起了争论。为判断柱墩截面是否适当，需要了解石料的抗压强度。工程师戈泰（Gauthey，1732～1806 年）设计了一种材料实验机械，对各种石料样品做了实验，结论是柱墩截面够用，甚至还能支撑更大的穹顶。但是，在拆除脚手架时，教堂出现了明显的裂缝。戈泰检测出是施工时降低了砌体的强度引起的，又在石墙上增加了铁箍和铁锔。这表明只有工程师与建筑师的良好合作才能创造出优秀的建筑作品。

### 4.2.2　工业革命之后结构科学的发展

古埃及在建造金字塔和宫殿时，毫无吝惜地投入大量奴隶劳动；中世纪的哥特教堂的平均建造周期大约是十几年，有时需要几十年甚至上百年。而到了 19 世纪，工业革命浪潮遍及资本主义各国，刚刚兴起的近代资产阶级为了追求经济利益的最大化，要多快好省地进行工程建设，因此他们把结构分析和计算作为工程设计中的必要步骤，当缺乏可靠的理论和适用的计算方法时，要进行必要的实验研究。此时，在西欧和美国，工厂、铁路、堤坝、桥梁、高大的烟囱、大跨度房屋和多层建筑如雨后春笋般建造起来，工程规模愈来愈大，技术日益复杂。其中铁路桥梁是工程建筑中最困难最复杂的一部分，对力学和结构科学的发展有突出的推动作用。

迅速蔓延的铁路线带来了大量的建桥任务。英国在铁路出现后 70 年间，建造了 2500 座大小桥梁（图 4-11）。为了减少造价昂贵、施工困难的桥墩，桥的跨度不断增加，需要找出自重轻并能承受很大荷载的新的结构形式。

图 4-11 什罗普郡科尔布鲁克代尔大桥（世界上第一座铸铁桥，建于 1777 ~ 1781 年，跨度 30.5m，建造者是钢铁大王亚伯拉罕·达比，由建筑师 T.F. 普里查德协助）
来源：[英] 尼古拉斯·佩夫斯纳. 现代建筑与设计的源泉 [M]. 殷凌云等，译. 北京：生活·读书·新知三联书店. 2001：4

在经过数十年的失败教训后，人们意识到必须深入掌握结构的工作规律。到 19 世纪中期，对于重要结构工程事先应先进行分析计算，并通过科学实验解决尚无把握的技术问题，逐渐成为工程界的普遍做法。可以说，工业和交通设施的建设促进了当时工程结构科学的发展。

1846 年，英国决定在康卫河和门莱海峡建造铁路桥，其中康卫桥规模较小，而门莱海峡上的不列颠尼亚铁路桥是一座大型桥梁：总长 420m，分 4 跨，两个端跨各长 70m，中间两跨各长 140m，主持工程的铁路工程师斯蒂芬逊决定用锻铁板做成管形桥身，火车在管中通行。机械工程师费尔班恩（1789 ~ 1874 年）首次对铁板结构进行了失稳而破坏的实验，决定采用矩形截面。为了对实验结果进行分析，又请来了力学数学家霍芝肯逊（1789 ~ 1861 年），他也不能精确解决所遇到的问题。最后根据对不同形状和尺寸的管梁所做的实验，决定桥的结构尺寸。然后又做出了 1：6 的桥身模型，对长达 23m 的铁质模型反复进行破坏实验，逐渐修复和改进。

按照实验结果首先设计了单跨的康卫桥，并对桥身的计算挠度和实际挠度进行了比较。在设计不列颠尼亚桥时，四跨连续梁还没有适当的计算方法，更不用说连续的薄壁管状结构了，但根据实验中对连续梁特性的了解，在支座处做了特殊处理，并在施工时采取了相应的措施。对风压力和不均匀日照的影响，以及铆钉的分布等也通过实验加以解决。这座用锻铁板建筑的大型管桥于1850年建成，存在了120年，1970年在一次火灾中受损。

不列颠尼亚管形铁桥的建造以及围绕它所进行的科学实验，是19世纪中期工程结构领域的一次重大突破，推动了结构科学的发展，计算连续梁的三弯矩方程在此桥建成十年后被提了出来。

### 4.2.3　结构计算理论的发展

17~18世纪，人们主要研究了简单杆件——梁或柱，其主要理论和计算方法到19世纪初大体完备。后来，由若干杆件组成的杆件系统成为重要的研究对象，形成结构力学的主要内容。从建立连续梁和桁架理论开始，19世纪中期，结构力学作为一门独立的工程学科从力学中分离出来[1]。

到19世纪末，材料力学和结构力学方面的成果，使人们掌握了一般杆件结构的基本规律和工程中实际可用的计算方法。

1. 梁

梁的使用很早也很普遍，是一种简单结构。文艺复兴时期，达·芬奇指出简支梁的特点："梁的强度同它的长度成反比，同宽度成正比"；"如截面与材料都均匀，距支点最远处，其弯曲最大。"

17世纪初，由于造船业发展的需要，伽利略着重研究过梁的强度问题。指出简支梁承受一个集中荷载时，荷载下面弯矩最大，其大小与荷载距两支座的距离之乘积成正比，并提出梁的抗弯强度与梁的高度的平方成正比。他还推导出等强度悬臂梁（矩形截面）的一个边应是抛物线形，提出用计算方法来确定梁的截面尺寸和所能支持的荷载之间的关系。可是在分析悬臂梁的内力时，伽利略错误地以为梁的全部纤维都受到拉伸，截面上应力大小相同，把中性轴定在梁的一个边上。

伽利略时期，人们还不了解应力和变形之间的关系，缺少解决梁的弯曲问题的理论基础。1678年，通过科学实验，胡克提出变形与作用力成正比的胡克定律，明确提出了梁的弯曲概念，指出凸面上的纤维被拉长了，凹面上的纤维受到压缩。1680年，法国物理学家马里奥特（1620~1684年），在研究梁的弯曲时第一次引入了弹性变形，得出梁截面上应力分布的正确概念，改进了梁的弯曲理论。但是，由于计算上的错误，没有得出正确的结论。1713年，法国拔仑特（1666~1716年）指出截面上存在着剪力，解决了梁弯曲的静力学问题。1776年，法国的库伦发表了关于梁的研究成

---

1　整理自：吴焕加. 中外现代建筑解读 [M]. 北京：中国建筑工业出版社，2010：32-45。

果，提供了和现代材料力学中通用的理论较为接近的梁的弯曲理论。

这些研究成果虽然不太精确，但对于一般的矮梁来说同实际情况相差不大，所用的数学知识比较简单，对于一般工程是适用的。

1826 年，法国工程师纳维埃（1785 ~ 1838 年）将弹性理论引入梁的弯曲研究中，发展出精确的弯曲理论，并研究出一端固定一端简支的梁、两端固定的梁、具有三个支座的梁以及曲杆弯曲等超静定问题的解法。1856 年，法国工程师和科学家圣·维南（1797 ~ 1886 年）提出各种截面棱柱杆的精确解，并进一步考虑了弯曲与扭转的联合作用，同时研究了两种剪应力。1856 年，俄国工程师诺拉夫斯基（1821 ~ 1891 年）在建造铁路木桥的实践中，发展了梁弯曲时剪应力的理论，并提出了组合梁的计算方法。

对一般结构工程而言，梁的理论和计算方法在 19 世纪中期已经成熟。但在弹性理论范围内，研究还在继续深入。

### 2. 连续梁

对连续梁的科学研究始于 18 世纪后期，随着钢铁材料在桥梁上逐渐广泛运用而发展起来。开始时，人们在分析连续梁时，把梁本身看作是绝对刚体，而把支座看成是弹性移动的，没有得到正确的结果（图 4-12）。

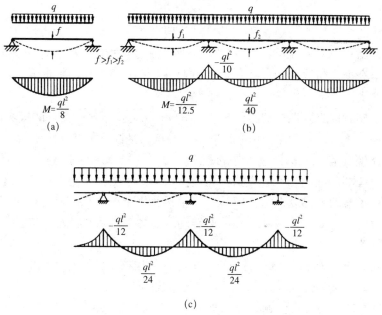

**图 4-12 简支梁与连续梁弯矩图比较**

来源：黄真等 . 现代结构设计的概念与方法 [M]. 北京：中国建筑工业出版社，2009：113

1808 年，德国工程师欧捷利温（1764～1848 年）和法国工程师纳维埃把连续梁看作是放在刚性支架上的弹性杆，得出双跨连续梁在自重和集中荷载下支座反力的计算公式，但他的公式十分繁杂，无法在实际中应用。然而大量的铁路桥梁和其他工程任务迫切需要找出简捷与完善的计算方法。前面提到的英国不列颠尼亚桥的兴建就是一个例子，尽管设计人按照纳维埃的方法研究过连续梁，但是实际上还是不能做出计算，不得已，仍是采用简支梁模的实验数据来决定这座四跨连续梁的管桥结构尺寸。

1849 年，法国工程师科拉贝隆在重建一座桥梁时，研究了连续梁的计算问题，对于 $n$ 跨的连续梁列出了 $2n$ 个方程组和 $2n-2$ 个补充方程，计算仍繁难，但其中包含了新方法的萌芽。1857 年，科拉贝隆在论文中提出了三弯矩方程。

1855 年，法国工程师贝尔脱发表简化的三弯矩方程，同时期另外一些结构著作如 1857 年巴黎出版的《钢桥结构的理论与实际》和德国斯图加特出版的《桥梁结构》等书中也有了类似的方法。1865 年，德国工业学院教授布累赛进一步完善了连续梁理论。1868 年，德国工程师摩尔提出三弯矩方程的图解法，使工程设计时有了简便的计算方法。

19 世纪后期，连续梁的计算比较完善了，在实际工作中可以很快求出不同的连续梁在各种荷载作用下的弯矩、剪力和挠度，并有足够的精度。

3. 拱

拱的实际应用历史悠久，并早就达到了较高的水平。古代罗马人是运用这种结构形式的能手，西欧中世纪哥特式教堂中的拱券结构更是非常精巧，至今令人赞叹不已。中国隋代的赵州桥跨度 37.5m，是世界上最早的敞肩石拱桥。

人们对拱的认识长期停留在感性阶段，认为拱是彼此支撑的楔块体系，楔块相互挤压，而不由任何东西联结，并认为半圆拱是一切拱中最强的。

18 世纪初，法国建造大量的公路拱桥，工程师开始为建立拱的理论而努力。拉耶尔证明如果各楔块间完全平滑，则半圆拱不可能稳定，是胶结料防止了滑动才得以稳定。1773 年，库伦指出要避免拱的破坏，不但需要防止滑动，还要防止破坏时的相对转动。他计算出防止破坏所需的平衡力的极限值，但没有定出拱的设计法则（图 4-13）。

1823 年，科拉贝隆和另一位法国工程师拉梅，为建造俄国的圣·伊隆克教堂的穹顶和筒拱，提出一种求定破坏截面的图解方法[1]。1826 年，纳维埃研究拱的应力分布问题，提出支座底面尺寸的计算方法。

---

1 吴焕加. 中外现代建筑解读 [M]. 北京：中国建筑工业出版社，2010：42。

拱临近破坏时张开的裂缝犹如一个铰接点，由此引起一种想法：为了在工程中消除这种铰点位置的不确定性，可以预先在拱内设置真正的铰点，这样就出现了三铰拱的设计。1858 年出现了在桥墩处有铰的金属拱桥，1865 年出现在每个支座和各跨中央设铰点的拱桥。1870 年，还出现过设有铰的石拱桥，方法是在墩座处和拱顶点埋置铅条。三铰拱桥没有广泛使用，拱式桥梁中较多的还是超静定的双铰拱。三铰拱和三铰钢架后来多用于大跨房屋中（图 4-14）。

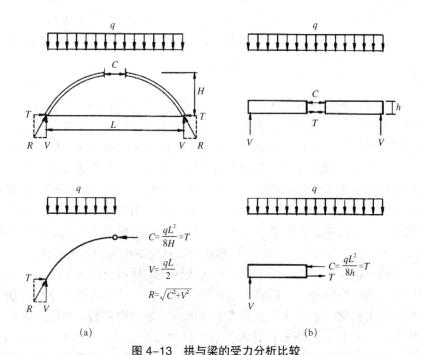

**图 4-13　拱与梁的受力分析比较**

来源：黄真等 . 现代结构设计的概念与方法 [M]. 北京：中国建筑工业出版社，2009：170

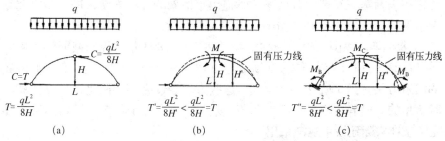

**图 4-14　拱结构的类型：三铰拱、两铰拱、无铰拱**

来源：黄真等 . 现代结构设计的概念与方法 [M]. 北京：中国建筑工业出版社，2009：170

当弹性曲杆的研究有了进展后，法国彭西列特（1788～1867年）指出只有将拱当作弹性曲杆，才能得出精确的应力分析。经过许多实验研究，包括奥地利工程师与建筑师学会的专门委员会所作的大量实验之后，人们才逐渐相信弹性曲杆理论对于决定石拱的正确尺寸有重要意义。德国人尹克勒和摩尔等把这个理论应用于拱的分析。1868年，尹克勒讨论双铰拱和固端拱，提出关于压力线位置的尹克勒原理。1870年摩尔提出分析拱的图解方法。1882年俄国高劳文（1844～1904年）分析拱的应力与变形，给出固端拱的计算。他发现拱内还有剪应力和径向作用的应力，但又证明近似解与精确解之差不大于10%～12%，因而在实际应用中是可行的。

19世纪末钢筋混凝土结构出现后，拱的理论研究进入一个新的阶段。

### 4. 桁架

用多根木料构成屋架和其他构架，以跨越较大的空间，这也是古代已有的结构形式。无论中外，古代的屋架和其他杆件体系大都是组合梁的性质，属于梁式体系，其中的腹杆，主要起着把横梁联系起来的作用。中国古代工匠对于三角形几何不变的性质大概是了解的，但在建筑历史上，三角形结构时而出现，时而消失。一般说来，古代所用屋架，同现代桁架有很大差别。现代桁架及其理论是在建造铁路桥梁的过程中发展起来的。工业发展，首先反映在铁路的发展上，各种先进的结构形式首先出现在桥梁等工程上，然后才在建筑上出现，这是科技在建筑中应用的延时性。

铁路刚出现时，西欧国家常用石头或铸铁的拱桥通行火车。而在美国和俄国人烟稀少的地区，则常用木料建造铁路桥。为适应火车通行和加大跨度，这类桥梁的形式从沿袭旧式木桥形式逐渐走向创新，出现过多种多样的木桥结构形式。钢桥代替木桥后，杆件截面变小，节点构造简化了，金属材料的优良性能更促进了对杆件体系的分析研究。19世纪中期，在美国和俄国出现初步的桁架理论。1847年，美国工程师惠普尔（S.Whipple，1804～1888年）在《论桥梁建造》中提出静定桁架的计算方法。俄国工程诺拉夫斯基在建造木料铁路桥时提出平桁架的分析方法，进一步研究复杂桁架的计算，并于1850年提出桁架分析论文。

1851年，德国工程师施维德勒（1823～1894年）提出截面法，库尔曼（1821～1881年）和马克斯威尔（1831～1879年）介绍了分析桁架的图解方法。到19世纪70年代，这些方法经过完善和简化，足以计算当时所用的一般静定桁架。杆件和节点数目不多，图形简单，用料经济的静定桁架在实际建设中逐渐采用。

人们进而研究复杂的超静定桁架。诺拉夫斯基提出过多斜杆连续桁架的近似计算。各国的工程师和科学家如克列布希（1833～1872，德国）、马克斯威尔、摩尔、意大利的卡斯提安诺、俄国的喀比杰夫等，为超静定桁架奠定了理论基础。到 19 世纪 80 年代，已能用比较精确的方法计算这种结构了。

19 世纪 30 年代，德国天文学教授穆比斯（1790～1868 年）探讨了空间桁架，但他的著作多年未被人注意。在实际中，由于计算繁复，空间桁架在很长一段时间很少被应用。19 世纪末，为提出多种空间桁架理论，德国工程师弗普尔（A.Fopl，1854～1924 年）做了许多基础性工作，1892 年写了《空间桁架》。1890 年前后，他曾设计建造过莱比锡一个大型商场的空间桁架屋盖。

实际上，桁架的杆件除受轴力外，还有少量弯矩。考虑弯曲应力的影响，1892 年摩尔提出较为精确的近似解法，在工程中得到应用。

现在的桁架研究是如何直接设计出最有利的桁架，如在一定荷载组合及特定条件下，直接设计出重量最小、构造最简单的经济桁架来（图 4-15）。这个问题在现代"最优设计"研究中才逐步得到解决。

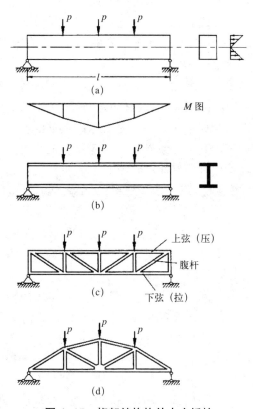

**图 4-15 桁架结构构件内力抵抗**

来源：黄真等.现代结构设计的概念与方法 [M].北京：中国建筑工业出版社，2009：113

### 5.超静定体系问题

从常识中可以知道，在结构上多用些材料，多用些杆子和支撑，把节点做的刚固些，总是有利的。这样一来，结构就成为超静定的了。对于古代留下的许多建筑物，即使应用今天的力学和结构知识去加以计算，也还会感到相当的困难，有时甚至不可能。在古代，人们没有这样的困难，因为当时盖房子只凭经验和定性的估计，根本不作定量计算。

静定结构图形简单，节点和杆件较少，用料节省，但不是最完善的。连续梁比多跨简支梁节省材料，用于铁路桥梁上，连续梁能减少火车从一跨驶上另一跨时的冲击。静定结构不允许任何一个支座或杆件的破损，而超静定结构一般不至于由此而引起十分严重的破坏。在静定结构中，有时为了保持静定的性质，有意设置铰点、可动支座以及隔断体系的特殊接缝，凡此种种，增加了构造和施工的复杂性。再以超静定钢架来说，由于节点的刚性，杆件数目更加减少，弯矩比相应的简支梁减少许多，钢架体系的连续性保证了各部分的共同作用，使之成为更经济的结构形式。总之，从生产观点看，超静定体系有着更大的经济性和更广泛的应用范围。

严格地说一切工程结构都是超静定的。静定结构只是在设计中进行一定的简化，并抽象成计算简图后才是静定的，而实际结构仍是超静定的。

1864年，马克斯威尔提出解超静定问题的力学方程。1879年，意大利学者卡斯提阿诺论述了利用变形位能求结构位移和计算超静定结构的理论。摩尔发展了利用虚位移原理求位移的一般理论。

采用刚性节点的金属框架，特别是后来的钢筋混凝土整体框架的大量应用，促进了对钢架和其他更复杂的超静定结构的研究。位移法和渐进法等新的计算理论陆续出现于在19世纪末至20世纪初。结构科学中另外一些较复杂的问题，如结构动力学、结构稳定等，到20世纪陆续有了比较成熟的结果。

从伽利略时代算起到19世纪结束，近300年，人们终于掌握了一般结构的基本规律，建立了相应的计算理论。在结构工程方面，人们从长达数千年之久的宏观经验阶段进化到科学分析阶段。

从19世纪后期开始，用越来越丰富的力学和结构知识武装起来的工程技术人员，获得了越来越多的主动权，通过科学的分析计算和实验，做出比较合理的经济而坚固的工程设计，工程中的风险日益减少。

以前，结构在相当长的时间里甚至是上千年中发展得非常缓慢。然而今天，科学的机构规律被人们逐渐掌握，可以按照生产的需要，有目的地改进旧有结构，创造新型结构。在19世纪至20世纪这一时期，不断产生新的结构，其类型相当丰富，进步的速度也变得越来越快，是令前人不可想象的。

工程结构成为科学，标志着近代建筑已经完全不同于几千年前的传统建筑，这标志着建筑发展历程中实现了一次大的变革。

## 4.3 近代西方建筑技术与建筑形态的发展

《世界全史百卷本》[1]中，将世界近代史分为三个阶段：

第一阶段：近代前期（公元 15 世纪至 17 世纪中叶）。此时欧亚大陆出现了资本主义生产关系，出现了文艺复兴运动，开辟了近代史的新纪元。

第二阶段：近代中期（公元 17 世纪初至 18 世纪末）。此时建筑流派中出现了意大利巴洛克、洛可可以及法国古典主义。

第三阶段：近代后期（公元 18 世纪末到 19 世纪 70 年代）。前半段停留在对古典式样的崇拜和模仿中，出现了新古典主义、浪漫主义、折中主义等古典复兴流派；后半段则是随着工业生产的发展而出现了现代建筑的雏形。这一时段的主要特点是建筑技术的大发展以及建筑形态流派间的相互斗争、递衍嬗变。

### 4.3.1 近代前期西方建筑技术与建筑形态的发展

公元 15 世纪至 17 世纪中叶，西方各国处于宗教专制的绝对君权时期，资本主义处于萌芽阶段，此时在思想文化领域出现了反封建、反宗教神学的文艺复兴运动，表达了资产阶级破除封建思想体系的精神桎梏，以实现解放生产力、建立新的生产关系的要求。在建筑形态上也反映出对封建神权的抗争。但是，由于这个阶段科学技术的发展速度相对较慢，建筑形态的改进不是很大。

#### 1. 建筑师与建筑理论

这个时期，出现了许多优秀的建筑师，如伯鲁乃列斯基、伯拉孟特、米开朗琪罗、拉斐尔、阿尔伯蒂、龙巴都、珊索维诺、小桑迦洛、维尼奥拉、帕拉弟奥、帕鲁齐和阿利西等，也出现了许多建筑理论书籍，如维尼奥拉的《建筑四书》、帕拉弟奥的《五种柱式规范》和阿尔伯蒂的《论建筑》。

其中，阿尔伯蒂的《论建筑》（1485 年），研究了建筑材料、施工、结构、构造、经济、规划、水文等。他认为：一座被认同的建筑物，一定是集"需要"（Necessity），"适用"（Convenience）和"功效"（Use）于一体的；只有满足了前三个条件，才能考虑"赏心悦目"。概括地讲，就是实用、经济、

---

1　史仲文，胡晓林．世界全史百卷本 [M]．北京：中国国际广播出版社，1996。

美观[1]。他认为那些没有节制的东西是不会真正地使人赏心悦目的。在此书中，阿尔伯蒂还提出：建筑物的各部分"无疑地应该受艺术和比例的一些确切的规则的制约"。这个规则，在毕达哥拉斯和维特鲁威看来，就是几何和数的和谐，且这个规则存在于整个宇宙。科隆主张，世界是由数的规律所统摄的，这个规律也同样制约着建筑的美。而乔其奥更是武断地认为：任何一种人类的艺术，如果离开算术和几何，就不可能获得成就[2]。

## 2. 建筑技术

文艺复兴时期，具有相当发达的施工机械和施工技术。当时，在建筑工程上使用的机械，主要是打桩机和各式起重机，阿尔伯蒂在他的书中详细介绍了桅式起重架的结构和使用方法，介绍了剪式夹具和吊石块的楔形吊具。建筑师桑迦洛在 1465 年的笔记里画着 12 种建筑用的起重设备，都使用了复杂的齿轮、齿条、丝杠和杠杆等等。动力大都是人力推磨，也有的垂直地装一个大轮子，人在里面走，一步一踏，轮子因而转动起来，带动简单的卷扬机。有的机械构思更巧、更复杂，如转动两根丝杠来升降一副杠杆的一头，它的另一头带动另一付杠杆，这样可以把整棵石柱吊起来等等。1586 年，罗马圣彼得教堂前竖立方尖碑的工程，代表了当时起重运输的技术水平。方尖碑高 23m，重 327t。建筑师封丹纳经过周密的计算和设计，建造了运输的平车，搭起了复杂的脚手架，制定了审慎的施工程序，经过几百个人五个月的努力，把方尖碑移到了指定地点。为了把方尖碑竖立到 11m 高的基座上去，用了 40 盘绞磨、140 匹马和 800 人，组织了严密的指挥系统。

可以说如果没有这些施工机械和施工技术，文艺复兴时代的大型建筑物的建造几乎是不可能的。

## 3. 建筑形态

宗教建筑是神权的神圣象征。所以，中世纪的哥特式建筑便成为宗教信仰的圣殿，是不容篡改和亵渎的。而文艺复兴艺术的伟大成就之一便是对宗教建筑的改造和发展。文艺复兴式的建筑形成了突破哥特风格垄断的一个全新的建筑体系，以反封建反神学的人文主义和理性的力量为美学基础，以罗马柱式、拱券、穹隆为造型特征，以严谨对称的平面、立面及多样组合为构图标准，表现出对古罗马建筑风格的推崇和亲切、新颖风格的追求，强烈地表现出人的觉醒和世俗的力量。反映这一鲜明特色的艺术成

---

1　陈志华. 外国建筑史 [M]. 北京：中国建筑工业出版社，1996：120。

2　陈志华. 外国建筑史 [M]. 北京：中国建筑工业出版社，1996：121-122。

就，集中在宗教建筑和世俗建筑上。文艺复兴时期的代表作是意大利佛罗伦萨主教堂的穹顶和罗马圣彼得大教堂。

佛罗伦萨主教堂穹顶（图 4-16），平面是八角形，对边宽度 42.2m，墙高超过了 50m，穹顶连采光亭在内，总高 107m，是整个城市轮廓线的中心。设计者伯鲁乃列斯基多才多艺，出身工匠，精通机械、铸工，是杰出的雕刻家和工艺家，在透视学和数学等方面有过建树，设计过一些建筑物。伯鲁乃列斯基在佛罗伦萨主教堂穹顶施工中制定了详细的制造和施工方案，尤其是在穹顶和脚手架的制造方面独具匠心。另外，还设计了几种垂直运输机械，考虑了穹顶的排水、采光和设置小楼梯等问题，还考虑了风力、暴风雨和地震，并制定了相应措施。为了突出穹顶，砌了 12m 高的鼓座，穹顶采用双圆心，用骨架券结构，分里外两层，中间是空的。在八角形的八个角上升起八个主券，八个边上各有两根次券，每两根主券之间由下至上水平地砌九道平券，把主券、次券连结成整体。大小券在顶上由一个八边形的环收束，环上压采光亭。这些都是大理石砌筑。穹顶的大面依托在这套骨架上，下半是石头砌的，上半是砖砌的。穹顶底部有一道铁链，在 1/3 高度有一道木箍，石块之间，在适当的地方有铁扒钉、榫卯、插销等，加上穹顶内外两层之间有两道连廊，削弱了穹顶的侧推力。无论在结构上，还是形象上，这座穹顶的首创性幅度很大。穹顶的建成，标志着中世纪教会的禁忌已被打破，哥特建筑的尖塔形式在建筑艺术上的垄断地位已经开始动摇。意大利文艺复兴建筑史从此开始，因而被称为是"文艺复兴的报春花"。

罗马圣彼得大教堂，它那银白色的穹顶，金灿灿的大厅，圆锥体的巨大石柱，一扫哥特式教堂那尖削出世和阴森恐怖的格调，而倍感开朗清新、和谐典雅。圣彼得大教堂是世界上最大的天主教堂，总面积 18000 多平方米，集中了 16 世纪意大利建筑、结构和施工的最高成就。教堂穹顶直径 41.9m，内部顶点高 123.4m，主要由半圆的穹顶和桶状的柱廊组成，穹顶上辟有玻璃窗；四角上则是规格小巧的类似穹顶，衬托着大穹顶，使其更加醒目突出。拉丁十字的两臂，内部

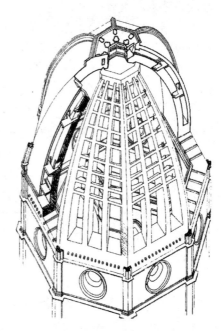

**图 4-16　佛罗伦萨大教堂圆顶骨架结构**
来源：罗小未等. 外国建筑历史图说 [M]. 上海：
同济大学出版社, 1986：121

69

宽 27.5m，高 46.2m，通长 140 多米，由柱体基座、柱式围栏、椎体构件和十字架组成。穹顶外部采光塔上十字架尖端高达 137.8m，是罗马全城的最高点。穹顶的肋是石砌的，其余部分用砖，分内外两层，内层厚度大约 3m。比较佛罗伦萨主教堂的穹顶，圣彼得堡大教堂的穹顶是真正的球面，整体性更强，而佛罗伦萨的是分为八瓣的；佛罗伦萨的为减少侧推力，轮廓比较长，而圣彼得堡的轮廓饱满，侧推力大，显得在结构和施工上更有把握。这样大的高度和直径，穹顶和拱顶的施工是十分困难的，据说使用了悬挂式脚手架。

### 4.3.2　近代中期西方建筑技术与建筑形态

西方近代中期从政治上说始自 1640 年英国革命至 1789 年法国革命；从艺术上看，作为一个完整的发展阶段，其开端应在 17 世纪初，其终端则在 18 世纪末。

#### 1. 兴起于意大利的巴洛克建筑

17 世纪，欧洲处于各种势力分庭抗礼阶段：封建势力和资产阶级势均力敌；基督新教与罗马天主教会相持不下。社会意识也处于迷茫徘徊阶段：一方面，经过文艺复兴运动后，社会文化开始世俗化，荣华富贵和炫耀财富成为艺术的重要内容；另一方面，自然科学的发展和宗教怀疑情绪的增长，加剧了社会心态的波动。在这种社会背景下建筑师把打破常规、标新立异看作是创新的出路，出现了所谓的巴洛克艺术[1]。

巴洛克式建筑的主要特征是：大量使用贵重的材料，充满了装饰，色彩鲜丽，炫耀财富；建筑师们标新立异，出现了许多新的建筑形象和设计手法。建筑、雕刻和绘画之间的界限被巴洛克建筑师所打破，使它们相互渗透，不在乎构件的意义和结构的关系，运用了非理性的组合，得到了超乎正常现象的效果。其代表作是由贝尔尼尼创作的圣彼得大教堂的椭圆形大广场（1656 ~ 1667 年）。广场的面积约达 $3.5hm^2$，以一个方尖碑为中心，两边各有一个喷水池，由两个相对应的半圆形大理石柱廊围绕，富有气势，其意图是表现教堂正伸出巨大的手臂，迎接来自四面八方的信徒，并把他们拥抱在怀里。柱廊明暗效果复杂，柱子上装饰着雕像，绚丽多姿。

这一时期在郊外兴建了许多别墅，园林艺术有所发展。在城市里建造了一些开敞的广场，建筑也渐渐开敞，并在装饰中增加了自然题材。

巴洛可建筑风格的兴盛充分证明：技术的静止，带来的是装饰的复杂。

---

1　萧默. 文化纪念碑的风采：建筑艺术的历史与审美 [M]. 北京：中国人民大学出版社，1999：191。

## 2. 兴起于法国的古典主义建筑

17世纪初开始的"国泰民安"使法国社会对大兴土木产生了巨大需要。教会开始修建新的教堂；贵族特权的加强、王权的巩固和中产阶级的崛起，使富丽堂皇的宫殿和豪华的住宅一座紧接一座拔地而起。中世纪的封闭式的城堡建筑形式已经不再流行，以标志性建筑为核心的群体建筑开始出现在人们面前。

大型住宅里有了华丽的走廊或厅堂，以便满足举行沙龙、宴会和舞会的需要。城市规划中，交通设施和公共活动场所得到优先的考虑。

（1）建筑理论

16～17世纪这段时间欧洲自然科学的发展，培养出了以笛卡尔为代表人物的唯理论和以培根与霍布士为代表人物的唯物主义经验论。其中笛卡尔的唯理论在当时所产生的影响最广。笛卡尔的观点是数学与几何学是包含一切的、永远不变的、适用于任何知识领域的理性方法。笛卡尔在美学方面的观点是应该规定一些准确的、全面的、能够严谨地确定的艺术规范。艺术中最重要的是：具有能够像数学那样清楚准确并且合乎逻辑的结构。

这些观点成了那个时代文化艺术潮流的哲学基础，法国古典主义建筑理论与此一脉相承。

法国建筑学院的第一任教授弗•勃隆台（1617～1686年）认为，将结构与数学以最纯粹的方式相结合就是建筑艺术的规则，而作为建筑造型的唯一依据是比例。勃隆台说："美产生于度量和比例"，只要比例恰当，连垃圾堆都会美的。他认为，"柱式给予其他一切以度量和规则"，严格规范柱式构图。古典主义者反对柱式与拱券的结合，主张柱式只能用梁柱结构的形式，同时强调构图中的主从关系，突出轴线，讲求对称。

古典主义的代表者是英国王室建筑师克里斯道弗•仑。他精通数学、天文学、力学和结构，是英国17世纪下半叶的一代建筑宗师。他倾向唯理主义，他的美学观点是形而上机械论的。他说："美有两种来源——自然的和习惯的。自然的美来自几何性，包括统一和比例。……几何形象当然比不规则的形象更美；在几何形象中一切都符合于自然的法则。在几何形象中正方形和圆形是最美的；其次是平行四边形和椭圆形；直线比曲线美……直线只有两个美丽的位置：铅直的和水平的；……"从这种观点出发，他偏爱圆形平面和穹顶，认为穹顶是"最几何的"，圆形平面是"最完整的"。

（2）建筑形态

克里斯道弗•仑设计的英国最大的教堂伦敦圣保罗大教堂（1675～1716年），是古典主义建筑的代表作。

圣保罗教堂的结构比圣彼得教堂要轻。它的穹顶有三层，里面一层直径 30.8m，砖砌的，厚度只有 45.7cm。最外一层是用木构覆以铅皮的，轮廓略略向上拉长，显得饱满。它的顶端重 850t 的采光亭不是由外层的木构架负担，而是在内外两层穹顶之间用砖砌了一个圆锥形的筒来支撑，厚度也是 47.5cm。穹顶落在鼓座上，鼓座又通过帆拱落在八个墩子上。鼓座也分里外两层，里层直接支撑穹顶，内层鼓座下径 34.2m，上径 30.8m，略微的倾斜使它能更好地抵挡穹顶的水平推力。外层鼓座是个柱廊，以飞券跨过来分担穹顶的水平推力。这种结构汲取了哥特式教堂的经验，鼓座也比文艺复兴以来的都轻（图 4-17）。由于上部结构较轻，支柱相当细。四翼的结构格局完全一样，模数严整，关系明确，逐间用扁平的穹顶覆盖，像拜占庭建筑的做法。教堂内部总长 141.2m，巴西利卡宽 30.8m，四翼中央最 27.5m，穹顶内皮最高 65.3m。但结构对建筑形式没有明显的贡献。

另一个典型的古典主义建筑作品是巴黎的卢佛尔宫东立面，它完整地体现了古典主义建筑的各种准则。

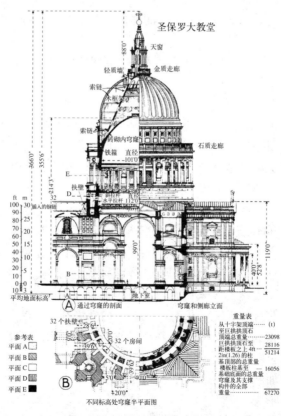

**图 4-17 圣保罗大教堂剖面图**

来源：[英] 安格斯·J. 麦克唐纳. 结构与建筑 [M]. 陈治业等，译.
北京：中国水利水电出版社，知识产权出版社，2003：106

72

### 4.3.3 近代后期西方建筑技术与建筑形态

欧洲建筑艺术的兴替和嬗变：18 世纪下半叶至 19 世纪下半叶，欧洲正处于封建主义由衰败走向最后崩溃，而资本主义由发生、发展走向兴盛的重要历史阶段。始于 18 世纪下半叶的产业革命，引起了社会生产和社会生活的大变革，从而导致了近代的建筑革命。在新的历史条件下，建筑艺术的形制、风格等都发生了嬗变。机器大工业生产加速了资本主义的进程，使得一些国家出现了一些影响建筑艺术发展的新因素，具体表现如下：

其一，城市的不断扩大和工业生产的迅猛发展，建筑物日益商品化，房屋建造急剧增长，建筑的类型日渐增多，从而对建筑功能的规定也变得越来越复杂化。宗教建筑、帝王宫殿和陵墓等这些在历史上一直具有显著地位的建筑都后退到了不重要的地位，那些具有实用性和生产性的各类建筑，如工厂、仓库、铁路、住宅、医院、博物馆、办公用房、商业服务建筑等，愈来愈占据重要地位。在迅速变化的建筑形制和风格的推动下，建筑物的功能要求已经不能被传统的定型建筑法式所满足了。

其二，由于工业的不断发展，在建筑业中增加了新型的建筑器械和材料。铁、钢、水泥和机制砖瓦逐渐应用于建筑物，取代了过去长期使用的土、木、砂、石、砖、瓦等天然或手工制备的材料，建筑的性能更为优异，从而使各类建筑发生了质的变化。先进建筑器械的使用，不仅减轻了劳动强度，提高了劳动工效，而且还提高了建筑物的质量，加速了建设进度，使各类建筑物的功能要求得以实现。

其三，通过更多的深入研究结构科学的产生和发展，房屋结构内在的规律也逐渐被建筑师们所认识和掌控。不仅原有的结构形式能够得到改进，而且各种比较完美的新型结构被有目的地创造出来，如用钢铁制作内柱、梁枋、屋架和穹顶等，以及出现纯钢铁结构和钢筋混凝土结构等。1851 年在英国伦敦所建的水晶宫和建于 19 世纪 60 年代的法国巴黎国家图书馆，就是体现这种新型建筑结构形式的典型实例。

其四，由于在建筑业的生产经营中资本主义的经济轨道逐步代替了原有的经济轨道，建筑也逐渐演变成固定的资产和商品，被控制在了企业家手中，或是用资本主义经营方式由企业家承建政府、团体的大型建筑物，在建筑设计、建筑观念和建筑美学等方面或隐或现地表现出来了一条准则，即在建筑活动中在最短暂的时间里通过最低的付出获得最高的利润，与此相关联，专业建筑师的地位也发生了变化，商品经济的竞争法则渗入到了建筑师本职工作中。

无论是从深度还是从广度这两方面来看，19 世纪这一时期在建筑领域中所发生的这些变化，在世界建筑史上是质的飞跃。上述新因素带来了一系列矛盾，最根本的是在建筑功能上如何解决形式和内容之间不相适应的矛盾。建筑师们对此进行了殚思竭虑的探索，力图找到一种合适的建筑结构形式，克服这一矛盾，以实现建筑功能的要求。这就出现了两种情况：一是与当时欧洲的文艺思潮相呼应，不同程度地将建筑的新内容屈从于旧的形式，于是产生了古典复兴、浪漫主义和折中主义等建筑流派；二是利用先进的工业化生产、先进的科学技术，来探求新的建筑结构形式，现代建筑初露端倪，到19世纪下半叶和20世纪初，发展成现代主义建筑和有机建筑等流派。

## 1. 复古思潮

18世纪60年代到19世纪末的建筑创作中出现了古典复兴、浪漫主义与折中主义等复古思潮，主要原因是在资本主义萌芽初期，生产技术和自然科学的重大进步，带来了种种希望和可能。但是，在极度君权和宗教的双重压力下，新兴的资产阶级为了批判宗教迷信和封建制度永恒不变的传统观念，企图从古代建筑遗产中寻求思想中的共鸣，并借用古典的外衣去扮演进步的角色，用相对简洁明快的处理手段，来摒弃巴洛克和洛可可建筑风格。

古典复兴：伏尔泰、孟德斯鸠、卢梭和狄德罗等人提出了"自由、平等、博爱"的口号，向往着"理性的国家"，认为古罗马共和国正是理性王国的代表，正如马克思以前曾经说过的，在罗马共和国的极度严厉的历史传统中，资产阶级社会的勇士们通过不断的努力最终找到了将自己的热情保持在伟大历史悲剧的高度上所必需的理想、幻想和艺术形式。在这样的哲学社会基础之上，出现了古典复兴建筑思潮。受启蒙思想的影响，崇尚古希腊和古罗马文化，认为其建筑形式和风格是不可超越的永恒的典范。其代表作有巴黎星形广场凯旋门（1808～1836年）、美国国会大厦（1793～1867年）等。

浪漫主义：认为资本主义制度下，用机器制造的工艺品，失去了手工艺品的精致与优雅，因此借用的是中世纪，特别是哥特建筑式样，来反对机器化产品，其代表作有英国国会大厦（1836～1968年）。

折中主义：兴起于19世纪上半叶。随着新颖的社会活动与建筑种类的不断涌现，各种矛盾也随之出现了，新旧建筑材料和新旧建筑技术之间的矛盾相互交错，造成了建筑艺术的混乱。为了能够填补建筑上古典主义与浪漫主义存在的局限性这一问题，随意模仿历史上的各种风格，或各种式样的自由结合，也被叫作"集仿主义"。折中主义经典代表建筑有巴黎歌剧院（1861～1874年）等。

不论是抄袭某一种历史风格还是糅合各种历史风格，尽管在风格的纯正、空间序列变化、构图的严整、细节的精致等各方面取得了一定成绩，但毕竟和几千年来的建筑没有很大的不同。产业革命的爆发导致了生产和科学技术的变革，这促使建筑形式也必须有所创新，与几千年来的传统建筑有明显差异的新的建筑形式应随之而来。资本主义生产的每一个环节都要求新型的建筑物品：矿物、车间、仓库、火车站等。当然，随着生产力的发展，很多传统的建筑物需要承担更为复杂的功能，这与古老的建筑理念、艺术形式和创作手段等等产生了很突出的矛盾[1]。随着机器生产规模的不断扩大，复古思潮逐渐衰落，建筑形态逐步由古典形态向现代形态过渡。

### 2. 现代建筑的开端

到 19 世纪中叶，随着生产力的发展，复杂的、新颖的、形式多样的公共建筑和生产性建筑层出不穷。这与历史上遗留下来的技术、结构样式、建筑手法及观念产生激烈的矛盾冲突。主要表现为：需要大跨度的室内空间，需要很快的施工方法，需要经济实惠，而这些，都不是旧的建筑学所能解决的。同时，生产的发展使建筑结构和建筑材料有了重大的进展，钢铁、玻璃、钢筋混凝土这些材料的应用使得一门新兴科学——结构科学获得了发展。因此，生产性建筑和大型公共建筑如火车站、展览馆等成了创造新建筑的突破口。在 19 世纪下半叶，由于钢铁和玻璃产量的提高，出现了新的结构方式和新施工法，可以在短期内获得大跨度的内部空间和以前没有的建筑形态，在美国芝加哥甚至出现了高层建筑。

（1）建筑技术、建筑材料和建筑结构

①初期生铁结构——以金属作为建筑材料，在古代建筑中就已开始，但只是在近代才开始大量运用并作为结构材料。1775～1779 年，英国塞文河上建成了世界上第一座生铁桥，桥的跨度达 100 英尺（30m），高 40 英尺（12m）。1793～1796 年，伦敦的森德兰大桥采用了单跨拱桥，由生铁制成，全长达 236 英尺（约 71m），是这一时期构筑物中最早最大胆的尝试。

1801 年，在英国曼彻斯特的萨尔福特棉纺厂，该厂的 7 层生产车间全部采用铁构件制作，结构采用生铁梁柱和承重墙的混合形式，而且选用工字型断面的铁构件作为承重基础。

②铁和玻璃的混合——为了采光需要，19 世纪建筑将铁和玻璃配合使用。最早在巴黎旧王宫的奥尔良廊顶（1829～1831 年）上采用了铁构件与玻璃相配合的建筑方法。巴黎植物园温室（1883 年）是世界上第一个完

---

1　陈志华 . 外国建筑史（十九世纪末叶以前）[M]. 北京：中国建筑工业出版社，1996：221。

全以铁架和玻璃构成的建筑物，这种铁和玻璃混合的建造方法对以后的建筑启示很大（有点像水晶宫的原型）。

③过渡到框架结构——美国最早发展了框架结构形式，该结构形式中传统的承重墙被生铁框架所取代。采用现代钢框架结构原理建造的第一座高层建筑是芝加哥家庭保险公司大厦（1883～1885，10层），外形仍保留古典比例（图4-18）。

④升降机与电梯——随着工厂和高层建筑的出现，解决垂直运输是建筑内部交通的一个很重要问题。这个问题促使了升降机的发明（这说明建筑功能和建筑技术的发展是相互促进的）。第一座载客的升降机是1853年世界博览会上展出的蒸汽动力升降机，1870年贝德文发明了水利升降机，到1887年开始使用电梯。

图 4-18　3000 人大厅设计方案

来源：[美]肯尼思·弗兰姆普敦.建构文化研究[M].王骏阳，译.北京：中国建筑工业出版社，2007：55

（2）建筑形态

资本主义社会的发展，资产阶级生产方式和生活方式的需求，新型建筑材料的应用，要求改变旧的建筑结构形式，创建新的建筑结构形式，以克服适应不同功能需要的建筑本身内容和形式不相适应的矛盾，于是现代建筑应运而生。这时的现代建筑还只是开端，直到19世纪后期20世纪初，才成为欧洲建筑的主流。但任何建筑思潮和流派的产生、发展、成熟都有一个过程，所以对这一时期出现的现代建筑，尽管为数极少，却是建筑领域涌现的新事物，是初露辉煌的曙光。

随着社会的发展，出现了火车站、图书馆、百货公司、市场、博览会等新的建筑类型，铁结构、玻璃等新技术、新材料与新建筑类型的结合带来了前所未有的新形式。巴黎国立图书馆（1858～1868年）地面与隔墙全是用铁架与玻璃制成，既解决了采光，又防火。市场和百货商店用铁和玻璃，带来了开放和明亮的新景象。

19世纪后半叶，工业展览会给建筑的创造性提供了最好的条件和机会，博览会的展览馆成为新建筑形式的试验田。比较著名的实例是1851年英国伦敦博览会的水晶宫和1889年法国巴黎博览会的埃菲尔铁塔与机械馆。

水晶宫（1851年）为伦敦第一届世界工业博览会而建，初建于伦敦海德公园内。因为这项规模宏大的工程必须在一年内完成，博览会结束后还要便于拆除，各种传统的建筑方式，均难以满足这一要求。最后，英国园艺师帕克斯顿按照当时建造植物园温室和铁路站棚的方式进行设计，用铁制构件和玻璃材料建成了这座大型博物馆。由于它通透明亮，被誉为水晶宫。其建筑面积为 7.4 万 m²，长度为 1851 英尺（合 564m）。外形为一简单的阶梯形长方体，高 3 层。采用铸铁梁柱构架结构，铸铁标准化构件全部为预制，现场装配施工（图 4-19），玻璃也是当时玻璃工厂的定型产品，

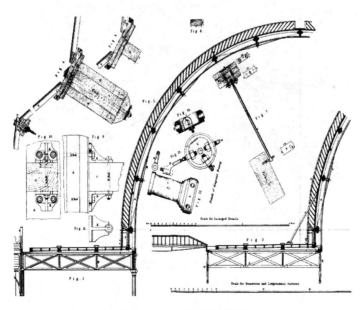

**图 4-19 水晶宫结构细部**

来源：[美] 肯尼思·弗兰姆普敦. 建构文化研究 [M]. 王骏阳，译. 北京：中国建筑工业出版社，2007

共用铁柱 3300 根，铁梁 2300 根和玻璃 9.3 万 m²。此建筑仅用半年时间即告完成。博览会结束后被拆除到肯特郡的塞敦哈姆重新组装，1936 年毁于大火。水晶宫虽是一座功能比较简单的非永久性建筑，但在近代建筑史上却具有重要意义，因为它充分运用了工业革命所提供的新材料和新技术，开辟了建筑结构形式的新纪元。

尽管水晶宫在建设中已经使用了装配式预制构件，但它的内部依然选择传统的支柱支撑设计，而穹隆的建造方式并没有被采用，根本没发挥多大的作用。在 1855 年，巴黎国际展览会的展厅设计开始突破传统结构的束缚，穹隆的建造方式被大量采用。以铸铁格架梁承托穹隆，支柱被传统的哥特式扶壁所代替，同时与水晶宫相比，跨度也大大增加，达到了 48m 的跨度。到了 1878 年，桁架体系首次出现，应用于巴黎国际展览会上的机械馆。与传统的哥特式建造方式相比，桁架体系将建筑上所有的力直接作用于基础之上，即要求悬空的部分平均承担重量。到了 1889 年，巴黎展览会上的机械馆在技术上又有了大的突破，三铰拱开始被采用，跨度大幅度增加，达到了 115m[1]。

埃菲尔铁塔中装有四部水力升降机。机械馆长度为 420m，跨度达到 115m（为当时最大跨度），主要结构由 20 个构架组成，四壁全是大片玻璃，初次应用了三铰拱原理，拱的末端越接近地面越窄，每点集中压力 120t（图 4-20），被视为新的社会和技术秩序的主要特征。

图 4-20　埃菲尔铁塔细部

来源：[ 意 ]L. 本奈沃洛 . 西方现代建筑史 [M]. 邹德侬等，译 . 天津：天津科学技术出版社，1996：113

1　周铁军，王雪松 . 高技术建筑 [M]. 北京：中国建筑工业出版社，2009：19。

## 4.4 小结

近代科学技术的发展，对思维方式的进步产生了重要的促进作用，特别是科学实验方法的确定为思维方式的发展奠定了基础。人们从单纯依靠感觉经验到依靠科学实验而获得客观事实。近代前期的科学技术发展的重要特征是对事物分门别类地进行研究，科学家只在某一狭小的特定的领域中从事科学研究，产生了形而上学的思维方式。自18世纪下半叶开始，科学家的科学研究突破已有的狭小领域，开始研究各领域之间的关系，研究事物的相互联系和变化发展，于是出现了太阳系起源的"星云说"、地质"渐变说"、细胞学说、生物进化论、能量守恒和转化定律等。科学技术的重大发展，导致了思维方式的进步，形成了辩证的思维方式。

工业革命以来，科学技术发展变化巨大，对建筑业也产生了重要影响。近代建筑科学思想的发展，伴随着资产阶级的逐步强大和工业革命的不断深入而不断发展。新兴材料、建筑形态的发展则是一波三折，从固守原有的古典样式，到对机器的崇拜和怀疑，到最后坚定不移地追随时代发展的脉搏，运用科学技术的最新成果，采用新技术、新结构、新材料，尤其是廉价铸铁、钢材和玻璃的出现，在近代后期最终完成了对古典建筑形态的革命，为现代建筑突破古典范式的桎梏，全面接受科学技术的最新成果奠定了基础。

# 第5章 现代科技发展带来的对近代建筑形态的批判

西方现代主要是指 19 世纪末至 20 世纪末。这个时期的技术是以原子能、电子计算机和空间技术的广泛应用为主要标志的，并涉及信息技术、新能源技术、新材料技术、生物技术、空间技术和海洋技术等诸多领域。

在这一时期，现代建筑技术、生产工艺与建筑功能的关系日益紧密；住宅和公共建筑不仅要求建筑、结构与暖通、供电、给水排水、供热等设备的需求日益增长，而且这些功能还逐步与智能化相结合，比如说办公建筑中的办公、服务、通信、保卫和防火等的自动化等；在工业和科技建筑的发展过程中，不仅要求向大跨度、超重量、灵活空间等方向发展，还要求建筑室内符合恒湿、恒温、防腐、防振、防爆、除尘、耐高湿、耐高（低）温等要求。

随着人类文明的不断进步，人类的需求及社会活动越来越多，建筑功能也越来越复杂，成为一个庞杂的系统工程，为解决这一系统问题，第二次世界大战后引入了系统科学的管理手段，将建筑材料、工艺技术、结构体系、技术理论进行整合，积极满足具有高效、多样功能的社会需求，逐步探索应付人口、土地压力的建筑技术策略，并尝试将制造业中经济、有效的整体建造体系引入到建筑体系当中，从而产生了新的美学标准。

## 5.1 现代科学技术

### 5.1.1 数学

#### 1. 纯粹数学的若干进展

（1）拓扑学

19 世纪，数学家欧拉对东普鲁士"哥尼斯堡七桥问题"的探讨是拓扑学的开端。拓扑变换是指几何图形在空间中的一种连续变形，同时变形中还要满足一定的条件。拓扑学的主要研究内容是，运用代数的方法研究几何图形在拓扑变换下保持不变的性质。现已发展成为包括组合拓扑、分析拓扑、点集拓扑等在内的成熟的现代数学理论，同时，它在泛函分析、群论、微分几何、微分方程等数学分支中有广泛的应用（图 5-1）。

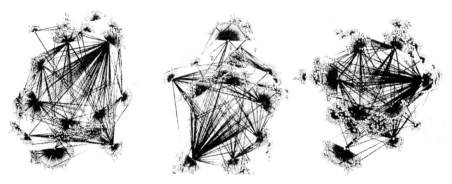

图 5-1 Plankton 生成的拓扑图

来源：张燕翔.当代科技艺术 [M].北京：科学技术出版社，2007：74

（2）抽象代数

抽象代数所涉及的基本概念包括群、环、域，还有模、代数、域以及范代数、同调代数、范畴等。群论是最早出现的抽象代数分支，产生于人们对五次以上代数方程求解问题的讨论过程中。经过严格定义的群，可以看成是一类对象的集合，这些对象之间存在着类似于通常加法或乘法那样的运算关系。把群论的基本原理同物质结构和运动的具体对称性相结合，就成为研究物质微粒运动规律的一种有力工具。群论现在已有效地应用于物理学、化学、结晶学等学科中。

（3）泛函分析

泛函数概念的形成是泛函分析创立的关键。数学家们把古典分析中的函数概念加以推广，把两个数集之间的对应关系发展为两个任意集合之间的对应关系，便得到抽象函数概念，而泛函数就作为抽象函数的特例。数学家冯·诺伊曼通过对希尔伯特空间上对称算子的研究，确立了算子理论。泛函分析是研究无限维线性空间上的泛函数和算子理论的一门新的分析数学。泛函分析的特点是它不但把古典分析的基本概念和方法一般化了，而且把这些概念和方法几何化了。泛函分析在数学物理方程、概率论、计算数学以及工程技术上也有广泛的应用。

2. 数学的新理论

（1）模糊数学

"模糊集合"概念是在 20 世纪 60 年代由美国加利福尼亚大学自动控制专家 L.A. 查德第一次提出的，并且发表了模糊事物的数学模型要通过"模糊集合"才能得到体现这一言论，变换规律和运算也在"模糊集合"概念上日渐形成，有关的理论研究也相应地得以开展，由此，现实世界上的大部分模糊现象的数学模型研究才能逐渐被派生出来，才能定量地处理和详细地描述出比较复杂的模糊系统。从而，统计数学、精确数学描述出的现实世界的缺陷被模糊数学所填补。

（2）突变理论

突变理论主要以拓扑学、奇点理论为工具，通过对稳定性和形态结构的研究，提出一系列数学模型，用形象而精确的数学模型来把握质量互变过程，用以解释自然界和社会现象中所发生的不连续的变化过程，包括火山的爆发、岩石的破裂、桥梁的断塌、细胞的分裂、病人的休克、市场的破坏以及社会结构的激变等。突变理论已广泛应用于物理学、工程技术、生物学、医学等方面。

（3）非标准分析

鲁滨逊所创立的非标准分析理论，把无穷小看成是一种特殊的数，它只能放在扩充了的实数系即超实数系里。得出了如下结论：点是有内容结构的，点是连续与间断的对立统一体。非标准分析已运用到函数空间、概率论、流体力学、量子力学和理论物理学等。

### 5.1.2 物理学

1. 现代物理学的理论基础

（1）相对论

1905 年爱因斯坦提出狭义相对论彻底否定"以太"的存在，用以反映在接近光速情况下空间、时间、质量与运动的关系。质能关系公式是 $E=mc^2$，奠定了原子能的理论基础。1911 年又提出广义相对论，把狭义相对论的思想推广到一切参照系。广义相对论指出：在引力场中，空间的性质开始遵循非欧几何，不再像以前那样只是一味地服从欧几里得几何。换句话说，现实的物质空间是弯曲的黎曼空间，而并非是平直的欧几里得空间。物质的空间分布状况决定了空间的弯曲几率，物质密度、引力场及空间的弯曲程度成正比。

（2）量子力学

量子力学的基本观点是认为微观客体具有量子性、几率性、波粒二象性和不确定性：量子性，是指微观客体在运动变化中具有不连续性和突变性；几率性，是指由于微观客体运动时没有确定的连续轨道，因此只能估计在某个时刻某个范围内出现微观粒子的可能性大小，即几率的大小；波粒二象性，是指微观客体不仅具有粒子性，而且具有波动性，即不仅具有能量或动量等，而且具有波函数所表示的各种性质，包括具有波长、频率等。同时，粒子性和波动性之间具有密切的关系；不确定性，是指由于微观粒子没有确定的连续轨道，对共轭正则物理量（如动量与位置、时间与能量）不可能同时测准。量子力学的这些研究成果对经典物理学中的机械决定论产生了巨大的冲击。量了力学中描述粒子运动的薛定谔方程：

$$-\frac{h_2}{8\pi^2 m}\frac{\partial^2\Psi}{\partial x^2}+E_p(x,t)\Psi=\mathrm{i}\frac{h}{2\pi}\frac{\partial\Psi}{\partial t}$$

### 2.现代物理学的若干进展

#### （1）粒子物理学

现代物理学把比原子核更小的粒子统称为基本粒子。20世纪中期以来，科学家们利用高能加速器获得作为"炮弹"的高能粒子，并用这些"炮弹"去轰击某些基本粒子，结果发现强子具有内部结构，它们是由更小的粒子构成的。这种更小的粒子称为夸克，关于夸克的性质及夸克如何组成强子，科学家们提出了许多模型（图5-2、图5-3）。

**图 5-2 比利时国际博览会的主建筑来源于分子结构**

来源：何颂飞.立体形态构成[M].北京：中国青年出版社，2010：107

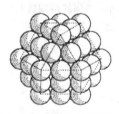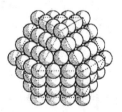

**图 5-3　富勒研究的多球紧贴捆团图**

来源：[英]约翰•奇尔顿.空间网格结构[M].高立人，译.北京：中国建筑工业出版社，2004

#### （2）凝聚态物理学

凝聚态指通常所说的固态和液态，这两态物质中的原子（或分子）之间都具有很强的内聚力。凝聚态物理学就是研究凝聚态物质的微观结构、微观运动及其物理性质的学科。凝聚态物理学和现代技术科学有密切的关系，它是材料、元器件等技术学科的理论基础。已发现的超导材料有金属化合物、陶瓷及有机物等类型,常压下临界温度可达153K。研究结果还表明:超导材料除了具有在临界低温下电阻突然消失的效应外,还具有完全抗磁的效应,利用超导材料制造磁悬浮列车,速度快、无噪声、无污染、无振动,是未来理想的铁路运输工具。

(3) 当代磁场理论

20世纪20年代以后,经典电磁理论和电子理论开始与量子力学相结合而发展成量子电动力学,用来研究微观电磁过程即光子和电子间相互作用及相互转化等问题。量子电动力学的成功,推动人们用量子化的方法去研究其他各种场,从而形成量子场论。当代量子场论把各种相互作用力统一起来,用一个统一的理论框架描述所有物理现象(图5-4)。

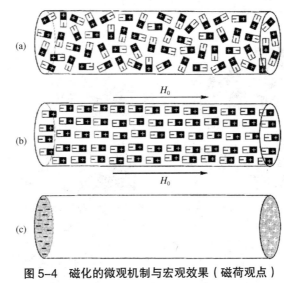

图5-4 磁化的微观机制与宏观效果(磁荷观点)

来源:赵凯华等.电磁学[M].北京:高等教育出版社,2003

### 5.1.3 化学

1.现代化学的基本理论

(1) 原子结构和元素周期律本质

1869年,俄国化学家门捷列夫和德国学者迈耶尔几乎同时发现了元素的性质和元素的原子量之间的周期函数关系,提出了元素周期律。元素周期律的两大基本要点:第一,元素按照原子量的大小排列后,呈现出明显的周期性;第二,原子量的大小决定因素的特征。1871年门捷列夫发表了修正后的第二张元素周期表,后化学家相继发现了门捷列夫在周期表的空位中所预言的那些元素,元素周期表的巨大意义终于为人们所认识。

（2）化学键和量子化学

化学键，是指组成分子的原子之间的电磁相互作用力即化学结合力的形式。其基本类型有离子键、共价键和金属键三种。离子键是依靠正离子与负离子间的静电引力所产生的化学键。量子化学是在解决共价键的形成原因与特性这类难题的过程中发展起来的。量子化学的主要内容包括：研究原子、分子及晶体的微观结构，揭示物质微观结构与它的性能之间的内在联系；研究分子中的化学键，研究分子中原子之间结合力的形式。各种化学键类型在解释金属材料、晶体材料与半导体材料的结构与性能方面，已获得重大成就。

## 2. 现代化学的主要内容

（1）结构化学

结构化学系统地研究分子和晶体的结构及其与物质性能之间的关系。20 世纪 30 年代前后，研究化学键的理论方法以及光学方面的实验手段逐步完善起来，使系统地研究分子和晶体的结构成为可能。20 世纪 60 年代以来，结构化学研究的重心，已从比较简单的无机化合物和矿物，转向剖析复杂的有机分子特别是生物高分子的结构和功能。我国的科技工作者于 1971 年成功地测定了胰岛素的晶体结构。结构化学对制备具有特定性能的晶体材料有重大指导意义。

（2）现代分析化学

现代分析化学综合应用化学、物理学、电子学、数学和生物学的原理、方法，探讨物质的组成、结构以及微区薄层的状态，对解决工农业生产和科学研究中的许多实际问题有重要意义。例如在钢铁工业中，炉前的快速化学分析是一炉钢成败的关键所在。现代分析化学有如下两个明显的特点：运用多种学科的理论和方法，运用现代化的仪器设备，特别是有高速运算能力的电子计算机；分析过程迅速，分析结果准确，探讨范围扩大，从宏观到微观，从总体到局部，从整体到表面和薄层，从表观到内部结构，都是它发挥作用的场所。

（3）现代合成化学

现代合成化学是研究如何应用现代化学的原理和方法合成一些新物质的一门学科。合成化学为人类开辟了材料来源的新天地，塑料、人造橡胶、人造纤维、各种涂料、胶粘剂等合成材料的制造给人类生活带来极大的方便。现代合成化学所提供的新材料、新元件已成为空间科学技术、海洋资源开发技术以及原子能工业发展的重要条件。现代合成化学所提供的高效化肥、无公害农药、生长调节剂等加快了农业现代化的进程。此外合成化学还提供制造药物的新途径，给人类健康带来更多的好处。

（4）高分子化学

高分子化学主要研究高分子化合物的基本制备方法，聚合反应的理论和机理，特征结构与特征性能的关系，加工成型及其应用等。天然橡胶、纤维素、蛋白质等就属于高分子化合物。高分子化合物的合成有两种基本方法，即加成聚合与缩合聚合。加成聚合是经过加成反应把单体聚合成高分子化合物；缩合聚合是两种或两种以上的有机化合物在缩合剂作用下，放出水、氨或氯化氢而聚合成复杂的高分子化合物。高分子化学的一个研究方向是高分子仿生学，把生物学的知识与高分子研究成果结合起来，利用高分子材料制造假牙、骨路、心瓣等。

3. 化学的新发展

（1）分子设计

量子化学着重研究分子及材料的性能与结构关系，结构化学对已有分子及新型分子的结构进行剖析测量，计算化学借助电子计算机进行数据处理并选择最优的合成路线，合成化学将运用各种先进的手段和技术完成制造任务。通过理论计算，根据人们的需要来"设计"出各种新材料、新药物等。

（2）核素理论

从 1937 年科学家得到第一个人工合成元素，到现在已有一系列人工合成元素出现。这些人工合成元素随着原子序数的增加寿命越来越短，同时所得到的是没有核外电子的原子核。这里，人们对元素的研究已转向对原子核的研究，核素就是指各种不同的原子核。随着核素研究的发展，科学家们还提出了一些假说。

### 5.1.4 生物学

1. 分子生物学

分子生物学是在分子水平上研究生命现象的科学。通过对生物体的主要物质基础，特别是蛋白质、酶（一种特殊的蛋白质）和核酸等大分子结构、运动规律的研究，来揭示生命现象的本质。蛋白质的基本结构单位是氨基酸。各种氨基酸首尾相连，以一定的顺序排列成氨基酸长链，称为多肽链，众多的多肽链连接起来就成为蛋白质。核酸的基本结构单位是核苷酸。沃森和克里克于 1953 年提出 DNA 的空间结构双螺旋结构模型。该结构模型显示 DNA 的复杂性，也表明每个 DNA 分子可以携带大量的遗传信息[1]（图 5-5）。

---

1  [美 ]R. P. 费曼 . 费曼讲物理入门 [M]. 秦克诚，译 . 长沙：湖南科学出版社，2004：56。

## 2. 生态学

生态学形成于 20 世纪初, 主要研究生物的生存条件以及生物与其生存环境之间的相互关系。生态系统是生态学中的一个重要内容。生态系统是指生物与环境相互作用、共同构成的生物和环境的综合体系。能量流动、物质循环和信息联系构成了生态系统的基本功能; 食物链是生态系统研究中的一个主要环节。生态平衡是指生态系统中能量流动和物质循环较长时间地保持稳定的平衡状态。研究它的目的在于使生态系统在被索取"最大的生产量"的同时, 又能得到"最大的保护"。在生态平衡问题的研究中, 不少研究者还积极进行生态设计, 力图把因生态失去平衡而造成的恶性循环逐步引向良性循环的轨道 (图 5-6)。

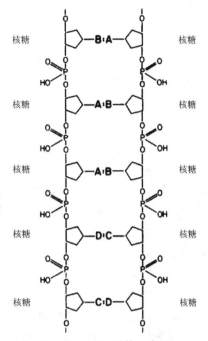

**图 5-5　DNA 结构示意图**

来源: [美]R. P. 费曼. 费曼讲物理入门 [M]. 秦克诚, 译. 长沙: 湖南科学技术出版社, 2004

**图 5-6　生物链循环示意图**

来源: http://baike.baidu.com/view/35282.htm?fromId=63350

87

### 5.1.5 天文学

1. 天文观测的新发现

（1）类星体

类星体是 20 世纪 60 年代以来随着大型干涉仪投入使用，射电定位的精度得到极大提高，通过对宇窗"射电源"的观测和研究而发现的，类星体的主要物理特征是：离我们地球非常遥远，体积小而辐射能量极大，有特大的光谱红移现象和多重红移现象。

（2）脉冲星

脉冲星是 1967 年发现的一种"奇异"的新天体。它以极其精确的时间间隔发出极为规则而又短促的无线电脉冲信号。脉冲星的主要物理特征是：密度极高，辐射能量极大；温度很高，磁场强度极强。脉冲星的发现，进一步证明了宇宙间物质的多样性，对认识恒星的演化规律及物质微观结构的变化规律都有重大意义。

（3）星际分子

20 世纪 40 年代，天文观测中发现了氢原子、氢离子、甲氰、甲氰离子、氨基等星际物质。20 世纪 60 年代以来，由于射电望远镜技术的提高，天文观测中先后发现了几十种星际分子的射电谱线，有水分子、氨分子、硫化碳等等，其中有机分子占了近 80%，而且含有一些结构复杂的公轭多键有机分子和多糖分子。这些成就为生命起源问题的研究提供了新的材料，同时使天体演化问题与生命起源问题联系起来。

（4）微波背景辐射

1965 年的天文观测，在微波波段发现了一种具有热辐射性质而来历不明的辐射。由于它在太空里处处都有，好像是恒星、星系和射电源等天体活动的背景，所以人们把它称为"背景辐射"。微波背景辐射的发现，对于大爆炸宇宙学是极大的支持。该学说的提出者曾预言爆炸以后冷却至现在，宇宙空间残留的余温应该是 5K，这个数值与背景辐射温度十分接近。正因为如此,该学派学者主张微波背景辐射就是宇宙原始大火球爆炸的"灰烬"辐射。

（5）γ 射线暴和 X 射线暴

1973 年美国核侦察卫星探测到一次 γ 射线爆发,其辐射强度变化极大，每秒辐射的能量可达太阳每秒辐射总能量的上千万倍，而它辐射这一巨大能量的面积却只有太阳表面积的百万分之一。1979 年在太阳系中不同位置上运行的 9 颗人造卫星,同时记录到麦哲伦星云中发生的一次 γ 射线爆发，其辐射功率比上述事例强百万倍以上（图 5-7），有几十万个太阳的威力。极高温、极高压、极高密度、极强磁场、极强辐射场等极端条件，在地面实验室中是无法获得或很难获得的。这便可成为人们进行科学实验的理想"天然实验室"，供人们了解更多尚未知道的物质状态和规律。

图 5-7　宇宙射线碰撞后产生的微粒

来源：[ 英 ] 彼得•泰勒克编 . 科学之书 [M]. 马华，译 . 济南：山东画报出版社，2004：272

2. 现代天文学的发展

（1）射电天文学

研究天体的无线电辐射和使用雷达技术研究行星、月球和流星等天体的学科。

（2）空间天文学

在人造卫星上天后诞生的新学科，通过使用人造卫星、探空火箭对天体的直接观测来研究天体的各种电磁辐射。

（3）高能天体物理学

高能物理学和天体物理学相结合的产物，研究宇宙间的高能现象和高能过程，包括超新星爆发、星系核爆炸、天体 X 射线辐射、γ 射线辐射、宇宙射线和中徽子过程等。

（4）等离子天体物理学

利用等离子体物理学的原理和方法研究天体等离子体的各种物理过程及其与磁场的相互作用的学科。

（5）相对论天体物理学

运用广义相对论的引力理论来研究天体现象的规律性的科学。爱因斯坦的广义相对论提出后，对几个关键性的检验都是由天文观测来完成的。由此便促进了相对论天体物理学的产生和发展。

### 3. 宇宙起源与演化学说

（1）大爆炸宇宙论

1931 年，比利时天文学家勒梅特在承认宇宙膨胀理论的基础上，提出了宇宙起源于"原始原子"爆炸的假说。1948 年美国天体物理学家伽莫夫和他的同事阿尔费、贝特、赫尔曼修正并发展了勒梅特的假说。他们根据热力学和量子力学的原理提出大爆炸宇宙论。1954 年，大爆炸宇宙论的创立者伽莫夫等人推测宇宙早期阶段以光子形式的辐射在今天依然存在，并且弥漫于整个宇宙空间，但温度已降到 5K。

（2）暴胀宇宙论

20 世纪 80 年代初期，美国物理学家古斯、苏联研究人员林德等人提出暴胀宇宙论。暴胀宇宙论解决了视界问题和平直性问题，但仍没有涉及奇异性问题。后来英国学者霍金等人提出了运用量子引力理论作为解决"奇点"问题的初步方案，但仍无法从根本上解决问题。

### 5.1.6 地学

#### 1. 地球形成与演化理论

（1）固体地球的演化

地核和地壳的形成问题除了同地球起源的假说有联系外，还与地球物质积聚方式问题密切相关。地球物质的积聚方式的不均匀积聚模型假说，在实际应用中遇到很多困难，所以无法得到多数学者的赞同；而均匀模型由于能够与"冷"起源说一起有效地说明地球的形成与演化问题，所以得到大多数学者的赞同。

（2）大气圈及水圈的形成和演化

原始大气圈层的形成伴随着地球质量的日益增加，一些气体从地球内部散发出来受到引力的作用从而环绕在地球的周围。地球上的水主要是从大气中分离出来的。一开始大部分的水汽都蕴含在大气之中，受到大气中的尘埃微粒和温度下降的吸附影响，一部分水汽凝结而成水滴，并降落在地面上，原始的水圈就是由这些水滴在低洼的地区凝聚而成的。形成了水圈与大气圈后，再受到太阳的光热、大气环流以及覆盖的地表面等影响，从此产生了气候现象，这一过程历经了演化与发展。

#### 2. 大地构造理论的新进展

（1）大陆漂移说

1912 年，德国科学家魏格纳提出了大陆漂移的科学假说，打破了地壳运动以垂直运动为主和大陆位置固定不变的传统观点，确立了地壳运动以水平运动为主的新观点，轰动了整个地质学界（图5-8）。

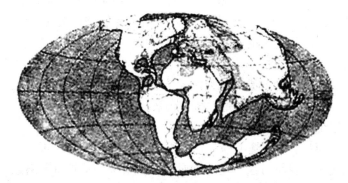

**图5-8　1915年魏格纳绘制的大陆图**

来源：[英]彼得·泰勒克编.科学之书[M].马华，译.济南：山东画报出版社，2004：274

（2）海底扩张说

1961年，美国人赫斯和狄兹根据海洋的地震记录，海洋基底岩石地磁异常和磁反向，以及海洋地质、海底地貌、海底热流等方面的数据，分别提出了海底扩张说。他们认为，中央海岭（海洋中的大山脉）是地幔中对流物质的出口，地幔中的物质不断地从中央的裂缝中溢出，新的海底地壳就在这里逐步形成，同时向海岭的两侧扩张，把较老的地壳向外推移。当扩张到达海沟时，又重新下沉为地幔所吸收。这一过程的不断进行，使得海洋地壳不断向外扩张，从而带动大陆移动。

（3）板块构造说

板块构造说指出，在每一个板块内部，地壳比较稳定；在板块与板块的交界处，地壳常处于活动状态，常有火山爆发、地震、地壳断裂、地热增温等现象发生。

大陆漂移说、海底扩张说、板块构造说等学说的创立打破了过去的海陆固定论，发展了地质进化的思想，给人们提供了一幅地壳运动的辩证图景，因而被称为"地球科学上的革命"。

### 5.1.7　系统科学

1. 系统论

（1）系统论的基本概念

贝塔朗菲（1901～1971年）将系统定义为：相互联系、相互作用的诸元素的综合体，即两个或两个以上的元素相互作用而形成的统一整体就是系统。系统的基本特征是多元性、相关性和整体性。凡系统都有整体的形态、结构、边界、特性、行为、功能以及整体的空间占有和整体的时间展开等[1]。系统的整体性是指系统整体具有部分或部分总和没有的特性，即整体多于部分之和，这是系统最主要的特性。韩愈诗云："天街小雨润如酥，草色遥看近却无。"田野草色须远距离观赏，才能整体把握；而局部细看，则韵味全无。这是系统论与还原论的区别[2]。

贝塔朗菲进一步提出了系统论的基本原则：整体性原则、相互联系原则、有序性原则和动态原则，强调系统的开放性，并把生物和生命现象的有序性和目的性同系统的稳定性结合起来。

（2）系统工程

钱学森指出："'系统工程'是组织'系统'的规划、研究、设计、制造实验和使用的科学方法，是一种对所有'系统'都具有普遍意义的科学方法。"系统工程学20世纪50年代起源于美国，1957年古德和麦克雷尔合著的《系统工程》对系统工程的一般内容进行了归纳。60年代霍尔考察了系统工程的一般阶段、步骤和常用知识范围，以时间、逻辑、知识为坐标，提出了一个三维结构——霍尔结构（图5-9），将系统工程从开始到结束的基本过程分为七个阶段，各阶段采用七个共同步骤，把它们综合起来，形成所谓的系统工程活动矩阵，是系统分析设计的有效武器。[3]

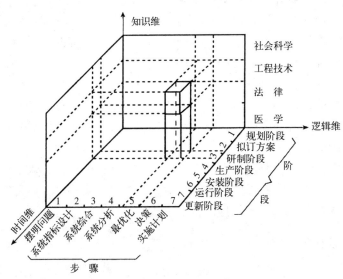

**图5-9　图示霍尔结构**

来源：苗东升 . 系统科学精要 [M]. 北京：中国人民大学出版社，1998

1　苗东升 . 系统科学精要 [M]. 北京：中国人民大学出版社，2000：27。

2　苗东升 . 系统科学精要 [M]. 北京：中国人民大学出版社，2000：30。

3　苗东升 . 系统科学精要 [M]. 北京：中国人民大学出版社，200：376-381。

## 2. 信息论

人们认识到信息是用来表征事物的,是由事物发出的消息、情报、指令、数据、信号中所包含的东西。信息既不同于物质和能量,又与物质和能量有密切的关系。任何物质都具有作为信息源的属性,只要存在的东西是物质,必然向外发送信息。信息的传递要依赖物质,信息的储存也只有借助物质才能实现。信息本身不等同于能量,但获取信息要消耗能量,驾驭能量又需要信息,二者紧密联系在一起。正因为这样,自然科学中往往从信息与物质和能量之间的联系上,对信息作最一般的理解,把信息看成是物质和能量在时间空间中分布的不均匀的程度。信息的作用和价值受着接收者的主观因素的影响和制约,对于不同的接收者来说,它的作用和价值是不同的。以信息为导向,目的是通过信息的捕捉、传达、处理和加工来完成一系列的系统活动,称之为信息方法。

## 3. 控制论

（1）反馈方法

反馈方法是运用反馈概念来分析和处理问题的方法。用维纳的话说,就是"根据过去的操作情况去调整未来的行为"。反馈方法的应用非常广泛,并且往往可以获得较好的效果。

（2）功能模拟方法

将行为与功能的相似之处作为根本出发点,原型的行为与功能得以模仿的方法,被称为功能模拟方法。例如,将猎手与自动火炮进行对比得出:相近的功能对照相应的机体（例如,雷达和人眼的相似功能是具有搜索和追踪目标）,它们的行动都是有目的性的,只有这样目标物才能按照一定的行为和操作捕捉到。

（3）黑箱方法

黑箱方法,是指当不知道或根本无法知道一个系统的内部结构时,根据对系统输入和输出变化的观察,来探索系统的构造和机理的一种方法。中医看病时,主要是通过望、闻、问、切等外部观测做出诊断,开出处方。如果遇到疑难病症,可以先投给试探性的药物,观察病人的反应,再对处方作调整,以便做到对症下药。中医看病是应用黑箱方法的典型。

## 4. 自组织理论

（1）耗散结构理论

比利时物理学家普里高津通过对非线性不可逆热力学的长期研究,于1967年在他的论著《结构、耗散和生命》中首次提出了耗散结构概念,他指出：一个开放系统，在远离平衡态的非线性区，当系统内的状态参数达到一定的阈值时，某一涨落得到放大，系统就有可能发生突变，由原来的无序状态进入有序状态，形成一种动态稳定的有序结构。因为形成和维持这种新的有序结构需要不断耗散能量，所以普利高津把这种有序结构称为耗散结构。耗散结构的形成是由一个系统从无序变有序的过程，它应涵盖四个基本要素：①此系统必须是开放性的，可以与外界环境交换物质和能量；②该系统必须远离平衡态；③非线性的相互作用存在于系统内部的每个要素之间；④该系统内的涨落是直接诱因。

（2）协同学

是德国理论物理学家哈肯创立的一种系统自组织理论。哈肯在协同学中提出了序参量的概念。序参量由系统内每个子系统的协同作用得来，只要一出现，系统的整个状态就会井然有序。协同学理论推断，非平衡态是否处于热力学不是系统的有序结构所形成的关键所在，也与平衡态的距离无关，系统内部的每个子系统互相关联的"协同作用"才是重点。序参量的出现就是由这种协同作用产生的，而序参量又支配系统进入有序状态。

（3）超循环理论

所谓超循环，是指由循环组成的循环，是较高等级的循环。超循环理论将达尔文的进化论从生命的整体水平推广到生物分子水平，并将生物间的竞争和协同结合起来，使人类对生命起源的认识又有所提高。

5. 复杂系统理论——非线性科学

（1）分形理论

分形理论研究那种极其破碎而复杂，但具有自相似性的体系。这里所谓的自相似性，是指部分的形态（或功能等）与整体的形态（或功能等）相似，但不尽相同，在一定程度上，部分是整体的再现和缩影（图5-10）。例如在形态上，人的微血管与主动脉相似；在功能和信息上，人的穴位群与人的整体相似。分形理论的创立为人类认识世界提供了新的方法论。与系统论不同，分形强调部分与整体的统一性、全息性，启示人们根据这一原理从部分去认识整体，从简单去把握复杂（图5-11）。分形理论与系统论互补，全面地揭示了整体与部分之间的辩证关系。

（2）混沌学

混沌学也是一门崭新的学科。这里的混沌被定义为内在的非线性动力学本身产生的不规则（非周期）的宏观时空行为。混沌不是纯粹的无序，而是一种无周期的有序，它把表观的无序性与内在的规律性巧妙地融为一

**图 5-10　分形世界里的美妙图案**

来源：刘华杰．分形艺术 [M]．湖南：湖南科学技术出版社，1998

体，可以运用重整化群理论为之建立数学模型。进一步的研究表明，混沌与分形是一致的，可以说，分形是混沌的几何结构或普适形状，混沌则是分形和演化的动力学（图 5-12）。

（3）复杂适应性系统

复杂适应性系统起源于美国的圣菲研究所，是一类重要的、常见的复杂系统，主要研究复杂性的产生机制，认为适应性是其他类型复杂系统所不具有的。适应性是指主体能够与环境以及其他主体进行交流，并做到在交流过程中"学习"，"积累经验"，根据学到的经验改变自身的结构和行为方式 [1]。

**图 5-11　分形"耳朵"**

来源：刘华杰．分形艺术 [M]．湖南：湖南科学技术出版社，1998

---

1　滕军红．整体与适应——复杂性科学对建筑学的启示 [D]．天津：天津大学，2002：46。

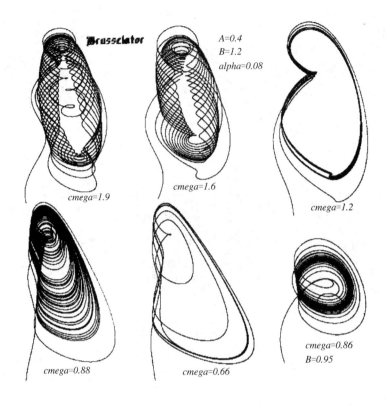

图 5-12　混沌轨道

来源：刘华杰 . 分形艺术 [M]. 湖南：湖南科学技术出版社，1998

## 5.2　现代建筑技术的发展

19 世纪末到 20 世纪末，是人类艺术发展史上最辉煌壮丽的时代，人们逐渐从对神和英雄的崇拜，注重到人类本身的需求，人类的创造力获得了空前的高涨与迸发。人本主义美学成为西方现代美学主潮，是 19 ~ 20 世纪人类艺术空前发展的重要原因。科学技术的进步，并与艺术相结合，是 19 世纪末到 20 世纪人类艺术呈现空前繁荣的另一个重要原因。

现代西方建筑技术与形态的发展可分为三个阶段[1]：

第一阶段：现代前期，1871 年到第一次世界大战结束（1918 年）。尽管这一时期的世界各地的探新活动尚不成熟，但是探索了现代建筑的新趋向。此时，是欧美对新建筑的探新期，也是向现代建筑的过渡时期。

---

1　在《外国建筑史》中把近现代分为四个阶段，本文借鉴《世界全史百卷》中的分法，分为三段。

第二阶段：现代中期，即 1918～1945 年两次世界大战期间。建筑方面的理论开始系统化，建筑技术上的手法与经验也日趋完善，这一时期使现代建筑得以形成和发展。世界各地开始广泛传播现代建筑思想。

第三阶段：现代后期，1945 年（即第二次世界大战结束以后）至 20 世纪末。科学与建筑的关系日益紧密，建筑技术的发展与日俱增，成为这一时期的重要特征，然而西方建筑思潮却极为混乱。在城市现代化的发展过程中，城市规划与环境科学问题日益突出。

### 5.2.1　现代前期（1871～1918 年）建筑技术的发展

自 1871 年巴黎公社到 1917 年俄国十月革命和 1918 年第一次世界大战结束期间，欧洲各国和美国的工农业产值不断增加。在冶金工业中，贝塞麦、马丁、汤麦斯炼钢法已经广泛应用；钢铁产量增长，并促进了机器、钢轨、车厢、轮船的制造；在动力工业方面，出现了蒸汽涡轮机和内燃机，内燃机促进了石油的开采，并推动了机器工业的发展，为汽车和飞机的制造创造了条件；新出现的化学工业和电气工业，发明了电话、电灯、电车、无线电等，远距离送电实验获得成功，为工业电气化开拓了无限的可能性。

1855 年贝塞麦炼钢法（转炉炼钢法）出现后，钢材产量大增，在建筑中的应用逐渐普遍。其中，钢筋混凝土结构的发展，在现代建筑的发展史上占据重要地位。可以说钢筋混凝土结构和钢结构的发展，决定了现代建筑技术、建筑结构和建筑形态的发展轨迹。

钢筋混凝土的发展过程复杂。早在古罗马时期，就在建筑结构中应用了天然混凝土，但在中世纪失传了。真正的混凝土和钢筋混凝土是近代的产物。1774 年，第一次在英国艾地斯东灯塔建设中采用了石灰与混凝土的混合结构，当时的混凝土是一种石灰、黏土、沙子、铁渣的混合物。1824 年英国生产了胶性波特兰水泥。1829 年把混凝土当作铁梁中的填充物，后来进一步发展成用混凝土作楼板。1868 年法国园艺师蒙涅用钢丝网与水泥试制花盆，启发了拉布鲁斯特以交错的铁筋和混凝土加建了巴黎圣日内维夫图书馆的拱顶，为近代钢筋混凝土结构奠定了基础。

钢筋混凝土广泛应用是在 1890 年以后。法国建筑师埃内比克 1890 年用钢筋混凝土结构建造自己的别墅；包杜在 1894 年第一次用钢筋混凝土框架结构建造了巴黎蒙玛尔特教堂。法国建筑师戛涅（1869～1948 年）在他提出的工业城市假想方案中，运用钢筋混凝土结构来建造市政和交通工程、疗养院、学校和住宅等，建筑形式新颖整洁。1916 年，法国巴黎近郊的奥利建造了一座巨大的飞机库，它的抛物线形的钢筋混凝土拱顶跨度达 96m，高达 58.5m，拱肋间有规律地布置了采光玻璃。此时，还出现了许多钢筋混凝土结构的桥梁。瑞士著名工程师马亚在苏黎世建造了世界上第一座无梁楼盖仓库。

钢筋混凝土结构的出现，使现代工业厂房、飞机库、剧院、大型办公楼、公寓等有了合理的平面布局和组织空间。

### 5.2.2 现代中期（1918～1945年）建筑技术的发展

第一次世界大战后，建筑科学技术有很大的发展，把19世纪以来出现的新材料和新技术加以完善并推广，其中包括对高层钢结构技术的改进和推广。钢结构的自重日趋减轻，并把焊接技术应用于钢结构，1927年出现了全部焊接的钢结构房屋。到1931年，纽约30层以上的楼房已有89座。钢筋混凝土的应用更加普遍，采用有刚性节点的金属框架，尤其是钢筋混凝土整体框架，促进了对超静定结构的研究。

新的计算理论和方法陆续出现，结构动力和结构稳定等复杂问题的研究也取得重要成果。日益增多的电影院、室内体育场、汽车和飞机库等建筑都要求较大的跨度，出现了壳体结构。材料从混凝土和钢材结合，到采用钢筋混凝土，跨度越来越大，厚度越来越薄。铝材、不锈钢和搪瓷钢板等新的建筑材料开始用作建筑饰面材料。玻璃产量增加，质量和品种增多。建筑设备发展很快：电梯速度大大提高；空调设备首先用于特殊建筑中，1930年出现了无窗工厂，随后空调设备推广到公共建筑中。建筑师不但要同结构工程师还要同各种设备工程师共同配合，才能设计出现代化的房屋建筑。建筑施工技术也提高了。1931年建造的美国纽约帝国州大厦，最高点距地面380m，整个大厦总体积96.4万$m^3$，有效使用面积为16万$m^2$，结构用钢5.8万t，楼内装有67部电梯和大量复杂的管网。从1930年3月1日动工，到1935年5月1日竣工交付使用，只用了19个月。建成后，由于自重，钢结构本身压缩了15～18cm，在大风中的最大摆动达7.6m，但对建筑物安全和人的感觉没有影响。这座大楼的建成，综合表现了1930年建筑科学技术水平。

### 5.2.3 现代后期（1945年以后）建筑技术的发展

第二次世界大战以后，世界格局发生了变化，美国取代了欧洲成为世界霸主，在建筑技术上也处于领先的地位。由于没有历史积淀，没有对旧有建筑形式的执著，加上美国独立后急于摆脱被殖民的形象，所以新型建筑技术和建筑形式在美国迅速兴起。此后，美国逐步成为现代建筑的领头人。

战后美国的建筑材料——钢与钢筋混凝土趋向轻质高强，各种塑料和化工产品得到发展与应用；建筑结构——轻型（图5-13）、薄腹、预应力（图

5-14)、空间薄壁向各种三向度的空间结构发展；施工技术——振动技术、预制装配、滑模、顶升、施工机械以及利用直升机来吊装等；建筑设备——人工空调、电梯、灯光等等对于使用与舒适度、灵活性、多样性和自动化等均在世界领先。

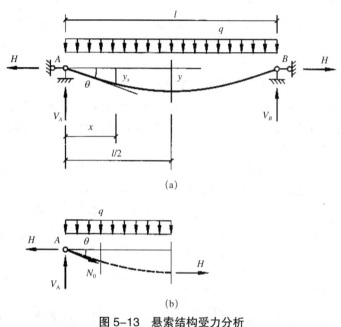

图 5-13　悬索结构受力分析

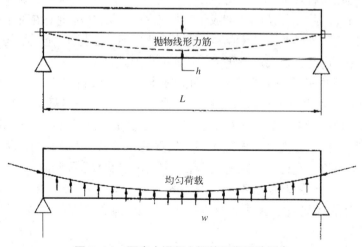

图 5-14　预应力混凝土梁的平衡设计概念

来源：黄真等．现代结构设计的概念与方法 [M]．北京：中国建筑工业出版社，2009：126-127

随着科学技术与工业生产的发展，在建筑材料、建筑结构、施工技术以及建筑设计方法等方面有很大的进步，使各种建筑类型都获得了新的成就。特别是轻质高强度材料的出现，以及混凝土、钢板、铝板、玻璃、塑料的大量应用，使建筑的面貌大为改观。

高层建筑的发展有赖于垂直交通问题的解决，自1853年美国的奥迪斯发明了安全载客升降机后，高层建筑才得以实现。钢结构体系和钢筋混凝土结构的发展也是高层建筑得以发展的基础，外墙材料从石材转向玻璃、铝板、钢板等。由于有了高强混凝土，美国开始向新型结构的超高层建筑发展。在结构上主要是加强了外圈的抗风与抗震性能，采用了筒体结构，高层建筑在1968年达到100层，373m高（芝加哥的汉考克大厦）；1973年达到110层，高441m（纽约世贸中心）；1974年芝加哥的西尔斯大厦也是110层，但高度达到了443m；1976年建成钢筋混凝土结构的水塔广场大厦，76层，高度260m。

随着建筑技术的不断发展，高层建筑结构体系在抗风力与地震力等方面取得巨大的成就。钢铁产量的不断增加，使得钢结构体系越来越成熟，大致有：剪力桁架与框架相互作用体系、有刚性桁带的剪力桁架框架相互作用体系、框架筒体系、对角桁架柱筒体系、束筒体系等等。钢筋混凝土结构体系也得到不断的充实，包括：抗剪墙体系、抗剪墙框架相互作用体系、框架筒体系、套筒体系等等。还有钢结构和钢筋混凝土结构的混合体系等等。

由于社会需要以及新材料和新结构的应用促使大跨度建筑的发展，主要反映在钢材与混凝土强度的提高，新建筑材料的种类大大增加了，建筑上大量运用特种玻璃、化学材料以及合金钢，有利于大跨度建筑屋盖的轻质高强特点。除了传统的梁架或桁架屋盖外，还有各种钢筋混凝土薄壳与折板，以及网架结构、悬索结构、悬挂结构、钢管结构、充气结构、张力结构等等，这些都是大跨度建筑的结构表现形式。

预制结构工业革命带来了空前的技术高涨，大机器生产方式和适合于预制的工业化建筑材料（如铸铁、玻璃、钢、钢筋混凝土等）产量不断增加，预制工艺、施工机械的发展等为工业化提供了条件。第二次世界大战以后，由于建造高层建筑和塔式起重机的出现，为减轻围护墙体的自重或减低造价，提高施工速度，出现了金属玻璃幕墙、预制混凝土外墙板、全装配混凝土等建造的建筑。为了适应工业大生产的要求，目前某些国家的大量性建筑越来越趋向构件标准化、建筑工业化和施工机械化（图5-15）。

图 5-15　富勒设计的美国馆

来源：http://www.bjjinghan.com/shownews.asp?id=388

## 5.3　现代建筑形态对近代建筑形态的批判

建筑艺术与科学技术是协调发展的。19 世纪后半期，西方国家在社会生活的每个领域都发生了突出的转变，其原因是西方国家的现代科学技术的发展和工业生产的进步。新建筑技术和建筑材料的广泛使用，带来了建筑理论、建筑思想和建筑方法的一系列显著变化。许多西方国家先后涌现出一些要求革新建筑设计的建筑师，他们主张建筑要适应社会生活和新技术发展的需要，反对学院派的保守主义。到 20 世纪初，在欧美先后出现了新艺术运动、芝加哥学派、风格派、有机建筑、结构主义、表现主义、功能主义等。代表这些流派的建筑师们建造了大量的住宅、别墅、商业大楼、机关及学校。他们的设计打破古典主义的束缚，遵循现代建筑美学中简洁明快的原则，创造出的建筑形象顺应了时代发展的需要，为世界现代建筑艺术的发展做出了重大的贡献。

作为建筑艺术家，随着时代的发展，总要提出新的思想和主张，并采用不同的形式塑造自己的建筑形象。因此，很难把他们恒定在某种建筑流派之中。有的建筑家前后变化很大，或者同时具有几种建筑流派的特征。

建筑艺术除与科学技术紧密相关以外，与人的精神观念关系密切。比如，强调建筑造型亲切宜人的人性化建筑趋向，其表现特征就是人情味十足。纵观世界现代建筑艺术的发展，国际化的趋向越来越明显。尽管在不同的国度里，建筑形象表现出个性和差异，但这种差异在逐步缩小，因为新建筑形式的出现，首先是时代的产物，然后是建筑师个性的创造。

### 5.3.1　现代前期对新建筑的探索

自1871年巴黎公社到1917年俄国十月革命和1918年第一次世界大战结束期间，建筑顺应时代的要求，迅速摆脱旧技术对建筑发展的羁绊，研发出新的结构与材料，广泛采用钢和钢筋混凝土，古典建筑的"永恒"范式逐渐被时代淘汰，引发了建筑的变革，开始了建筑创新运动。

（1）工艺美术运动（1850年左右起源于英国）

采用自然材料反对古典式样，用手工艺法应对机器制作。代表作红屋（韦伯和莫里斯共同设计）。红屋因用红砖红瓦作材料而得名，在建筑史上被认为是新建筑运动的开山之作。红屋建于1859年，是英国艺术家莫里斯（1834～1896年）的私邸。出于对哥特建筑和折中古典建筑的反感，莫里斯邀请建筑家韦伯（1831～1915年）设计自己的住宅，他本人则着手布置室内装饰陈设。红屋的设计体现了建筑与自然环境的结合，强调古趣盎然、返璞归真。因此，不但外观新颖，平面布置也一反均衡对称而只按功能要求作合理安排，打破传统住宅面貌与布局手法，用当地材料建造并不加粉刷，大胆抛弃了传统的贴面装饰，充分表现材料本身的质感。红屋的成功，对于摆脱古典建筑形式的羁绊，在居住建筑合理化上跨出了一大步。虽然还谈不到树立新时代的风格，但它却给了人们深刻的启发。

（2）新艺术运动（1880年左右起源于比利时）

以室内装饰为主的建筑形式的创新运动。这一派的建筑师反对历史式样，努力寻求表现时代的建筑装饰，在具体手法上喜欢流线型的曲线纹样，在室内大量运用铁构件做成的简化装饰，外形一般比较简洁。新艺术运动的杰出人物是霍特和维尔德。

比利时是当时欧洲大陆工业最发达的国家，这也有助于新艺术运动的产生。

1893年，比利时建筑家霍特（1861～1947年）设计了布鲁塞尔都灵路12号住宅，这是欧洲出现的第一座新风格的居住建筑，首次打破古典束缚，尽量避免细长的走廊并引进钢铁材料。其外观布满曲线条与柔和墙面，突出装饰。整个外形简洁，波浪形鼓出的立面与明显有力的线条，使它的造型很有特色，堪称新艺术运动建筑的代表作。霍特也被誉为新艺术运动建筑的奠基人。霍特的另一杰作是1897年完成的布鲁塞尔人民宫，整个立面都是铁架玻璃窗。

新艺术运动的另一位杰出人物是维尔德（1862～1957年），他对新艺术运动的形成和推广做出了重大贡献。维尔德反对仿古的折中主义风格，认为按合理与逻辑创造出来的完全是有用的物品，达到了美的先决条件并完成了美的实质。他还通过《现代艺术》杂志的宣传与作品的巡回展出，使新艺术运动在短短的时间里就波及欧洲各地。他组织建筑师们讨论建筑结构与艺术造型的关系，在田园式住宅的基础上跨出了一大步。1906年，他设计了形式简洁的有大玻璃窗的魏玛艺术学校的教学楼，被公认为是新艺术运动建筑的代表作。

对建筑而言，新艺术运动的实际价值是有限的。但是，新艺术运动毕竟为20世纪艺术及建筑的许多试验探索活动开辟了道路。正如阿纳森在《西方现代艺术史》一书中所评价的："尽管新艺术运动凭借了像高更、梵高这样的画家和像高迪、麦金托什及维尔德这样的建筑师所具有的才华，但它终归是一个装饰运动。……这个运动所取得的成就，如果不是绝大部分，也有相当一部分仅仅是一种猎奇或者时髦复兴的大框框之内保存下来的。作为一个创作时代，新艺术运动是短命的；但作为一个运动，它又是重要的。"

（3）维也纳学派和分离派（1890年左右起源于奥地利）

代表人物瓦格纳（1841～1918年）。作为奥地利现代建筑运动先驱，他在1895年发表的《现代建筑》一书中指出，只有在现代生活中才能找到艺术创作的起点，并认为新的结构原理和新的材料不是孤立的，它们必然会产生不同于以往的新形体，因而应使之与人们的需要相一致，认为现代建筑依然采用历史样式的做法是错误的。

维也纳邮政储蓄所营业厅是瓦格纳的代表作品（1905年）。这是一个不加装饰地运用金属和玻璃、通风良好、阳光充足、空间开敞的建筑，其外形简洁，着眼于建筑形体本身的几何形组合，显示了瓦格纳在设计领域里的崭新风格。瓦格纳的其他设计作品都反映了他追求新技术、主张革新的建筑理念。

分离派是从维也纳学派中分离出去的一个建筑流派，主张集中装饰和造型简约，用光墙面、直线及简单的立方体作为装饰主题，使建筑走向简洁的道路。其代表人物是曾在维也纳学派的欧勒布利希、霍夫曼、卢斯等。欧勒布利希（1867～1908年）是分离派的发起人之一。欧勒布利希设计的维也纳分离派展览厅（1898年），采用造型简洁和集中装饰的手法，平面呈十字形，顶部有一个镂刻的金属圆穹。霍夫曼（1870～1956年）设计的布鲁塞尔司陶克莱公馆，是一座大型豪华住宅，外墙面贴大理石镶青铜边方板，构成错落式立方体，富有一种重叠味道，显示一种精美的比例，给整个设计一种奇异的无体积感觉，甚至是二维平面的效果，巧妙地表现出风雅而纯净的建筑风格。卢斯(1870～1933年)把美观与适用对立起来，认为凡适用的东西都不必美观，提出"装饰是罪恶"的观点。他设计的斯坦纳住宅（1910年），平面和立面都是对称的，水平排列的简洁大玻璃嵌入立面，窗框不带任何装饰。斯坦纳住宅被认为是预示国际风格的重要建筑。

(4) 芝加哥学派（1983～1989 年兴盛于美国）

该学派主要成就是在高层建筑造型与结构方式上：认为建筑应反映新技术的特点，寻求技术和艺术的有机统一，造型趋向简洁；探讨新技术在高层建筑中的应用，创造了高层金属框架结构和箱形基础；认为高层建筑应注重空间、光线、通风及安全等四个方面，为世界高层建筑的发展积累了不少有益的经验。

沙利文（1856～1924 年）把高层建筑造型归纳为三段式，即把建筑立面划分为基座、标准层及屋顶出檐，各部分用不同的形式处理，其中标准层占立面高度的比重大，要突出其垂直特点，并加强边墩。1895 年建成的布法罗信托银行大厦是沙利文三段法立面的典型作品。沙利文在 1900 年提出了"有机建筑"的论点，即整体与细部、形式与功能的有机结合，强调"形式服从功能"。

(5) 德意志制造联盟（1907 年起源于德国）

此时德国正在大力发展新型工业，德意志制造联盟致力于设计出真正符合功能与结构特征的工业建筑。其代表人物是贝伦斯（1868～1940 年）。虽然钢和玻璃早在 19 世纪就被当作建筑材料使用了，但是，由于当时大多数建筑师还是偏爱古典样式，工程技术与建筑艺术是脱离的，没有很好地发挥钢和玻璃作为建筑结构的特性。贝伦斯设计的柏林通用电气公司透平机制造车间和机械车间（1909 年），以钢结构为骨架，屋顶由三铰拱构成，避免了柱子，形成了开敞的大空间；外墙柱墩之间都是窗户，满足了车间采光要求。整个建筑造型简洁，摒弃了任何附加的装饰，符合工业建筑的要求，标志着建筑艺术与工程技术的重新结合，被称为现代建筑史上的里程碑。

这里，还应提及的是贝伦斯建筑事务所，格罗皮乌斯、勒•柯布西耶和密斯等先后在这里工作过，深受贝伦斯的影响，三人侧重点不同：格罗皮乌斯持建筑工业化的观点，勒•柯布西耶注意了建筑艺术与工业时代的关系，密斯则继承与发展了严谨而有规律的手法，使现代建筑学派更加丰富多彩[1]。

(6) 法国建筑师对新结构、新材料的应用

20 世纪初，法国建筑师贝瑞（1874～1955 年）是法国最早用钢筋混凝土建筑房屋的建筑师之一。在设计中，他不单是考虑结构方面的要求，还追求钢筋混凝土在艺术造型方面的表现力。贝瑞设计的巴黎富兰克林路

---

1 刘先觉.密斯•凡•德•罗 [M].北京：中国建筑工业出版社，1992：5。

25 号公寓（1903 年），是一座 8 层高的钢筋混凝土框架建筑，通过结构计算确定框架的粗细。框架暴露在外面，上饰面砖，其中填以与框架面砖的色彩与质感不同的陶瓷墙板，不加任何装饰，但外表丰富多彩。他设计的另一座建筑，巴黎蒙玛尔特教堂，是第一个完全不用墙的钢筋混凝土结构的教堂。这是哥特建筑师梦寐以求但始终没能如愿以偿的事情。

法国建筑师戛涅（1869 ~ 1948 年）也对钢筋混凝土结构情有独钟。他曾为"工业城市"做了一个巨大而富于幻想的"假规划"，设想中城市建筑物都是钢筋混凝土结构。1916 年，法国建筑师欧仁·弗雷西内（Eugene Freyssinet）在巴黎近郊建造了一座飞机库，采用了抛物线形的钢筋混凝土拱顶，跨度达 96m，高度达 58.5m，拱肋间布置采光玻璃，整体造型别致、新颖。

### 5.3.2 现代中期建筑形态的发展

第一次世界大战结束后，古典复兴的建筑仍然相当流行，一些建筑虽然采用了钢或钢筋混凝土的结构，但外表还是古典样式。但是，由于社会物质文化的迅速发展，对建筑的功能要求逐渐多样化，房屋的体量和层数与城市人口成正比，人口变多，房屋的体量与层数也逐步增长，从而大大改变了建筑的结构与材料，采用古典样式必然带来多种矛盾和困难，因此，保守建筑师已经渐渐分化，在建筑界所占比重大大减少，而革新派建筑师逐渐成长并成熟起来。

第一次世界大战后，欧洲的经济、政治条件和社会思想状况给主张革新者有力的促进：第一，战后初期的经济拮据状况，严重打击了讲求奢侈虚华的复古思潮，促进了建筑讲求实用的倾向；第二，20 世纪 20 年代后期工业和科学技术的迅速发展以及生活方式的改变，要求建筑师突破陈规，汽车和航空交通的迅速发展，无线电和电影的普及、科学研究、体育、教育、医疗等事业的进步带来了许多新的建筑类型，新材料、结构和施工的进步等等，都迫使建筑师改革建筑设计方法，创造新型建筑；第三，十月革命的胜利和战争等因素，使得战后欧洲社会意识形态领域涌出了大量的新观点、新思潮，反映在建筑界，呈现出空前活跃的局面，主张革新的人越来越多，出现了各式各样的设想、观点和实验。其中比较著名的有表现主义、未来主义、风格派和现实主义等，对新建筑形式和新结构、新材料的关系进行了探索。

（1）表现主义（20 世纪初期最先起源于德国、奥地利）

认为艺术的任务在于表现个人的主观感受、激情和幻想，在建筑创作中，常以奇特、夸张的造型象征时代、民族、个人感受，代表人物是门德尔松（1887 ~ 1953 年）。门德尔松设计波茨坦爱因斯坦天文台（1920 ~ 1921

年）充分利用混凝土材料的连续性和流动性，呈现出流线型造型。他于1927年设计的肖肯百货大楼，利用钢筋混凝土悬臂楼板结构支撑贯穿着整个弧形立面的水平向玻璃窗，体现了对新结构的创造性应用。

（2）未来主义（1909年最先起源于意大利）

20世纪开始时，随着科学技术的发展，人们的生活也发生了很大变化。速度和技术成为时代的两大特征，未来主义的建筑家们也要在实践中体现这两大特征。其中最有代表性的是年轻的建筑家圣埃利亚起草的《未来主义建筑宣言》。他在"宣言"中阐明新材料如水泥、钢铁、玻璃、化工产品已替代传统的木石材料，因而主张简便轻灵的建筑形式应取代笨重庄严的建筑造型。他的建筑设想表现在一些新城市的方案构图方面，如多层街道带立体交叉，并有飞机跑道的设计等，他设想以最新的材料来进行建筑设计，并表现出时代的精神和特征。

然而，未来主义在建筑领域多停留在设计尝试和幻想中，在实际上并没有产生什么特点鲜明的建筑。即便到了20世纪30年代，未来主义建筑风格仍不鲜明。倒是圣埃利亚起草的《未来主义建筑宣言》成了他本人以及未来主义建筑思想的重要成就。

（3）风格派（1917年最先起源于荷兰）

也叫新造型派或要素派，该学派认为最好的艺术就是基本几何形象的组合与构图，几何形式可以脱离内容而单独存在，提倡从个人情感中释放艺术，追求普遍的、客观的、在所谓对时代的普遍理解上建立起来的一种的形式。"风格派"的理论反映在建筑创作中，就是精确而有组织地构成建筑形式的基本要素，按照几何构成原则组合墙面、门窗、平台及雨棚等。在建筑造型中，经常采用纯净的几何形体，如正方、长方、三角、圆形等构图，提倡无色、无饰、以光板材料作墙身。立面不分前后左右，依靠简化成红、黄、蓝以及中性的黑、白、灰三种颜色来起划分作用，打破室内封闭感与静止感而向外扩展，成为内外渗透的时空结合体。

风格派的代表人物是万特霍夫、奥德、里特维尔德和依斯特恩。代表作包括依斯特恩和杜斯堡所做的罗森堡住宅（1923年），该建筑强调的是建筑物简洁的体量，以重点突出的垂直烟囱墩子为中心，调整一系列向外伸展的翼部。在中心体量里打开了内部空间，并带有挑出的露台。另一个代表性建筑物是乌德勒支的斯劳德夫人住宅（1924年），由里特维尔德设计。整个建筑由简单的立方体、光光的板面、横竖线条和大片玻璃组成。以纯净的几何形体为要素的构图手法直率地表现了风格派的造型观。

（4）构成主义（1920年左右最先起源于俄国）

构成主义建筑的奠基者塔特林、加波和佩夫斯纳，于1920年在莫斯科发表了《现实主义宣言》，阐明了构成主义的目的，在观点和手法上与风格派类似。构成主义建筑著名作品有塔特林设计的第三国际纪念塔模型（1919 年），用铜制露明螺旋式骨架，骨架内悬挂两座圆筒形玻璃会堂，彼此用不同速度相互转动，轻灵骨架形成的内外空间交织在一起，既是雕塑又是建筑，成为典型的技术加艺术的合成体。梅尼可夫设计的巴黎国际现代装饰工业艺术博览会苏联馆（1925 年）也是构成主义的代表作。展览馆是用现代化技术施工建成的木建筑，长方形平面，高两层，扶梯位于对角线上。正立面一半玻璃，一半敞开。从馆外可见扶梯，扶梯一侧是三角格架竖塔。

以上四种主义对新建筑形式进行了探索，再加上现代前期对于建筑新形式的探索，虽然没有从根本上解决当代建筑面临的根本性矛盾，但是积累了突破建筑旧形制的经验和方向。尤其是第一次世界大战后欧洲社会经济条件下，建筑发展中久已存在的各种矛盾激化，创造新建筑的任务更加尖锐地摆在建筑师的面前。在 20 世纪 20 年代，出现了一批思想敏锐而且具有一定建筑经验的年轻建筑师。以格罗皮乌斯、勒·柯布西耶、密斯·凡·德·罗和赖特为代表的现代建筑"风格派"，主张建筑要系统而全面地改革，他们的建筑思想成熟于现代中期，但是其成就对 20 世纪 20 年代以来的建筑起到了重要的推动作用。这些建筑师的设计思想的共同之处在于[1]：重视建筑物的使用功能，提高建筑设计的科学性，注重建筑使用时的方便和效率；注意发挥新型建筑材料和建筑结构的性能特点；提高建筑的经济性，倡导以最少的人力、物力、财力建造出合用的房屋；主张创造建筑新风格，强调建筑形式与内容的一致性；废弃建筑结构之外的外加装饰。这些建筑观点被称为建筑中的"功能主义"，或"理性主义"、"现代主义"，为了把这种建筑思想同其他流派区分开来，特别是与 20 世纪后半叶出现的现代主义之后区别开来，人们习惯称之为 20 年代欧洲现代建筑思潮。

（1）格罗皮乌斯

格罗皮乌斯（1889 ~ 1969 年）被称为现代派建筑的奠基者。1911 年格罗皮乌斯和梅耶尔设计了法古斯鞋楦厂。这是一座前所未见的玻璃幕墙工业建筑，从中可以看到非对称构图、简洁的墙面、无挑檐的平屋顶、大面积玻璃及取消柱子的转角。这些都与新材料、新结构、新功能相一致，从形式和结构上完全符合工业建筑的要求和钢筋混凝土结构的性能。因此，被称之为新建筑真正开端的标志。格罗皮乌斯特别强调现代工业的发展对建筑的影响，是最早主张建筑工业化的建筑师之一。他认为："在各种住宅中，重复使用相同的部件，就能进行大规模的生产，降低造价，提高出租

---

1 同济大学 . 外国近现代建筑史 [M]. 北京：中国建筑工业出版社，1984：65。

率。"[1] 关于艺术和技术的关系，他认为："艺术的作品永远同时又是技术上的成功。"

1919年，格罗皮乌斯担任包豪斯校长。在包豪斯期间，他的最大建筑成就是包豪斯校舍的设计。包豪斯校舍由设计学院、实习工厂与学生宿舍区组成，采用了钢筋混凝土框架结构和砖混结构，一律采用平屋顶，外墙面用白色抹灰。建筑形式一改学院派烦琐的建筑形制，完全从功能上进行考虑，运用不规则构图的灵活性，使之符合现代建筑结构和材料的特性。格罗皮乌斯以自己的实践证明，把实用功能、材料、结构和建筑艺术结合起来，可以降低造价，节省投资，并创造出清新活泼的建筑形象。有人称包豪斯建筑群是建筑史上的杰作并认为是新建筑成熟的标志，是为国际风格的形成奠定基础的重要建筑之一。

（2）勒·柯布西耶

勒·柯布西耶在他的著作《走向新建筑》中表达出这样一种观点：19世纪以来因循守旧的建筑观点应该被彻底否定，同样的，他反对复古主义和折中主义的建筑风格，应该极力弘扬一种符合新时代精神的新建筑。他认为轮船、汽车和飞机等机器产品是表现新时代精神的产品，它们不受旧样式和习惯势力的束缚。这些机器产品，它们有自己的标准，而这些标准是经过长时间的实验得出的，合理地解决问题和分析问题是这些标准建立的基础[2]。从这些产品显示出"我们的时代正在每天决定自己的样式"。同时，他十分赞同工程师的工作方法，认为工程师采用新的数学公式等新科学技术方面，和时代是同步的，值得建筑师学习（图5-16）。在书中他说："工程师的美学正在发展着，而建筑艺术正处于倒退的困难之中。"他认为，结构能够产生建筑形式，建筑师应当向工程师学习，采用新的建筑材料——钢铁和混凝土，创造符合时代精神的建筑样式。他所喜爱的结构是"非活性模式钢筋混凝土平板结构技术"[3]。这种平板能够同时跨在两个方向上，并且能够在周边柱之外形成悬臂。在他的一张著名设计图中，他表达了这种结构作用效果（图5-17）。勒·柯布西耶设计的多米诺住宅，出色地表现了钢筋混凝土结构所具有的连续性的优势，双向跨薄楼板被直接支撑在柱网上，楼梯在两个主方向上提供结构支撑。后来，他提出了著名的论断"住房是居住的机器"，即用工业化方法大规模建造房屋，以减少房屋的组成构件，降低房屋造价。1926年，勒·柯布西耶就自己的住宅设计提出了"新建筑的五个特点"，阐述了结构作用有可能产

1　[英]弗兰克·惠特福德.包豪斯[M].林鹤，译.北京:生活·读书·新知三联书店，2001。
2　同济大学.外国近现代建筑史[M].北京:中国建筑工业出版社，1984:79。
3　[英]安格斯·J.麦克唐纳.结构与建筑[M].陈治业等，译.北京:中国水利水电出版社，知识产权出版社，2003:92-93。

生的建筑机遇：底层的独立支柱、屋顶花园、自由的平面、横向长窗和自由的立面。这些都是采用了框架结构，墙体不再是承重结构后产生的新的建筑特点。

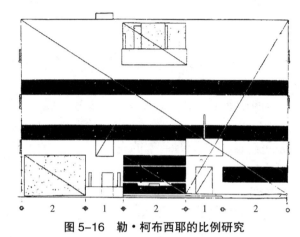

**图 5-16　勒·柯布西耶的比例研究**

来源：贾倍思 . 型和现代主义 [M]. 北京：中国建筑工业出版社。2003：142

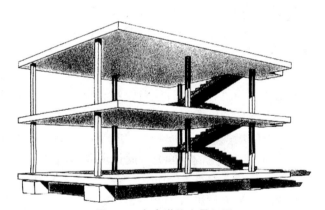

**图 5-17 多米诺住宅骨架图**

来源：[ 荷 ] 亚历山大·佐尼斯 . 勒·柯布西耶：机器与隐喻的诗学 [M]. 金秋野等，译 . 北京：中国建筑工业出版社，2004：33

　　根据这五点原则设计的萨伏伊别墅（1928～1930年），是勒·柯布西耶著名的代表作之一。别墅共有 3 层，采用钢筋混凝土结构，底层三面均是独立的柱子，中心部分为入口、车道、车库和设备用房，上层作为起居和休息空间。各部分都采用简单的几何形体，细长的圆柱，横向的长窗，没有任何装饰的墙面，形成了简单的外形轮廓和极为丰富的内部空间。萨伏伊别墅将现代建筑结构与建筑形态完美结合，被公认为是现代建筑的经典作品。这座建筑的钢筋混凝土结构骨架构件在很大程度上决定了它的整体造型。同时，勒·柯布西耶寻求适宜于"机器时代"的视觉词语的相关探索，也影响了该建筑物的最终外部造型，因而，它也是20世纪现代建筑的视觉语汇表达最充分的一座最重要的建筑。正如在罗马古迹中一样，结构和与结构相关的优越性在这里得到了充分的体现。勒·柯布西耶后期的建筑如马赛公寓或里昂附近的拉土雷特修道院表现了类似的结构与审美范畴的融合。

勒·柯布西耶为巴黎大学设计的巴黎瑞士学生宿舍（1930～1932年），底层用钢筋混凝土结构，二层以上用钢结构和夹有隔声材料的轻质隔断。在南立面上，二至四层全用玻璃窗，形成了一大片玻璃墙，与电梯厅处的实墙面形成对比，形成了与古典式样完全不同的现代建筑造型，被认为是第二次世界大战后流行起来的玻璃幕墙的先声[1]。

在建筑平面形式和应用新型结构上，勒·柯布西耶经常走在时代的前列。在平面上尝试过十字形、板式、Y形、菱形等布局形式；在1937年巴黎博览会上，设计并建立了一座悬索结构的"新时代馆"（30m×35m）；1939年提出了结构新颖的挂幕式展览馆等等。

在建筑结构上，勒·柯布西耶偏爱钢筋混凝土结构，有时为了突出钢筋混凝土，故意夸大结构，马赛公寓大楼粗大的柱墩、昌迪加尔最高法院粗重的雨棚和遮阳板都超出了结构与功能的需要，而是为了反映结构和材料的特性。

勒·柯布西耶晚期作品以朗香教堂（1950～1953年）为代表，充满着浪漫主义与神秘主义的色彩。这时他对钢筋混凝土结构的性能已经相当熟悉，对钢筋混凝土结构的可塑性能进行了再探讨。朗香教堂的平面由许多奇形怪状的圆弧形的墙围成，墙面和屋顶几乎找不出一根直线。倾斜的墙体，大小不一的窗户，使室内空间光线暗淡并带有神秘感，而下坠的顶棚和弯曲的墙面使人仿佛置身于天外世界。这一切符合教堂的要求：人与上帝对话的神秘场所。整个建筑仿佛是一座雕塑般，置身于上天与现实之间。建筑物的墙是白色石料砌成的；向上弯曲和挑出去的屋顶是由钢筋混凝土薄壳构成的，薄壳掩盖了整体和常规的梁柱钢筋混凝土框架。小截面的钢筋混凝土柱被镶在规则网格的砖石墙中，支撑着横跨在建筑物上的梁，同时柱顶支撑着掩盖建筑物边角的屋顶壳。尽管朗香教堂一反勒·柯布西耶早期作品的特点，具有与结构功能无关的复杂形式，但因其规模较小，尤其是在这种雕塑作品中，寻找一种支撑这类形式的结构骨架是不困难的。门德尔松设计的爱因斯坦天文台和赫里特·里特韦尔设计的施罗德住宅，与朗香教堂有着异曲同工之处，都是建筑形式与结构形式无关，因其体量

---

1　吴焕加.中外现代建筑解读[M].北京：中国建筑工业出版社，2010：63。

较小，所以施工难度不大，没有造成材料和人工的无谓浪费。而后来模仿者们，在体量较大时，甚至是摩天大楼中，为了形式而形式，无谓地增加了结构难度和造价，违反了建筑的基本原则，是不可取的，在本章后续章节中将另行论述。

勒·柯布西耶是第一个认真探索了现代大城市问题的建筑师，提出了集中主义与发展高层建筑的设想。他认为现代城市规划也应从现代技术条件下进行改造，城市道路路网格局应有利于各种交通工具在不同的平面上行驶，交叉口应采用立交，高层住宅应有屋顶花园和阳台花园，并提出了巴黎中心区改建方案。他对现代城市的一些设想和建议在以后的一些城市中部分得到了实现。

（3）密斯·凡·德·罗

密斯的建筑风格以讲究技术精美著称，大跨的一统空间和钢铁玻璃摩天楼是密斯风格的具体体现。

密斯是最早研究玻璃摩天楼的建筑师，20世纪50年代后流行的玻璃摩天楼发源于密斯的研究。密斯倾心于玻璃美学的可能性，把发扬技术美信奉为他的建筑哲学，并以极大的热情来对付玻璃材料。他曾在论文《早上的光》中，大力提倡玻璃外表的效果，他说："我尝试用实际的玻璃模型帮助我认识玻璃的重要性，那不在于光和影的效果，而在于丰富的反射作用。"[1]1919～1924年间，密斯对现代建筑的形式进行了研究，提出五个建筑示意方案。其中1922年提出了一座30层的完全用玻璃做成的玻璃摩天楼。塔楼高30层，平面由三个曲线性的平面体组成，从外面可以清楚地看到一层层楼板，他解释说："在建造过程中，摩天楼显示出雄伟的结构体形，只在此时，巨大的钢架看来十分壮观动人。外墙砌上后，那作为一切艺术设计的基础的结构骨架就被胡拼乱凑的无意义的琐屑形式所掩没。""用玻璃做外墙，新的结构原则可以清楚地被人看见。今天这是实际可行的，因为在框架结构的建筑物上，外墙实际不承担重量，为采用玻璃提供了新的解决方案。"[2]在这个方案中，密斯对实际结构没有兴趣，他想到的只是形式。所以虽然建筑模型很美，但是由于结构不合理，没有通风措施（当时还没有空调系统，内部通风只能靠自然通风），在现实中是不可能实现的。

密斯曾在1923年大柏林艺术展览会上展出一幅用木炭画的透视图，这是一座虚拟的钢筋混凝土办公楼。密斯自己解释这个设计构思时说："办公楼是一座工作、组织、简洁和经济的建筑。明快而开敞的工作空间，清晰联通，好像商业本身的有机性一样。用最少的手段获得最大的效果。材

1  刘先觉.密斯·凡·德·罗[M].北京：中国建筑工业出版社，1992：9。
2  同济大学.外国近现代建筑史[M].北京：中国建筑工业出版社，1984：90-91。

料是混凝土、钢、玻璃。钢筋混凝土建筑都是由框架构造做成的，它没有虚假的装饰，没有穿盔甲的塔楼，用柱子和大梁，不用承重墙，也就是说，它是皮与骨的建筑。"[1]

密斯所做的这些虚拟设计，虽然没实现，但对后来现代建筑尤其是高层建筑提供了建造现实性和技术可行性的研究基础。

密斯不断探索着新结构的各种特性，关于钢筋混凝土结构，密斯曾这样说道："根据我的看法，应用钢筋混凝土的主要优点是有机会去节省大量的材料。……钢筋混凝土的不利因素是它隔热的性能不高，并且容易传声。因此必须加上特殊的隔热材料来防止外部温度的变化。处理隔声最简单的办法似乎是将能产生噪声的东西都取消，我正在设想用橡皮贴的楼梯、拉门和拉窗，以及其他类似的预防方法，而且在底层设计中都做得很宽敞。"[2]

1928年密斯提出了"少就是多"的建筑处理原则。1929年在设计巴塞罗那博览会德国馆时，密斯贯彻了这个理念，主厅部分用八根十字形断面的钢柱，上面顶着一块薄薄的简单的屋顶板，隔墙是玻璃或大理石的，都是光光的板片，没有任何线脚和变化。所有构件交接的地方都是直接相遇，不同构件和不同材料间不作过渡性处理，一切都是非常简单明确，干净利索，给人以清新明快的印象。该建筑在博览结束后，被拆除了。而密斯的追随者们，为了纪念密斯，于1986年在原址上进行了复建。

在建筑形式与建筑结构的关系上，密斯认为结构和构造是建筑的基础，"建筑艺术形式是以其内在的结构逐渐成形确定下来的"[3]。他认为，建造的问题是每一位建筑师要直接面对的，建筑师需要充分了解结构的构造，并进行必要的加工处理，使建筑具有时代特征，"这时，仅仅在这时，结构成为建筑"[4]。为体现"少就是多"的原则，他的许多建筑作品都采用了钢结构和玻璃的形式。

密斯承担了美国伊利诺伊工学院的校园扩建规划设计，校园中所有的建筑都用钢框架结构，多数采用24英尺×24英尺的平面格网，钢框架直接显露在外，框格间是玻璃窗和清水砖墙。1950年建成的范斯沃斯住宅是一座用钢和玻璃造的小住宅，像一座非常精致考究的亮晶晶的玻璃盒子。芝加哥的西格拉姆大厦（1954～1958年）是密斯1919年提出的玻璃摩天楼的现实体现。大楼主体建筑38层，高158m，钢结构。由于防火需要，高层建筑中真正承重的钢结构都用混凝土包裹起来了，看不见，因此密斯

1  刘先觉. 密斯·凡·德·罗 [M]. 北京：中国建筑工业出版社，1992：13。

2  刘先觉. 密斯·凡·德·罗 [M]. 北京：中国建筑工业出版社，1992：13。

3  张似赞. 密斯·凡·德·罗的建筑思想 [J]. 建筑师，2007（1）：8-24。

4  同济大学. 外国近现代建筑史 [M]. 北京：中国建筑工业出版社，1984：95。

在窗棂外皮上贴了铜质工字型钢，给建筑增加了暖色调，显得格调高雅。

在高层建筑的发展史上，密斯设计的湖滨公寓（芝加哥，1951年）具有重要的地位。钢结构形成了格子网式的建筑外墙，中间嵌以玻璃，模数化、标准化的建筑构件，使建筑具有强烈的工业化时代的现代感。这是一座高层居住建筑，后来成为高层办公楼的原型。

密斯对于新结构、新技术和新材料，尤其是对钢和玻璃性能的把握和运用，以及在高层建筑、钢结构玻璃摩天楼方面，技术与建筑艺术相统一的理念，对后来的现代主义建筑以重要的启示。

（4）赖特

美国建筑百科全书曾对赖特做过如下的总结："……他是富有诗意的幻想家和艺术家，是注重实效的工程师……他是一位艺术家，他所偏爱的表达工具正是建筑"。[1] 20世纪初期，美国的建筑界正流行着折中主义，许多公共建筑虽然采用了钢结构，但外表却表现为石砌的欧洲古典形式。赖特对这种不加思索的抄袭极为反感，他讽刺说："假如希腊时代就有了钢和玻璃，那我们今天就没事干了。"他开始探索在建筑中反映时代精神的方法。

赖特曾在美国威斯康星大学接受过土木工程教育，这使赖特建筑作品的突出特点是建筑功能、建筑结构与建筑形式的有机统一，充分发挥材料的力学性能，并注重运用各种新技术、新材料和新设备。

在设计拉金公司大楼（1904年）时，为了隔绝外部的烟尘和噪声，赖特设计了一个顶部有天窗采光的封闭主体，而为了解决封闭空间的通风换气，在美国历史上第一次全面运用了空调系统，整个内部装修全部用防火材料，还使用了当时的新工业产品，如金属家具、新式办公工具和悬挂抽水马桶等。

赖特对建筑结构的尊重尤其体现在日本帝国饭店（1914年）上。日本是一个多地震国家，为了抗震，赖特和结构工程师缪勒一起，选择了悬臂结构和浮筏基础相组合的基础形式。上部建筑通过一层密实的混凝土柱桩将重量传递到下层的淤泥层，由这层淤泥层"浮起"整个上部结构。这种结构形式使得帝国饭店经受住了1923年日本大地震的考验，周边建筑都倒塌了，而它却安然无恙，成为周边民众的避难所。赖特还尊重当地文化，在帝国饭店的外墙饰面上，选用了日本本土的火山熔岩，使建筑具有浓郁的日本本土特色。

流水别墅（1936年）是赖特的代表作之一。采用了钢筋混凝土结构，充分发挥了钢筋混凝土悬臂梁的悬挑能力，使别墅与周围自然风景融为一体，凌驾于流水之上。赖特在设计"西塔里埃森"（1938，赖特冬季工作

---

1 项秉仁.赖特 [M].北京：中国建筑工业出版社，1994：9。

和居住的场所）时，用帆布和木料建造了一个能适应沙漠气候的建筑，建筑布局随意，与沙漠融为一体。这两座建筑很好地诠释了赖特的"有机建筑论"。

在约翰逊制蜡公司办公楼的结构处理中，赖特创新性地采用了自承重的支柱体系，柱子是上大下小的钢丝网水泥做成的，到顶端展开成18英尺直径的圆盘，这些柱顶圆盘联合起来形成了屋顶，中间的空档之处覆以玻璃形成天窗。赖特将钢筋混凝土和玻璃的特性发挥到极致。古根海姆博物馆（1959年建成）是赖特发挥钢筋混凝土材料的可塑性的又一实验。

这些实验也带来了许多负面的东西，比如约翰逊制蜡公司办公楼屋顶漏雨，古根海姆博物馆的螺旋展览厅无法正常悬挂画作等等，赖特是为展现结构而结构，为造型而造型，对建筑的功能反而考虑得较少，正如隈研吾在《负建筑》中所说的：这几座建筑适合摄影，宣传效果极好。

赖特在反对古典式样，推广新技术、新结构方面，在现代建筑发展史上占有重要的地位。同时，赖特还是位教育家，他的"塔里埃森"和"西塔里埃森"，同时还是学校，他的学生通过参与他的建筑实践活动得到启蒙。

### 5.3.3 现代后期建筑形态的发展

第二次世界大战后，尖端科学的发展日新月异，对建筑产生了强烈的刺激和影响。化学工业已经不是单纯的军事工业，开始转向和平时期的民用建设；核物理学、原子能的利用越来越成熟；以钢和石油化工为代表的材料工业快速发展；在科研、生产和管理的领域中，电子工业得到了大力的推广和应用；甚至于宇宙飞船和人造卫星的快速发展都为建筑提供了发展的契机，并且对其提出了新的要求，刺激人们思想的转变。科学技术的快速发展，促使建筑创新活动空前活跃，新建筑思潮层出不穷。

第二次世界大战后西方各国的建筑活动与建筑思潮的发展大致分为三个阶段：一是20世纪40年代末到50年代下半叶的恢复时期，是现代主义建筑普及、成长与充实时期。二是20世纪50年代末到60年代末的空前兴旺期，新生代建筑师以新的理念挑战传统的现代建筑观念，现代建筑在形式上出现了"百花争艳"的局面。三是20世纪60年代末至今，一些西方发达国家由于经济衰退和石油危机而进入发展停滞时期，而不发达国家则继续活跃。此时，现代建筑仍占主流，但因过分信赖技术和"国际式的白色方盒子风格"，引起普遍反感，出现了"现代建筑已经死亡"的后现代建筑言论和建筑作品。

后现代（Post-Modern）一词最早出现在20世纪60年代，后现代主义越来越成为一种术语，并且是涉及范围特别广、具有强大有包容性的一种术语。人多数的学者认为，后现代的"后"字有双重含义：对现代主义的继承与超越；或后现代代表了一种学术或思想的潮流，过于冷漠、平淡和简单化的国际式风格和现代建筑运动中的片面的、偏激的倾向都是其批判的对象。当代德国的文学评论家 M. 科勒在《后现代主义：一种历史观念的概括》中说过，尽管人们还在争论这一领域的特征究竟是由什么构成的，但是专业术语"后现代"这个词已经出现在第二次世界大战各类文化领域中，这种现象将表明某类态度与情感上的改变，进而使得这个时代变成了"现代主义之后"。

后工业时代到信息时代过渡时期，出现了很多后现代建筑流派，如解构主义、结构主义、新折中主义等等，《外国近现代建筑史》中将现代后期建筑形态分为九大类。这些流派的普遍特点是运用当代的科学技术，以自己对时代主题的不同理解，创造出多种多样的建筑形态，而不像现代建筑之初那样，追求全球建筑的同一性。建筑师们受到技术乐观主义的影响，从而引发了更多的创新和尝试，一方面采取措施应对土地的日益减少和人口不断增加的压力，一方面强调建筑结构和材料效能。20 世纪 70 年代的中期，地球的生态环境越来越恶劣，直接影响了人类的生存质量，人们开始全方位地进行反思，从反思过度依赖技术，到建筑中的种种浪费资源的现象，并着力批判单一的强调功能与技术的观念，多元化的研究开始受到重视，从而涌现了一批强调功能多样化的建筑思潮[1]。

### 1. 从艺术出发的后现代建筑流派

20 世纪前期的现代主义建筑代表人物关注的是建筑事业改革进步的问题，思考比较全面而偏重理性。20 世纪后期，西方建筑舞台上出现了后现代建筑、非建筑（non-architecture）、否建筑（de-architecture）、反建筑（anti-architecture）、结构主义、解构主义等等流派，关注的重点只在建筑艺术这一方面，重视建筑的感性表达。这些流派的出现大多是受社会哲学和艺术流派的启发而在建筑上的实验，以反对早期现代建筑过度追求机器生产，不以人文本等。

### （1）后现代主义

文丘里《建筑的复杂性与矛盾性》中提出：建筑艺术必定是极其复杂和充满矛盾的，将社会上各种问题、技术、艺术、环境以及功能完善处理，不能以一种"国际式建筑"来解决所有的问题，以此来反对某些将"国际式建筑"作为放之四海而皆准的教条的现代主义，被认为是后现代建筑理

---

1 周铁军，王雪松 . 高技术建筑 [M]. 北京：中国建筑工业出版社，2009：23。

论的奠基人[1]。

20 世纪 60 年代兴起的波普艺术及其他大众艺术流派是文丘里建筑观念的重要基石，特别是波普艺术。从侧面反映了当时商业高度发达的美国社会的文化现象：少英雄主义，对崇高和正统兴趣不大，更注重消费、广告效应、标新立异和引人注意。文丘里认为：并置或重叠异样的形状、有差异的尺寸及比例或是具有风格迥异倾向的元素与部件，产生的局面是失调、冲撞、断裂、残缺以及不协调的，有利于应对各种矛盾，他称之为"矛盾共处"（图 5-18）。他还强调建筑物的装饰可以是经过挑选后附加上去的，一座建筑物的门面是古典的，后面可以是哥特的；外部做成后现代主义的，内部可以是地域民族风格的，以此来批评现代主义取消装饰和符号，反对国际式建筑的直白和简洁。他的代表作之一"母亲的住宅"反映了他的建筑观。格雷夫斯设计的美国波特兰市政府新楼（1979 ~ 1982 年，图 5-19），被认为是美国后现代建筑最有代表性的作品。大楼的建筑处理体现了文丘里提倡的手法，如不同尺度的毗邻，形式和颜色的混杂，片段的拼贴以及以非传统的方式利用传统等等。

对立和不能相容的建筑元件的堆砌和重叠

建筑的内部和外观不一定要一致

图 5-18 文丘里《建筑的复杂性与矛盾性》中的插图

来源：吴焕加著 . 外国现代建筑二十讲 [M]. 上海：上海社会科学院出版社，2005：376-377

1 薛恩伦，李道增 . 后现代主义建筑 20 讲 [M]. 上海：上海社会科学院出版社，2005：13。

**图 5-19　格雷夫斯设计的波特兰市政大厦**

来源：吴焕加 . 外国现代建筑二十讲 [M]. 上海：上海社会科学院出版社，2005：385

吴焕加认为，以文丘里为代表的后现代主义建筑是建筑界的一种趋向，基本不涉及建筑的功能实用、技术经济等物质方面的实际问题，只关心建筑形式、风格、建筑艺术表现和建筑创作的方式方法等。从本质上，还是应当归类在现代建筑范畴中，是现代建筑的一个变种，变化主要是在形象方面和美学观念方面，反映的是当时西方社会的后现代主义文化的特色[1]。

（2）结构主义和解构主义

20 世纪前期，产生了一种有重大影响的哲学思想——结构主义，主要是指一种认识和研究事物的方法，其中结构是指"事物内部各个要素固有的并且相对稳定的连接方式和组织方式"。结构主义认为"一个由两个以上要素按照一定方式结合起来的整体，其中各个要素之间确定的组合关系就叫做结构"。结构主义强调的是结构有相对的有序性、稳定性与确定性，强调把认识对象看作是整体结构，认为事物的现象不是最重要的，最重要的是它的深层结构或内在结构。社会学、人类学、历史学与文艺理论等方面的研究都引用过结构主义，并取得了不少的成就。

1966 年法国哲学家德里达在一次学术会议上，全面攻击结构主义的理论基础，认为结构主义已经过时，并质疑西方人几千年来确信的真理、思想、理性、意义等，传统的形而上学的一切领域和一切固有的确定性都受到了解构主义的攻击，他认为应该推翻一切的既定范畴、界限、概念和等级制度。

---

1　吴焕加 . 外国现代建筑二十讲 [M]. 北京：生活•读书•新知三联书店，2007：394。

德里达的理论被称作解构主义哲学。解构主义哲学出台后，在西方文化界引起了解构热，不可避免地，在建筑界也出现了解构主义流派。

弗兰克·盖里、库哈斯、哈迪德、里勃斯金、蓝天组、屈米和埃森曼等7名建筑师的10件作品于1998年在纽约大都会现代美术馆举办的"解构建筑展"中展出。吴焕加认为，所谓的解构建筑并不是把建筑物真正地分解掉，一个房屋要正常使用，设计者不可以否定设备、不可以拆解结构，不可以把实用功能取消了，实际上解的是建筑构图的"构"，也只是形式上的玩弄。解构建筑的特征可归纳为散乱、残缺、突变、动势、奇绝等。

参加解构展览的建筑师不是每个人都承认自己是解构大师，而埃森曼却自认为是解构建筑大师，他认为取消体系、反体系是解构的基本概念，他不相信先验价值，宣称解构哲学在建筑设计中应该被充分运用，采用解图、编造、虚构基地等方法编构出比现有的基地更多的内容等等（图5-20）。

**图5-20　埃森曼俄亥俄州立大学视觉艺术中心**

来源：薛恩伦等. 后现代主义建筑20讲 [M]. 上海：上海社会科学出版社，2005：112

盖里也被看作是解构主义建筑的代表人物。盖里从自己的住宅改造入手，把一些粗糙的原材料裸露在外，且不加装饰和处理。添建的部分形状极不规则，不论在用料上，还是造型和风格方面，都与原有保留部分冲突着，以至于有市民认为他是把建筑垃圾放到街道上了。后来，盖里设计的德国维特拉家具博物馆（1987年）、瑞士某家具公司总部（1992～1994年）、明尼苏达大学魏斯曼美术馆、加州大学艾尔文分校某建筑等，建筑造型都好像是许多奇形怪状的体块偶然拼凑在一起的。在加州大学艾尔文分校的建筑，有人认为是"校园中最丑的建筑",而校长则认为,这座建筑能够吸引人来校参观,在某种程度上增加了学校的知名度,虽然参观的人不一定喜欢它。

盖里比较有代表性的作品是西班牙毕尔巴鄂古根海姆博物馆(1997年)。博物馆建筑的石质基座比较规整,但是主体造型则异常复杂、扭曲,外表面采用的是钛金属,使得这个美术馆像一个天外来的披着银色盔甲的怪物。造型的不规则带来内部结构的复杂,其内部用的钢构件没有两件长度是相同的,建造这样的房子要用建造巨型轮船的技术,而且比巨型轮船更为复杂。这样的建筑物如果不是电脑绘图的话,根本不能完成。不仅绘图如此,建造这样的建筑物,还需要有电脑控制技术——准确加工曲面材料并精准施工,以确保每个部分能够相互衔接。盖里曾感叹:"我看到30m高的空中,建筑的曲线同我的设计准确吻合,我惊住了。"

盖里的最新作品包括西雅图音乐中心、麻省理工学院某中心、纽约新古根海姆美术馆等,都有着类似的造型特征(图5-21)。对于他的建筑,各方褒贬不一。在毕尔巴鄂古根海姆博物馆落成时,有人说它是一朵金属花,有人则说是一艘怪船;《纽约时报》评论纽约新古根海姆美术馆,像由玻璃和钛组成的一片云朵漂浮在东河的平台上,打破了沉闷的街景和呆板的思想;而2001年福布斯和2008年CNN则将西雅图音乐中心评为"世界十大丑陋建筑"之一(在后面章节中还有论述)。

**图5-21 盖里迪士尼音乐厅手绘图**
来源:王博.世界十大建筑鬼才[M].武汉:华中科技大学出版社,2006:187

盖里在谈到自己的艺术理念时说:"当我和艺术家们在一起时,我感觉是在家里;而当我和建筑师们在一起时,我感觉自己是个外人"。[1] 实际上,盖里是在用艺术家的语言来表达建筑,他把建筑当作雕塑,"当作一个空

1  王博.世界十大建筑鬼才[M].武汉:华中科技大学出版社,2006:177。

的容器、当作有空气和光线的空间来对待，对周围的环境、感觉与精神做出适宜的反应"。[1] 盖里的解构建筑中含有形式主义的倾向，即便功能上无问题，但要以财力物力的浪费为代价。

后现代时期的其他流派诸如"粗野主义"、"典雅主义"等也都是在建筑造型上下功夫。如"粗野主义"。最早提出"粗野主义"的是史密森夫妇，其特征是毛糙的混凝土、沉重的构件和它们的粗鲁组合。史密森夫妇受密斯和勒·柯布西耶的影响，认为建筑形态应最大限度地发挥材料的性能，使建筑结构得到最真实的体现，将房屋的服务型设施展现无遗。勒·柯布西耶设计的马赛公寓和昌迪加尔行政中心、史密森夫妇设计的亨斯特顿学校（1949～1954年）、英国斯特林设计的兰根姆住宅（1958年）、美国鲁道夫设计的耶鲁大学建筑与艺术系大楼（1959～1963年）和丹下健三设计的仓敷市厅舍等被认为是粗野主义的代表作。它们的共同点是讲求功能、技术与经济，并强调钢筋混凝土结构的自由与强壮。在外表上，直接采用混凝土墙面，有些甚至连模板的痕迹都留着，显得粗糙、笨重。后来，这种"素混凝土墙面"和钢筋混凝土结构，被精细化，建筑外形典雅、优美了许多，并与"粗野主义"对应被称为"典雅主义"。美国建筑师约翰逊、斯东和雅玛萨奇等是其代表人物。

这些流派多从建筑艺术和建筑造型的角度来显示自己与早期现代建筑的区别，是一些带有实验性质的建筑艺术流派，演变极快，极不稳定，因其过度追求所谓的"建筑艺术"，含有一些非理性的倾向，流行时间都不是很长或范围不是很广，但对后来的建筑发展起到一定的启发作用。这个时期随着科技的不断发展，新的建筑流派不断涌现，如新陈代谢派、结构主义、解构主义等等，从流派的表面字意中也可以看出他们对其他学科尤其是物理学、生物学等的关注，从侧面上印证了科学技术的发展是建筑形态演变的内在动因。

### 2. 高技派

如果说现代主义宣言是《雅典宪章》，那么在1953年CIAM第九次会议上，以英国的史密森夫妇等人为代表的一些建筑师向《雅典宪章》中的居住、工作、游憩和交通四大功能主义提出了挑战，认为时代的主题应当是建筑功能多样化以及效率。富勒提出了Dymaxion思想，论述了技术与人类生存的关系，认为应最大限度利用能源，以最少结构提供最大强度，并在1968年提出一个大胆的设想：为抵抗空气中的各种尘埃、辐射，整个曼哈顿中心区应该用一个大壳罩起来。这个思想在蓬皮杜艺术中心中有所

1　吴焕加. 外国现代建筑二十讲 [M]. 北京：生活·读书·新知三联书店，2007：419。

体现，为保证室内最大的灵活性，建筑师不仅将所有的建筑设施放在室外，而且室内也采用了跨度达 50m 的桁架结构；福斯特设计的英国塞恩斯伯里视觉艺术中心中，采用双层墙体和跨度达 33m 的钢框架，将双层墙体的空腔服务于设备的安装和维护，从而获得了更为灵活、有效的空间。由富勒的 Dymaxion 技术之上衍生出了高技派（Hi-tech）。

"Hi-tech"一词首先出现在美国，我国建筑领域对这一概念的引入常加以"风格化"的理解。而国外学者在评论高技术建筑时，对这种风格化的解释普遍持批判的态度，"那些流行一时的高技派建筑的理论基础，以其奇特、夸张或庸俗而闻名于世，其思想是十分浅显的……"，"高技术建筑师同意所有关于高技术建筑的观点，除了将其看成一种风格……"

通过借鉴国内外学者的研究成果，可以尝试对高技术建筑概念作如下的陈述：高技术建筑具有相对性特征，它是利用当时条件下的先进技术，实现和满足社会发展的需求，通过新技术的集成，改善和提高人类的环境质量，并在创作中极力表达和探索各种新美学思潮的建筑类型。

周铁军和王雪松用表格的形式描述了高技派发展史　　　表5-1

| 发展史 | 高技术建筑的历史 | | | 高技术建筑的发展 |
|---|---|---|---|---|
| 阶段 | 第一次工业革命 | 第二次工业革命 | 第二次世界大战后至20世纪末 | 21世纪初至今 |
| 社会需求 | 工业化生产模式、交通设施的建立 | 城市建设与商业活动频繁、人口增加、土地价值的显现 | 战后重建、资本积累、土地利用 | 可持续发展 |
| 技术创新 | 材料技术 | 结构技术、设备技术 | 结构、材料、设备 | 数字化技术 |
| 美学思潮 | 复古主义、未来主义、洛可可艺术 | 现代主义 | 产品主义 | 多元化 |
| 存在方式 | 模数化设计与装配式建造、大空间的工业建造、关注传统形式的表达 | 高层建筑、大跨度建筑、新形式 | 功能效率、未来的探索、产品主义 | 生态化、数字化建造、形式的多样性 |
| 表现形式 | 将传统建筑结构的兴趣作为形式创作的源泉 | 抽象、透明、建筑空间造型和组织不再受材料和结构的限制 | 空间形态和功能组织不再严格地受自然环境的限制 | 探讨形式上的各种可能性 |

来源：周铁军，王雪松.高技术建筑 [M].北京：中国建筑工业出版社，2009：13

社会发展所引发的社会需求变化是技术创新、美学思潮演变的基石，而技术创新和美学思潮在满足社会发展的同时，也对社会的发展产生了影响和改变。高技术建筑正是存在于这样的社会背景下，在高技术的应用和表现上，这些因素也产生的深刻影响[1]。《外国近现代建筑史》中，将高技派定义为"注重'高度工业技术'的倾向（High-Tech）"，并解释说这个倾向的特点是在新技术被坚决运用到建筑上，并且新技术在美学价值上得到了极力鼓吹[2]。与"粗野主义"、"理性主义"、"典雅主义"等相比较，其分野不在于是否采用新技术，而在于是否真实表达新技术。高技派起源于20世纪50年代，到20世纪60年代，"阿波罗"登月计划等一系列科学技术的成功使得"技术乐观主义"思想发展到了顶峰（表5-1）。代表人物是英国的阿基格拉姆小组、诺曼•福斯特、伦佐•皮亚诺、理查德•罗杰斯、弗兰克•盖里等等。

由伦佐•皮亚诺和理查德•罗杰斯联合设计的巴黎蓬皮杜艺术中心（1977年），采用了钢结构，与众不同之处在于将钢架构和设备管道、线路、扶梯等建筑设施全部暴露在建筑外观上，以创造一个可以完全连续又互不干扰的室内空间。理念有点像"水晶宫"，但是对于建筑结构和材料的把握上显然更进了一步。罗杰斯认为这是一座"综合了电控信息化的纽约时代广场与大英博物馆的特点"的建筑。虽然，建筑空间的流动性和"机器制造"模式的建筑形式使人们对该建筑褒贬不一，另外建筑设施的外挂加速了设施的老化，为了追求内部空间的灵动性和结构的多变性，在结构上有些瑕疵，但是该建筑还是被作为时尚的标志，成为伦敦的旅游景点之一。

罗杰斯继承了现代运动的核心精神，有道德感和社会责任感，他坚信建筑是一门社会艺术，虽然建筑师们无法靠自己的专业去改变社会，但是他们有责任为了世人能享受更美好的世界而努力奋斗，建筑业在构建更加和谐社会和更加人性化世界的进程中应扮演十分重要的角色。1997年罗杰斯被任命为城市建设小组主席，其任务是："在经济和法律制度允许的范围内，本着杰出的设计、和谐社会的理念以及对环境负责的态度，重新构建城市复兴计划。"罗杰斯认为城市应当是紧凑的、多中心的，各种社会功能齐全而环保，而罗杰斯的建筑设计始终贯彻着这一理念[3]。

罗杰斯的许多作品都极大地运用了高科技带来的益处，在他的设计理念中占重要地位的是技术。原有建筑的墙体、房门、房间等很多构成要素被外露的钢铁、玻璃以及管道装备所代替；地板、屋顶和连接部分全部消失，而这些建筑元素在以前是建筑师们想重点表现的。他还运用一种装饰的手法来使用技术和结构，注重细部的刻画，使他的建筑带有浪漫主义的

---

1 周铁军，王雪松.高技术建筑 [M].北京：中国建筑工业出版社，2009：10。
2 同济大学.外国近现代建筑史 [M].北京：中国建筑工业出版社，1984：257。
3 肯尼斯•鲍威尔.理查德•罗杰斯：未来建筑 [M].耿智等，译.大连：大连理工大学出版社，2007。

色彩。在他的设计中越来越注重"绿色"设计,并把生态分析提到更高层面。波茨坦广场方案中,利用公共绿地的草木以及灌溉实现了建筑内的能源和水资源的循环。罗杰斯事务所的建筑师格雷厄姆在参加诺丁汉政府办公大楼竞标时(1992年)为了应和连绵的绿化带,将建筑的顶部设计成一个巨大的弧形,整个建筑造型则根据风、阳光、水以及空气流通等因素而设计,打破了建筑设计依据建筑功能的惯例。虽然这个作品没有建成,但是反映了罗杰斯事务所对于环境因素和环保理念的追求。

耗资12.5亿英镑的伦敦著名"千禧穹顶"建筑在2000年的千禧之际面世,是由罗杰斯设计的,因其高昂的建设、维护费用和不节能等原因,被《福布斯》杂志列为"世界十大丑陋建筑"第一名。同时,《福布斯》也承认,罗杰斯所具有的非凡创造力与想象力在"千禧穹顶"建筑上得到了充分的发挥。建筑评论家方振宁认为,尽管"千禧穹顶"的建筑内部未能得到充分利用,后期利用率太低,维护费太高,但是它的成功之处在于能够与周围的环境相协调。

虽然罗杰斯的建筑存在着一些瑕疵,但是西方人还是欣赏建筑师的艺术性和创造性,因其在建筑设计、城市规划和公益事务方面的突出成就,1991年罗杰斯获得爵士头衔;5年后又被授予勋爵头衔;他是第四个获得普利茨克奖的英国执业建筑师;2006年9月的威尼斯双年展上,他"获得终身荣誉金狮奖"。

澳大利亚建筑师哈里·塞德勒,与结构大师皮埃尔·奈尔维合作,在建筑结构表现主义方面进行了探索。他们一起合作了新南威尔士州政府商场的空间结构(1968年)、新南威尔士州住宅委员会的浮桥结构(1967年)、某临时展览馆(1972年)以及拥有庞大钢结构的悉尼卡皮塔(Capita)中心(1989年),这些建筑都具有高水准的技术表现力。他们的作品中显示出,钢筋混凝土结构不一定要设计成笔直的线条,只要梁柱的剪力、拉力和压力得到清晰的表达,可以把多余的材料去掉,这样的结构是经济有效的,而且建筑造型也可有所创新。

诺曼·福斯特在自己的建筑实践中,始终坚持采用新技术、新材料,他提出:人类文明中包含着技术,反技术就犹如向建筑即文明本身抗议,因而是不成立的。同时,他对高技术的含义进行了更详细的阐述:"高技术不是其本身的目的,它是实现社会目标和更加广泛的可能性的一种手段。高科技建筑同样关注砖瓦砂石乃至木材和手工活"[1]。因此,福斯特的作品中既有采用了航天技术材料等属于太空时代的最新技术的香港汇丰银行(1979~1986年),也有借鉴伊斯兰传统建筑中所运用的建筑降温技术的

---

1 诺曼·福斯特.科技生态建筑[J].时尚家居,2010(1):68。

费雷尤斯专科学校（1993 年）。

　　"适当的技术移植"，是福斯特对采用建筑领域外的先进技术的解释，而这种技术移植的前提是"效果的最大化和方法的适宜性"。他认为民居中"以最少获得最多"建筑构造处理标准，真正体现了"高技术"的含义。在他的名著《走向现代本土》中，阐述了当前环保和节能是全社会所关注的两大事情，生活质量的提高要以此为前提。恰如阿贝尔在评述香港汇丰银行时所说的："香港汇丰银行工程的高造价和许多属于太空时代科技的运用，似乎已使'低技'实验大为逊色。而实际上，福斯特的许多做法表明，他对'高技'或'低技'全无兴趣，他所最为关切的是'适用技术'"。所谓"适用技术"福斯特的广义理解是，在决定采用某项技术时，要根据当地条件判定，而不论其"先进"高低与否[1]。福斯特说："我们实在不理解为什么一定要把'艺术'和'功利'割裂成不相关联的事物。"显然，建筑的内容与形式在福斯特心目中是一个事情的不能分割的两个方面，必须有机结合。

　　福斯特对各类新技术的应用，不仅广泛涉及各个领域的设备、材料等"硬件"，许多高科技"软件"也在他的涉猎范围，而这恰恰反映了他在对建筑技术的理解和运用方面与现代建筑运动宗师们的不同之处，被阿贝尔和张钦楠称为"第二机器时代现代建筑"。福斯特将"高科技"软件概括为：①可灵活使用和发展大空间。营建大空间最常用的手法是，运用先进工程技术形成大跨结构，综合与集中设备管线，使巨大空间不再有使用障碍，变得不再封闭，从而促进不同群体间的社会化组合——已进入人文社会领域的设计思想等等。②引入人类生态学观念，将技术当作是人类生存必不可少的环境因素，而与社会、文化等诸因素同等看待。从过去的文化形态中吸取经验与教训，提倡那些适合人类生态学要求的建造方式。③倡导建筑的智能化，并在一些工程中融入了人文与环境观念等新的设计手法。例如在香港汇丰银行设计过程中，将建筑沿高度竖向划分为"村落"的空间体系，分段组织垂直交通，底层开放城市广场等。在机场设计中采用的无界——灵活平面一体化结构等，这些都使现代建筑设计已不为新技术所束缚，而是将其作为手段，为人类创造与自然和谐的生存空间。因而在设计理念上有了质的飞跃。

　　1974 年，福斯特事务所和结构工程师安东尼·亨特工程事务所联合设计的英国伊普斯威奇市的维利斯、弗伯和杜马斯办公大楼，被看作是相当于萨伏伊别墅之后的现代建筑代表作。结构、空间设计和视觉处理之间的关系在两座建筑物中都十分相似：结构的基本类型与勒·柯布西耶的构图

---

1　窦以德. 中国建筑现代化的维生素——《诺曼·福斯特》编后感 [J]. 建筑学报，1997（11）：49。

相同；虽然采用了曲线平面，允分利用了它的体量，即在内部提供大型无墙空间，楼板朝边柱外悬挑；建筑物有一个屋顶花园，立面图和平面图的自由非结构处理等，均与勒·柯布西耶的"五个特点"相吻合。

由福斯特和亨特设计的另一个建筑实例是在科舍姆的 IBM 英国总公司临时办公楼。由于是临时办公场所，需要控制建造成本和速度，加上地基条件比较差（工地过去是一个垃圾填埋场），所以选择了轻型钢结构体系。采用享有专利的 Metsec 构件简单组装，组装过程既经济又可以现场快速安装，除了叉车外，不需要其他的大型机械设备。同时建筑师还采用了一些处理手法：增加了装饰部件；注重玻璃外墙的细节刻画，使这座临时建筑具有一种典雅的气质，最终形成了较为理想的建筑形态[1]。

自 20 世纪 70 年代以来，以节约能源和资源、减少污染为核心内容的可持续发展的设计理念逐渐成为建筑师追寻的方向，地域气候与本土文化也受到"高技派"的关注，逐渐由只注重表现现代工艺技术转向现代工艺技术与气候环境的结合，形成了独特的"高技派"气候观。从此，新一代的"高技派"转向了真正的功能主义，他们关注的焦点也随之转变为：建筑的灵活性以及城市文脉和生态环境，走向了从"高技术"向"生态技术"迈进的探索之路。建筑师们将每个地区特别的气候因素与先进的设备、工艺、材料与结构相结合，因地制宜，努力使人工建筑环境趋于完美。

福斯特设计的尼姆卡里艺术中心（1978 年）和弗雷尤斯地方中等职业学校都位于普罗旺斯地区，建筑师在大胆选用最新颖、最现代的材料、最为简洁的细部处理的同时，根据当地的各种气候条件，在自然通风与建筑采光等技术环节上，借鉴当地的传统工艺做法，并做出了一系列颇有意义的改动，使建筑与自然环境和城市文脉更加融合，形成和谐有序的整体，为以后完成法兰克福商业银行、柏林新国会大厦等具有世界影响的作品奠定了实验基础。

福福斯特认为，建筑师应当具有社会责任感，关注地球生态环境的变化，关注各种社会问题。当论及节约能源的难题时，他指出应注意建筑能耗占世界能源总消耗的 50% 的现实。生活在贫困线以下的人口仍然有一亿多，占世界总人口的 20%，有些地区甚至没有水，没有电[2]。因此，福斯特在建筑设计时最大限度地采用自然通风和自然采光以降低能耗。他于 1997 年设计的德国法兰克福银行总部是一栋 53 层的生态型高层塔楼，被认为

---

1 [英]安格斯·J.麦克唐纳.结构与建筑[M].陈治业等,译.北京:中国水利水电出版社,知识产权出版社,
2003：92-93。

2 窦以德.中国建筑现代化的维生素——《诺曼·福斯特》编后感[J].建筑学报,1997（11）：49。

是一座能自由呼吸的建筑。福斯特在这栋大厦中采用了交叉自然通风的技术，只要有一扇窗户被打开，便能使新鲜空气流入并穿透整个楼层，然后经"烟囱"中庭升入天空，实现新鲜空气的自交换。除此之外，冷漠隔阂的空间分隔在福斯特的高层建筑中得以突破，每一个办公区域都有一个层叠式的小花园，人们可以到这里喝咖啡、聊天，同时观看长廊的环境，在大厦内部形成了类似都市生活的社区感。北京国际机场 T3 航站楼候机厅拥有接近天安门广场的平面跨度，是全球最大的单体建筑，福斯特创造性地采用了综合的大跨结构，整个空间内有封闭隔断和区域分割，营造出完全开放、明快敞亮并且功能灵活的巨大空间。此外，福斯特还注重研究潜在可再生能源，从生产沼气，利用风能、太阳能到与工业界共同创造风力涡轮发电站、循环系统和能源的回收，甚至他设计的电动汽车也有太阳能辅助系统等。

盖里、福斯特等后现代建筑大师们具有敏锐的设计触觉，对于高科技、新技术和新材料十分敏感，对这些新兴事物的创造性应用，往往能给他们的设计带来出乎意外的建筑形态。如弗兰克•盖里的西班牙毕尔巴鄂古根海姆博物馆，被称为现代巴洛克代表作。盖里的大胆构思能够成为现实，完全得益于航空设计使用的计算机软件。比较悉尼歌剧院，可以看出建筑形态的演进与科学技术之间的内在关系。悉尼歌剧院（1973 年建成）采用了钢筋混凝土结构，有三组尖拱形的屋面系统，分别覆盖音乐厅、歌剧院和贝尼郎餐厅。设计师原意是用薄壳结构，但是当时的结构技术和施工水平不能满足这个要求，只能由许多钢筋混凝土肋组成的。悉尼歌剧院在形态和结构上在世界建筑史上占有重要地位，但若在今天建设的话，则形态还要圆满得多。再如理查德•罗杰斯把原来用于工业产品的聚四氟乙烯的玻璃纤维应用到建筑设计中。罗杰斯在 1999 年设计的伦敦千禧穹顶（见图 5-22）直径达到 358m，最大跨度大约是 255m，采用了由围成环形的 24 根桅杆支撑的穹隆状索网结构，覆盖面由聚四氟乙烯的玻璃纤维制成。

虽然这些建筑大师被冠以"高技派"，但是他们自己很少承认。例如福斯特，虽然技术观、设计观始终贯穿在他的建筑理论和思想中，尤其是他的建筑设计实践中，但对于"高技派"这一称呼，福斯特讥讽道："我喜欢运用'高技术'，是由于在很长的一段时期，我没有看到过其他与'高技术'无关的东西。如果要我找出不是'高技术'的东西，那大概是在建筑师们被从工程建设范畴中排除之后，或在建筑师们全部变成风格主义，变成到处卖弄稀奇古怪的各种风格以及陈词滥调的装饰设计师时，而如果真出现这种情况，对于建筑设计来说是一场危险的灾难。"

当年勒•柯布西耶等人发起的新建筑运动，是为了打破学院派的藩篱，积极响应新时代的到来，把"高度工业技术"作为建筑现代化追求的目标；而到了福斯特这一代人，先进的高新技术是促进人与自然和谐共处的新手段和新理念，通过它们去创造和实现人类与自然和谐的生活环境。随着科学技术的不断进步，人类对于大自然的认识，对于人自身的认识，对于人与环境的认识不断变化，建筑形态也会随着这种变化而不断演变着，这是人类文明发展的轨迹，也是科学技术发展的轨迹。

## 5.4 现代主义之后的非理性建筑形态

人类的认识是一个渐进的过程，寻求真理的道路曲折漫长，期间充满了非理性理论，理性与非理性交织、斗争，才使得人类离事实真相越来越近。以我们今天的认识标准来看，早期哲学家的理论有一些是非理性的，但是我们应当看到，他们当年的研究和思考却是十分认真的，他们的苦思冥想，是人类认识的发展阶梯；同时要指出的是，在非理性理论的研究中，许多学者都是学富五车的饱学之士，这些人在当时都是智者，他们中的不少人，不仅对于哲学，而且对于其他许多领域都有杰出的贡献，因此在叙述他们的非理性理论时，尽管对于他们的相关理论我们持反对意见，但我们对他们个人的人格力量是怀着崇敬之情的。没有他们的努力，我们的认识不能达到今天的高度。正是由于他们在非理性理论方面的贡献，才能产生理性和文明，因为人类的任何进步都是从正面和反面进行探索的，任何正面的和进步的成就，没有与之相辅相成的反面的研究和思考，我们就会寸步难行，更不能找到应对泛滥于当今世界的非理性问题的对策[1]。

人类对宇宙现象的无知和探求，最早表现为神秘宗教和唯心主义。因此可以说，神秘宗教和唯心主义是非理性理论的起源，并成为非理性的哲学基础。古希腊唯心主义哲学家毕达哥拉斯（Pythagoras，约公元前580～前500年）从古代图腾崇拜等"知识"和"经验"中，提出了一整套灵魂不死和生死轮回的学说；虽然他在数学、乐理等领域做出了贡献，但他却将数的概念神秘化，认为"凡物皆数"，意即数是事物的原型，构成宇宙的"秩序"。毕达哥拉斯的理论影响了另外两个重要的哲学家——苏格拉底（Sokrates，约公元前469～前399年）和柏拉图（Platon，公元前427～前347年）。

苏格拉底是柏拉图的老师，柏拉图是亚里士多德的老师。柏拉图在《理想国》、《法律篇》等著作中，公开宣扬灵魂不灭论和神秘的理念，他认为

---

1  绍六 . 非理性 [M]. 北京：中国社会出版社，1998：375-376。

宇宙的原动力是所谓的巨匠（dtmiourgos），是"巨匠"将理念加之于原始的混沌或物质而构成有秩序的宇宙。在美学上，他认为美感是灵魂在迷狂状态中对于美的理念的回忆。西方后来的哲学家，深受柏拉图的影响，将他的理论奉为经典。在漫长的欧洲中世纪，最大的特点是信仰高于一切，理性服从于信仰[1]。

直到 13、14 世纪，随着实验自然科学的萌芽，科学和理性的光辉才开始冲破中世纪的黑暗。到了 15、16 世纪，随着人文主义思潮的兴起，人类的认识才达到前所未有的高度，发展到了一个鼎盛时期。因此，恩格斯认为真正的自然科学是从 15 世纪下半叶才开始。

到了 16 世纪末和 17 世纪，哲学家如笛卡尔（Rene Descartes，1596～1650 年）受到形而上学的思维方式和主观主义经验论的影响，提出了"联想主义"，对现代非理性主义有较大的影响。到了 18 世纪，法国启蒙思想家、作家、哲学家伏尔泰（Voltaire，1694～1778 年），驳斥了宗教关于神的启示以及信仰高于理性的荒谬说教，揭露了教会和教士的腐朽和没落。但他并不反对宗教本身，甚至认为上帝的存在是可能的，说"即使没有神，也应该造出一个来"。后来的德国唯心主义哲学家，如康德的"先天综合判断"，费希特的"自我"的最高原则，谢德林的无意识的绝对精神的自我直观等等，都对现代非理性主义的形成产生重大影响[2]。

一般认为，19 世纪德国唯心主义哲学家、唯意志论者叔本华（Arthur Schopenhauer，1788～1860 年）和尼采（Friedrich Nietzsche，1844～1900 年）的理论，是现代非理性主义的直接来源。现代非理性主义的一个突出特征就是片面夸大作为个人存在的个体属性，夸大个人的感觉、欲望、情绪及本能，并将其绝对化。认为世界从根本上说是无法认识的，而只能靠直觉、顿悟或体验，人们只能通过自我意识去把握自身和世界。德国存在主义哲学家海德格尔（Martin Heidegger，1889～1976 年），认为作为存在的人，其所处的世界是一片虚无，人从现存的情况出发，在一些可能性进行选择，冲进虚无，从而取得自己的本质，使世界有了意义。

当代大多数非理性主义者都存在一种悲观的情绪，认为在命运面前，人是无能为力的：人生就是一场苦难，永远被笼罩在死亡的阴影之下。

理想的和非理性的斗争，从未终止过，在科学技术发达的今天，唯心主义还有相当的市场，西方国家关于人类起源到底是物竞天择还是上帝造人的争论还是一直持续。可以说理性和非理性的交织，才使得人类文明不断发展。

1  绍六. 非理性 [M]. 北京：中国社会出版社，1998：377。
2  绍六. 非理性 [M]. 北京：中国社会出版社，1998：379-382。

建筑作为人文科学与自然科学的交叉点，非理性哲学在建筑形态中的反应，就是出现了一些违背科学精神的非理性建筑。背离了建筑"以人为本"的本质，过度追求艺术、哲学表达，为造型而造型、为艺术而艺术；过分偏爱某一材料而不分任何场合地使用；过度追求完美形式，而不考虑建筑功能；过度追求新、奇、特或形象的高大，而不顾城市文脉和经济发展阶段；过度玩弄技术和概念，超出了人的审美范畴等等，都会滑向非理性建筑的行列，成为"丑陋的建筑"。

　　2001年美国《福布斯》杂志评出了世界"最丑的十大建筑"（图5-22），这个评论是在对知名的建筑设计事务所和建筑评论家进行问卷调查后得出的。所有最丑建筑都有一个相同点，那就是他们不仅花销很多而且外观都极为难看。另外，杂志指出：建筑的公众属性，使它不可避免地受到人们的评头论足，建筑不能迎合每个人的口味，但是也不能远离社会和公众的感觉和愿望，规划师和建筑师有责任为城市创造优美的建筑[1]。

**图 5-22　2001 年美国《福布斯》杂志评选出的十大丑陋建筑**

上图由左至右分别是伦敦千禧穹顶、美国摇滚音乐名人殿堂、美国西雅图音乐体验博物馆、美国芝加哥公共图书馆、英国伦敦巴比肯艺术中心

下图由左至右分别是美国丹佛公共图书馆、美国旧金山现代艺术博物馆、美国耶鲁大学艺术和建筑学院、美国华盛顿加拿大驻美使馆、美国哥伦布转盘广场

来源：http://www.qianjia.com/html/2005-10/276.html

　　（1）英国千禧穹顶。由英国理查德·罗杰斯事务所设计，总造价 12.5 亿英镑。设计者描述该建筑："强调开放性、透明性以及活动的灵活性——它就像一件宽松、舒适而又方便的外套。"这个带有几分想象力和创造力的巨型建筑，现在却静静地等候可能被拆除的命运。现在维护它的费用也

1　http://bj.house.sina.com.cn/n/b/2002-05-23/11599.html。

在逐渐上升。有报道声称 2000 年 12 月关闭至 2001 年福布斯将其列为最丑建筑之冠，410 万美元的维修费用已经消耗在它的使用过程中了。

（2）美国克利夫兰摇滚音乐名人殿堂。贝聿铭设计了该建筑。贝聿铭认为这是"大胆的几何图案"，然而很多人认为该建筑与它昂贵的花销很不和谐，也不具有实用性。

（3）世界上最受人爱戴的建筑师之一就是弗兰克•盖里，美国西雅图音乐体验博物馆是他的作品。"音乐的流动和能量"是盖里试图表达的设计理念。西雅图音乐博物馆的总建造费用约为 1 亿美元，西雅图的政府机关和当地的民众都对其抱有相当大的期望，期待它如同坐落于西班牙比尔堡的古根海姆美术馆类似，可以引起世界游客的关注，但是竣工后，大失所望。市民和业界人士认为从比较远的距离观看，这座建筑就如同一个庞大的灰斑。赵鑫珊评价盖里的另一座建筑作品捷克布拉格尼德兰大厦（1995～1996年）时，写了这样一段话："它（尼德兰大厦）是由许多造型怪异的几何体块随意堆积拼凑在一起的巨大积木。在我看来，这只能是精神分裂症的产物。我担心这类荒诞、扭曲的建筑同全球沙漠化和水荒趋势合成一股，叫人在地球上活不下去。我厌恶盖里的疯人建筑语言。"[1]

（4）美国芝加哥公共图书馆，在最初确定方案时，遭到了很多民众的极力反对，这是一座总共花费约为 1.4 亿美元的最昂贵的图书馆，也是世界上最大的公共图书馆。然而，人们对图书馆的负面评价也是最多的，《芝加哥先驱报》认为这是一座"笨重的、缺少美的"建筑，很多民众认为"它根本不具有美感"，建筑师们也认为这是一座可怕的建筑怪物。

（5）英国伦敦巴比肯艺术中心，于 1982 年完工，是 1959 年 Chambelin、Powell、Bon 三家公司进行合作建造的，造价 1.61 亿英镑，坐落于伦敦城第二次世界大战时期的防御工事上，是目前伦敦有名的三大音乐表演场所之一，以在其内举行的各种各样盛大的展览和表演而闻名。随着人们思想和观念发生的改变，这座曾被英国女王誉为"现代世界的奇迹"的建筑，变成一座丑陋的巨柱拱门。

（6）美国丹佛公共图书馆，于 1995 年完工，是米歇尔•格雷夫斯的作品。他于 1990 年接受了这座建筑——丹佛全体市民共同投票通过了建造一个全新的公共图书馆——的设计权，这个合同价值 9100 万美元。由丹佛最有名的建筑工程公司柯立普公司负责建设。该图书馆占地面积达 540000 平方英尺（50167.6m²)，被格雷夫预测为最优秀的作品，但是出乎他的意料，这个建筑在竣工以后饱受建筑界的批判。装饰及设计在室内和室外有较大差距，许多建筑师都觉得室内更加完美。

---

1　赵鑫珊 . 建筑：不可抗拒的艺术 [M]. 天津：百花文艺出版社，2002：770。

（7）坐落于旧金山的美国现代艺术博物馆。它的设计师是马里奥·博塔，事实上这一建筑并不丑陋，但它的设计太注重装饰，很多建筑师认为这样华丽的外表起了反作用，降低了图书馆的文化气息，有些不分主次。人们觉得，这一代表性建筑可以作为经典案例，但是在这样华丽的场所不利于欣赏那些珍贵的文物。

（8）美国耶鲁大学建筑和艺术学院，完工于1958年，是建筑师保罗·拉尔夫的作品，该建筑被称作是"划时代"的建筑。但是，当时一些建筑师提出对建筑设计的质疑，指出很多设计不合理的地方：一方面这幢7层高的建筑物建筑外观有些跟不上时代并让人感觉压抑；另一方面，建筑外部特别容易堆积灰尘，导致外部表层显得极不整洁。现在看来，这个设计是"对空间的浪费"，一部分教室则因为光线暗淡而不适合当教室用。

（9）美国华盛顿加拿大驻美使馆。阿瑟·埃里克森的作品，因为坐落于华盛顿市中心地段的宾夕法尼亚大街上，而备受关注，当然也饱受争议。尽管"新古典主义和现代概念的统一"是埃里克森的初始设计目标，但是宾夕法尼亚大学的教授布莱德·比德斯对此并不认同，并且认为它的学院风格上显得十分古怪。

（10）哥伦布转盘广场坐落于美国纽约，是在1963年由美国著名的现代设计师埃德沃德·斯通设计的。这个建筑竣工时，人们称其为"现代艺术家的画廊"，而如今却有相当多的美国人认为它是"浪费金钱的多余品"，从外观看上去，像是一个没有窗户的巨大的盒子。在2001年的时候，纽约经济发展公司启动了对该建筑的再设计规划行动。

2008年，美国有线电视新闻网（CNN）根据民意调查评选出建筑领域世界上最丑陋的十座建筑[1]。其中伦敦千禧穹顶、克利夫兰摇滚名人殿堂、西雅图音乐体验博物馆、伦敦巴比肯艺术中心、丹佛公共图书馆等5座建筑与福布斯此前评选的世界最丑建筑相同，新增加了英国伯明翰斗牛场购物中心、伦敦白金汉宫、苏格兰国会大厦、罗马尼亚布加勒斯特国会大厦、朝鲜柳京饭店烂尾楼（图5-23）等，这些建筑拥有许多共同的特点，如高昂的建造费用、标新立异的建筑风格。

（1）伯明翰斗牛场购物中心[2]。该购物中心是伯明翰老城改造的核心工程，建筑被三个层次、三大建筑群分别与有高差的道路以及拥有3100个车位的停车场关联。购物中心于2005年10月正式开业，被称为欧洲最大的现代购物中心。超大的体量以及以牺牲老城风貌为代价，不仅使该建筑

---

1　http：//fashion.ifeng.com/life/oversea/200811/1103_4887_859283.shtml。

2　英国全国性民意调查中，伯明翰被评为"全英最丑陋城市"，原因就在于伯明翰市的两大建筑：斗牛场购物中心和伯明翰中央图书馆。此前，它们分别被评为英国"最丑陋建筑"的冠亚军。

成为英国最丑的建筑,影响了城市形象,人们对该城市的整体印象大打折扣,伯明翰因此而被连累为英国"最丑城市"。

图 5-23　2008 年美国 CNN 评出的"世界十大丑陋建筑"中的五座

左上图 英国伯明翰斗牛购物中心,右上图 英国伦敦白金汉宫,

左下图 苏格兰国会大厦,下中图 布加勒斯特国会大厦,左下图 朝鲜柳京饭店

(2)伦敦白金汉宫[1]。《卫报》博客指出英国女王居所白金汉宫,就像是一个单片集成电路,"而且很有可能是斯大林建造的"。这是 19 世纪前期的豪华式建筑风格,庞大的规模甚至比华丽的外表更加引人注目。这种传统的崇高感脱离现代社会的审美情趣,与时代脱节,令人不快。深层次的含义是人们对于皇权凌驾于民主之上的不满与反感。

(3)苏格兰国会大厦。苏格兰国会大厦是由橡木、不锈钢石头所组成的,其设计主旨是让自己看起来是"民主政治高飞"的代表,但公众的质疑声在大厦投入使用不到一年的时间里接踵而至。在英国的一项民意调查中苏格兰国会大厦也曾被认为是"全英最丑陋建筑"之一。大厦耗资 5 亿英镑,是当地重要的旅游景点之一。高科技、新材料不一定构成令人愉悦的建筑,高造价也未必能带来好的建筑,甚至会走向反面。

(4)布加勒斯特国会大厦。《卫报》博客称其为"世界最丑陋建筑"。位于罗马尼亚首都市中心,地上 12 层,共有 1100 个房间,是一栋雄伟的建筑。其华美大理石及木头材质与贫困的罗马尼亚人形成鲜明的对比。脱离国情,一味求大求高,"面子"工程很容易滑向艺术的极端,成为难以

---

1　白金汉宫位于圣詹姆士宫与维多利亚火车站之间,1703 年由白金汉公爵兴建,故称"白金汉宫"。

挽回的城市败笔。

（5）朝鲜烂尾楼柳京饭店。1987年这座摩天大厦开始投入建造，后来由于资金匮乏于1992年被迫停建，被称为全球最著名的烂尾楼之一。据报道，目前该楼又一次开始施工了。即使在发达国家，建设这样的摩天大楼，也会受到经济的制约。朝鲜这样的经济落后国家，出现这样的烂尾工程并不让人感觉意外。

## 5.5 小结

现代科学技术较19世纪又有了重大发展，思维方式也发生了重大变革，形成了系统思维方式。现代科学技术发展的基本特征是科学技术的综合化，系统思维方式是适应现代科学技术的发展而逐渐形成的。所谓系统思维方式，就是把事物视作一个由要素构成的、具有一定结构和功能并与外界相互作用的系统，着重从要素与要素之间、整体与部分之间、整体与外部环境之间的相互联系、相互作用、相互制约的关系中综合地精确地考察事物，以期全面把握事物的一种思维方式。整体性原则、结构原则和动态原则是系统思维方式的基本原则。系统思维方式是现代科学技术发展的产物，并将随着科学技术的进一步发展而得到完善。同时，这一思维方式也越来越成为当今社会重要的思维方式，并对人类思维方式整体的进步产生重大的影响。

20世纪既是人类从未经历过的伟大而进步的时代，又是史无前例的患难与迷惘的时代；20世纪的建筑以其独特的方式丰富了建筑史：大规模的技术和艺术革新造就了丰富的建筑设计作品。从格罗皮乌斯、勒•柯布西耶、密斯、赖特到福斯特、罗杰斯、皮亚伦、盖里，从他们的建筑技术观中，我们可以看到新一代现代建筑师对老一辈现代建筑师的继承和批判：从最初的单纯追求运用新技术、新材料，到追求高端技术和高尖材料，到后来关注节能和环保，通过高新技术创造和实现人类与自然和谐的生活环境，扩大了高科技的外延，并一改现代建筑冷冰冰地"机器"表情，体现了"以人为本"的温情。而这一转变，正是由工业社会转向后工业、信息社会的缩影（图5-24），科学技术的迅猛发展，为建筑形态的多种多样提供了可能。如果没有大跨度结构的出现，许多大尺度的建筑不会这么飘逸；如果没有新材料、新建造技术的出现，许多造型奇特的建筑不能实现；如果没有计算机等软、硬件技术的发展，复杂的建筑形体不会完美呈现。

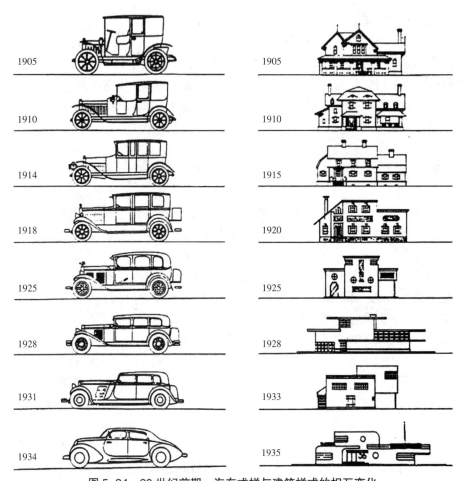

**图 5-24　20 世纪前期，汽车式样与建筑样式的相互变化**
来源：吴焕加．外国现代建筑 20 讲 [M]．北京：生活・读书・新知三联书店，2007：83

# 第6章　当代科学技术引起建筑形态"大爆发"

## 6.1　当代科学技术

　　20世纪中期以来，由于电子计算机、原子能和空间技术的出现，开始了近现代科学技术史上的第三次技术革命。第三次技术革命内容丰富，影响深远，远远超过了第一次和第二次技术革命。以电子计算机、原子能和空间技术为代表的现代技术，都是高度综合的大技术。它们的产生和发展，是与现代物理学和其他基础科学所取得的成就分不开的。相对论和量子力学的创立，使人们对物质世界的认识扩展到了高速和微观的领域，为开辟新的技术领域提供了理论基础。通过核物理的研究，实现了核爆炸，建成了核反应堆，使原子能的开发利用成为现实。通过对分子、原子和固体中电子运动规律的探索，以及对不同波段的电磁辐射的研究，推动了电子技术的不断发展。在机械的、电磁的计算工具的技术基础上，吸取了数理逻辑和电子学成果，诞生了电子计算机（图6-1）。而空间技术则差不多集中和物化了现代科学技术的一切重要成就[1]。

图6-1　第一台多用途计算机

来源：[英]彼得·泰勒克编.科学之书[M].马华，译.济南：山东画报出版社，2004：347

_____

1　胡省三，王森洋.科学技术发展简史——20世纪的新兴技术[M].上海：上海科技教育出版社，1996：263。

### 6.1.1 信息技术

**1. 集成电路技术**

集成电路是指把某一单元电路用集成工艺制作在同一基片上，使之具有和单个分开的元器件所制作的电子线路同等或更好的功能。现有的集成电路，主要是将电阻、电容、二极管、三极管等元器件及其互连线集成制作在单个半导体硅片上的半导体集成电路，又称为芯片。今后，元件尺寸将向纳米级（$1nm=10^{-9}m$）方向发展，但难度也将越来越大。新一代的微电子技术和系统有望在21世纪诞生，那将带来微电子技术的一次新的革命。

**2. 计算机技术**

（1）电子计算机的组成

冯·诺依曼被称为计算机之父，目前所经历的四代计算机的结构都是诺依曼型的，它由硬件系统和软件系统两大部分组成。电子计算机硬件的主要组成部分：存储器——存储程序和数据的地方，具有"记忆"功能，机器越大，存储容量就越大，存储器通常是用具有磁性的材料组成；运算器——是进行运算的机构，一般采用二进制运算；输入设备——是把人的意图传达给机器的一种人与机器联系的部分，输入设备包括键盘输入器、光敏放大器。输入方式有键盘输入与直接代码输入两种；输出设备——是把机器的工作情况和计算结果报告给相关人员的一种机器与人的联系部分；控制器——是对电子计算机各部分进行控制的中心，使计算机各部分按人们预先编好的程序自动地进行操作。现代计算机都采用大规模集成电路，将运算器和控制器集成在一块芯片上，称为中央处理器（CPU）或微处理器，它是计算机的核心，在根本上决定着计算机的运算速度、处理信息的能力，也是计算机更新换代的主要标志。计算机硬件功能发挥的程度取决于软件的编制水平，包括系统软件、支持软件和应用软件三类。

（2）电子计算机的应用

数值计算——利用电子计算机来完成科学研究和工程设计中所提出的数学问题的计算，也称"科技计算"；信息处理——又称"数据处理"或"信息加工"，是对大量信息数据进行综合分析，是电子计算机应用中最广泛、最主要的领域。应用计算机实现情报检索自动化，在国外已经相当普遍，一般来说，一个国家现代化水平愈高，使用计算机进行数据处理的比例也愈高；实时控制——又称"过程控制"，在各种具体生产过程中或工作过程中，计算机在收集、检测各种数据资料并经过计算后，可以按照某种标准状态或最佳状态直接对该过程进行调节和控制（图6-2），在生产过程中能够大大提高产品的合格率，降低成本，取得较好的经济效益；智能模拟——智能模拟是计算机、仿生学、生物学、心理学和控制论相结合而发展起来的一门边缘学科，凝结着现代科学技术的精髓。

（3）电子计算机的发展趋势

巨型化——是指运算速度越来越快，存储容量越来越大，巨型机最能代表计算机技术的水平，也是一个国家综合国力的体现；微型机——体积小，价格便宜，灵活性大；网络化——电子计算机的进一步发展是把分散在各地的许多计算机连接起来，组成计算机网络，网络可以调度计算机的计算能力，就像电网可以调度发电厂的发电量一样；智能化——用计算机模拟人的智能是自动化发展的最高阶段，具体内容有：识别文字、图形、声音，数学定理的证明，自然语言的理解和制作智能机器人等。

（4）计算机的应用和发展前景

计算机辅助设计（CAD）、辅助制造（CAM）、辅助测试（CAT）、辅助体育训练、辅助教学、辅助诊断等等，极大地改变了人们的工作方式。CAD技术，目前在飞机、汽车、集成电路、组合式机床和工程

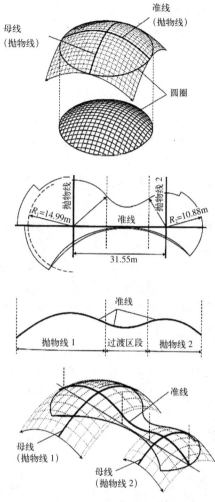

图 6-2　计算机应用于结构设计

来源：[英]比尔·阿迪斯. 创造力和创新 [M]. 高立人，译. 北京：中国建筑工业出版社，2008：38

设计中已得到广泛应用，逐渐取代了传统的手工设计，使应用者解脱传统的手工设计的繁重负担，更有利于进行创造性的工作。CAM更是广泛应用于制造业，使生产自动化水平、劳动生产率和产品质量都大大提高。

计算机单机技术未来的发展方向包括：不断提高软件和硬件的性能，开发新的应用领域；继续朝巨型化和微型化两个方向发展；从原理和结构上改进，试图突破冯·诺依曼机的局限，并朝智能化发展。目前人们研制的重要前沿有并行处理计算机、光计算机、超导计算机、生物计算机和智能计算机等。其中智能计算机也称为第五代计算机，它以超大规模集成电路的采用、人工智能方法和技术的应用为特征，使计算机向智能化方向发

展，除具有现代计算机的功能外，还具有在某种程度上模仿人的推理、联想与学习等思维功能以及对声音、图像、文字的识别和处理能力。

### 3.通信技术与网络

#### （1）现代通信方式

金属电缆传输——同轴电缆取代金属导线成为传输信号的媒介，其容量大，线路损耗小；微波传输——无线通信的一种传统形式，将复用后的信号调制到数吉赫兹($1GHz=10^9Hz$)的发射频率上成为微波发射。由于，球形的大地限制了微波信号的直线传播，需每隔 50km 左右设置一个微波中继站，通过中继站进行"接力式"传输，目前的广播、大部分电视节目都是采用这种传输方式；卫星传输——卫星通信借助人造卫星将某地球站发出来的信号转发到另一地球站，在传送越洋电话和电视节目、无线电广播、电子邮件、传真、数据传送等方面起到重要作用；光纤传输——光纤即光导纤维，是由石英玻璃经特殊加工工艺制成的，是目前最大容量的通信传输媒介。光纤传输是利用发光二极管（LED）或激光器（LD）发出某一波长的光，将复用后的电信号对光信号进行强度调制，然后通过光导纤维线传送。一根头发丝细的光纤能以每秒几十亿位的速率传递信息，可以在远距离内同时传送 5000 路电视和 50 万路电话。光纤通信在容量、速率、保密性、抗干扰性等方面都远非传统通信方式可比，而光缆的体积和重量仅为电缆的几万分之一（图 6-3）。预计光通信将逐渐取代电子传输媒介的优势地位，发展为高度智能化、光子化的全球性通信网络。

**图 6-3　上海世博会英国馆外观覆以光纤**

来源：上海世博会官方网站，http://www.expo2010.cn

（2）通信网络与信息高速公路

通信网络由主干网和接入网组成，主干网使用光纤、卫星等光域通信技术，接入网通过电话线或光缆与最终用户相连。当前，通信网络的数据化、综合化、全球化已成为趋势。现代数字通信就是以二进制数据表示的数字脉冲传输信息，它抗干扰能力强，可靠性和保密性好，传输距离远，速度快，容量大。

### 6.1.2　生物技术

1. 发酵工程

利用微生物及其内含酶系的生理特性，应用现代工程技术手段生产或加工人类所需的产品的技术体系，就叫发酵工程，又称为微生物工程。发酵工程以传统发酵为核心，目前在整个生物产业中仍是最重要的组成部分。

2. 酶工程

酶是一种具有特定生物催化功能的蛋白质。酶工程简单地说就是酶制剂在工业上的大规模生产及应用，包括酶制剂的开发和生产、多酶反应器的研究和设计以及酶的分离提纯和应用的扩大。

3. 细胞工程

现代细胞工程就是应用细胞生物学和分子生物学的理论、方法和技术，以细胞为基本单位进行离体培养、繁殖，人为地使细胞某些生物学特性按照人们的意愿发生改变，从而改良生物品种和创造新品种，加速动植物个体的繁殖，获得有用物质。主要包括细胞融合、细胞培养、细胞器移植、染色体工程等。

4. 基因工程

基因工程就是在基因水平上对生物体进行操作，改变细胞遗传结构从而使细胞具有更强的某种性能或获得全新功能的技术。实质上是生物体间遗传信息的转移技术。DNA 重组技术是基因工程的核心，也是现代生物技术的核心。该技术采用分子生物学方法分离具有遗传信息的 DNA 片段，经过剪切、组合使之与适宜的载体连接，建成重组 DNA，并将它转入到特定的宿主细胞或有机体内进行复制和传代，实现生物遗传特性的转移和改变。

5. 蛋白质工程

蛋白质工程是指定向地对蛋白质的结构进行人工设计和改造，获得一些具有优良特性的、甚至自然界本不存在的蛋白质分子的方法，是基因工程深化发展的产物。综合分子生物学、计算机辅助设计等多种技术和方法，突破了基因工程只能生产天然存在的蛋白质的局限，可以设计和生产天然生物体内不存在的新型蛋白质；或通过蛋白质的分子设计来提出修改的方案，应用基因工程技术方法，使蛋白质功能得到优化。

### 6.1.3　新材料技术

1. 现代材料的基本组成

（1）金属材料

从近代产业革命以来，直到 20 世纪中叶，金属材料在材料工业中一直占绝对优势，20 世纪下半叶才逐渐被高分子材料和复合材料等部分取代。但目前金属材料的生产仍是材料工业的主导部分，其中应用最广泛的是钢铁材料，目前在整个结构材料中，钢铁占 70% 左右。钢铁种类多种多样，较常用的是铁和碳组合的碳素钢。由于含碳量不同，其性能差别很大。后来为适应各种特殊的性能要求，发展出一系列合金钢，即在一般碳素钢中掺入铬、镍、钨、钛、钒、钼等金属元素，使之具有某一特殊的性能，以满足特殊环境条件的要求。

（2）无机非金属材料

传统的无机材料以硅酸盐为主要成分，如玻璃、水泥、日用陶瓷、混凝土、石棉等，广泛用于建筑、化工等领域。近年来，出现了许多性能优异的新型无机材料，如高温结构陶瓷、光导玻璃纤维、人工晶体、生物陶瓷、高温超导陶瓷、人工金刚石薄膜、纳米陶瓷等。它们都是采用先进工艺制成的，其结构、性能和传统无机材料大不相同，应用范围也更加广泛。

（3）高分子材料

高分子材料是一类以高分子化合物为基础的材料。高分子化合物是指通过化学方法合成的分子量高达几千甚至到几百万的聚合物。一般是非晶态的，在常温或高温下具有一定的塑性、弹性和强度。高分子材料包括合成纤维、橡胶和塑料三大类，它们都是用化学方法从石油、天然气中提炼出来的。

（4）复合材料

复合材料是把两种或两种以上的不同材料组合在一起构成的一种材料。由基体材料和高性能的增强剂（纤维、颗粒、晶须等）经过加工复合而组成了现代意义上的复合材料。现代复合材料的第一代玻璃钢，是由玻璃纤维和树脂复合而成，具有很高的强度、刚性和优良的耐腐蚀性能，已得到普遍应用，既可代钢，也可代木。现代复合材料的第二代是树脂与碳纤维的复合，其工作温区为 200 ~ 350℃，具有高刚度和高强度，易于成型，第二代复合材料应用广泛，不只是在运动器械、汽车等方面，还应用于航空航天工业方面。复合材料的第三代是正在发展中的陶瓷基、金属基及碳—碳复合材料，应用前景更为广泛。复合材料能够克服单一材料难以克服的局限性，满足高指标同时又具有综合性的要求，又有可以进行材料设计的特点，是今后材料特别是结构材料发展的重点。

2. 当代新材料发展的几个前沿（图 6-4）

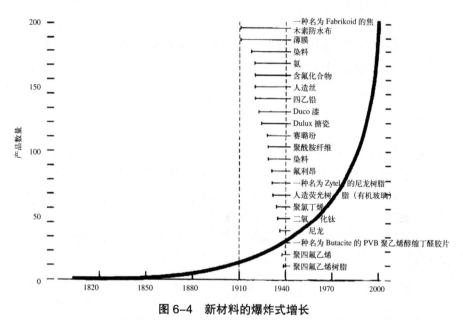

**图 6-4　新材料的爆炸式增长**

来源：[美]斯蒂芬·基兰等.再造建筑[M].何清华等,译.北京:中国建筑工业出版社,2009:120

（1）高性能金属与合金

形状记忆合金——这类合金在一定温度下加工成型，改变温度后（如升温或降温），便可使它变形，但当将它加热或冷却到原来的温度时，就恢复到原来的形状，如镍钛合金丝。贮氢合金——氢是地球上一种取之不尽的、极具开发前景的清洁新能源。20 世纪 60 年代末，科学家发现某些合金具有常温下良好的可逆吸放氢性能，但氢与这些金属的结合力很弱，若改变温度压力，金属氢化物就会分解释放出氢，并吸热。利用这一特性制成的贮氢合金，能够贮存比它自己体积大 1000 ~ 1300 倍的氢，是一种容量大、既轻便又安全的理想的贮存和运输氢的手段。非晶态金属——是将熔化后的金属高速冷却凝固（冷却速度约为 100 万℃/s），抑制了结晶的过程从而获得非晶态的组织结构。非晶态合金避免了金属结晶固有的缺点，具有高硬度、耐腐蚀、优良的磁导率和吸氢性等。非晶态合金在微观结构上呈现出了一种玻璃态的结构，又被称为"金属玻璃"。一般用在变压器铁芯，并用来制作磁带、录音磁头等。

（2）新型陶瓷

一般新型陶瓷的原料是人工合成的超细、高纯的化工原料，粒度达到微米级（$10^{-6}$m）以上，制作工艺采用连续、自动，甚至超高温、超高压及微波烧结等新工艺。新型陶瓷在结构上大多以共价键或离子键相结合，因而高温下仍有高强度，具有电、声、磁、热、光和力学等多种性能。

（3）超导材料

这是一种电阻趋近于零的材料，具有在临界温度下电阻几乎趋近于零及完全抗磁性（即在超导状态下超导体内磁场为零）的奇异特性。超导材料是理想的输电线材料。

### 6.1.4　新能源技术

1. 太阳能

地球每天都在源源不断地接受太阳的辐射能量，每年送到地球上的能量比当前世界上能源年消耗的总量还要高出四个数量级，相当于 $1.9 \times 10^{14}$t 标准煤。迄今为止太阳能是地球上所有能源形式的重要来源，除直接的太阳辐射能外，太阳能也以某种方式从远古储存下来形成如煤炭、石油、天然气等矿物燃料。太阳能也是风能、生物质能、海洋热能、水能的主要间接来源。

2. 地热能

这是指地球内部放射性元素衰变产生的巨大的热能，地热能在地球上所有能源中处于第二位，仅次于太阳辐射能。

3. 核能

当原子核内部结构发生变化时所释放出来的能量称为原子核能或原子能。未来，石油和煤在很多国家将被核能所代替，成为主要的能源。

4. 氢能

21 世纪公认最理想的能源是氢能，氢能的使用始于 20 世纪 70 年代。具有三大优点：效率高，是相同重量汽油燃烧所释放的热值 2.7 倍；来源广，71% 的水覆盖地球表面，氢是由水分解制成的；无污染，氢气燃烧后的产物是水，不会对环境产生污染。由于氢能的这些优点所以在未来氢能会是一种可无限循环使用的理想能源。

### 5. 海洋能

主要有盐度差能、波浪能、海流能、温差能和潮沙能等，这些可再生的自然能源被统称为海洋能，其可再生资源非常丰富，开发前景极其诱人。

## 6.1.5　空间技术

### 1. 运载器

主要用来运载火箭。运载火箭有箭体结构、推进系统和控制系统等几个部分。由于单级火箭无法把卫星和飞船送入轨道，目前使用的是采用化学推进剂的多级火箭，一般由 2 ~ 4 级组成。前一级火箭的燃料用完后自动脱落，同时后一级火箭点火继续工作。而火箭所运载的航天器装在最后一级火箭里。

### 2. 航天器

航天器主要包括人造地球卫星，还有空间站、宇宙飞船、航天飞机、空间探测器等。宇宙飞船是来往于地球和空间站之间的重要交通工具。航天飞机则将通常的火箭、宇宙飞船和飞机的技术结合起来，具有运载、航天、返回三种功能，能多次重复使用。目前，人们又研制另一种先进交通工具——空天飞机。这种飞机在某些方面更接近于普通飞机，同时能像航天飞机那样执行太空任务，而发射费用只有航天飞机所需费用的 10% ~ 20%。空间探测器是脱离了地球的束缚，飞往月球及其他行星或在星际间航行的航天器。

### 3. 地面测控技术

地面测控系统在地面对航天器进行跟踪、遥测、遥控和保持通信联系。通过地面测控系统，人们可以获得航天器运行的各种信息，并可以对航天器进行控制，调节它的运行状态，以达到人们的预期目的。

## 6.1.6　光电子技术与激光技术

### 1. 光电子技术

光电子技术以光电子学理论为基础，以光电子元器件为主体，综合利用光、电、计算机和材料技术，以实现具有一定功能而且实用的仪器、设备和系统。光电子技术包括许多种，激光技术是其中重要的一部分。光盘技术采用光盘作为信息存储介质，进行光学信息存储，存储密度极高，信息存储容量之大远非磁盘可比，同时又具有成本低，信息存取速度快，便于与计算机联机，无磨损，存储寿命长等优点。

2. 激光技术

(1) 激光加工

靠激光在短时间内高度集中照射到加工物体上，瞬间使物质熔化和气化。用这种方法进行刻蚀、切割、钻孔、焊接，解决了难熔物质坚硬、极脆的加工困难，并且精度高，加工速度快，工件变形微乎其微，特别适于对精密部件和微型部件的操作，并且比一般加工更为经济。工件表面如果用激光进行热处理，会大大提高表面的耐磨性，原因是激光在工件表面产生了液化速凝薄层，极大提高了材料表面的硬度和强度。

(2) 激光计量和检测

激光在这方面的应用包括激光测距，导向，准直和定位，精密测长、测角、测震、测平、测速，微量分析，表面质量和形状检测，确定长度和时间的计量标准等。

(3) 激光武器

激光是提高现代武器装备水平的一个重要手段。用于军事装备主要有两方面：一是利用激光制导，可大大提高武器系统的命中率；二是利用激光作为杀伤武器，如利用强激光照射，使目标烧蚀摧毁或用激光击中敌方武器上的探测器件使之失灵等等。

(4) 激光通信和光信息处理

光纤通信、卫星激光通信、光盘储存、光计算机等，都离不开激光。由于光通信和光信息处理所具有的优点，用它取代现在的电子信息传输和处理方式已是大势所趋。

(5) 激光与相关科技

激光的出现和发展不仅导致了许多重要的应用，给科学研究提供了强有力的工具，而且还大大促进和带动了物理、化学、生物、材料、信息等学科及其相关技术的发展。

### 6.1.7 传统产业技术的新进展

1. 自动化技术

所谓自动化，是指在没有人直接参与的情况下，机器设备或管理系统通过自动检测、信息处理、分析判断，自动地实现某种预期的操作或过程。无人驾驶飞机、自动取款机等都是具有自动化功能的设备。

2. 制造业改造的新技术

制造业改造的主要方向是提高制造业的自动化程度，在微电子技术飞速发展的今天，制造业使用的新技术有数控技术、工业机器人、计算机辅助设计与制造、柔性制造系统、计算机集成制造系统等。

（1）数控技术

20 世纪 50 年代初，出现了用电子线路控制的数控机床。这种机床配有数控装置，能对输入的加工操作信息进行处理，并控制伺服机构驱动机床的刀具或工作台进行加工。在 20 世纪 50 年代末出现了加工中心（MC），即能够完成多种加工工序并能够自动更换刀具的数控机床。数控机床中的逻辑控制电子线路于 20 世纪 70 年代初逐渐被计算机所代替，计算机数控技术（CNC）得以产生。随后出现了群控或称为直接数控（DNC），是由多台机床被计算机直接控制的系统。

（2）工业机器人

工业机器人问世于 20 世纪 60 年代，是典型的机电一体化产品。第一代机器人主要是示教再现型机器人，能够自动地完成人教给它的动作。第二代机器人是具有感觉装置的机器人，能够有效适应外界条件的变化。第三代机器人是智能机器人，能够再现人的感觉、行动，并能够自主地处理意外事件，从事复杂的作业。

（3）计算机辅助设计与制造

设计人员用计算机来完成产品设计中的分析、制图、计算、编制文件、模拟等工作，即计算机辅助设计。计算机、数据库、输入装置、快速绘图机、程序软件和显示装置组成了计算机辅助设计系统。由计算机来帮助人们完成对生产设备的管理、控制和操纵，最后完成产品的加工制造，即计算机辅助制造（图 6-5）。

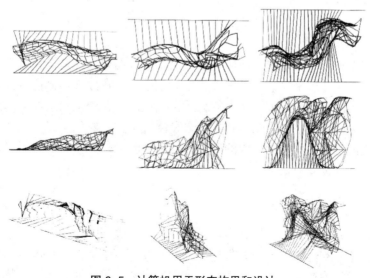

**图 6-5　计算机用于形态构思和设计**

来源：OCEAND 设计 .Grad8 装置 [J]. 世界建筑 [J]. 2006（4）: 96

（4）柔性制造系统（FMS）

这是一个比较完善的自动化生产系统，把物料搬运系统及上下工件系统（工业机器人等）、优化调度管理系统、自动仓库、若干台数控加工系统有机地联系起来。柔性制造系统进一步提高了生产的自动化水平和灵活性。能够缩短产品的制造周期，还能适合于中小批量多品种的生产，提高机床的利用率，降低生产的成本。

（5）计算机集成制造系统（CIMS）

计算机集成制造系统是把市场、工程设计、制造、管理、销售等活动都包括在内而形成的系统。这种系统包含有许多子系统（自动化孤岛）。为协调好各子系统的关系，必须通过支持技术实现信息集成和功能集成。信息集成离不开数据库和网络，功能集成则由系统技术和人工智能指导局部优化，从而实现整体优化。

### 6.1.8 海洋资源及海洋技术

1. 海洋环境探测技术

遥感卫星可以从太空观测海洋上空气象的变化、海面的温度和颜色，对监测赤潮、海洋污染从而保护海洋生物资源具有重要意义，因此，它在海洋环境探测中得到了有效的应用。现在，人们不仅应用微波遥感技术，还应用声呐技术和其他技术，从太空、大气层、陆地、海面，对海洋进行长期、持续的全方位的探测，以求对海洋环境有更全面的了解和认识。除此之外，人们还制造能进入深海区域的深潜器和建立深潜器工作站，对海洋深处进行直接的探测。

2. 海洋资源开发技术

对近海石油的开采，一般采用固定平台、座底式钻井船和自升式钻井平台。石油开采平台具有摩天大楼般的钢结构，在建造中已使用计算机辅助设计和核工业、航天工业中的质量控制技术。在较深一点的海里开采石油，则采用柔性平台、张力腿式平台和浮式平台，它们可以适应波浪和海流的冲击。对海底矿物资源的开发，已在近海大陆架浅水区域的采矿方面取得一些进展。

3. 海洋生物技术

建立海上人工养殖场，实现以捕捞为主向养殖为主转变，在不破坏海洋生态环境的情况下，向人类提供更多的食物，则是人们利用海洋生物技术所要达到的目标。为了实现这一目标，海洋生物学家通过对海洋生物生态等的研究，揭示了海洋生物生长发育的最佳环境条件，为人类长期合理地开发利用海洋生物资源提供了科学的理论根据。

4. 海洋工程技术

对海洋资源的开发利用，既要努力提高经济效益，又要防止海洋的污染。为此必须实施优良的海洋工程用于海底石油和天然气的开采、海洋人工养殖、海上城市建设等，统称为海洋工程技术。

## 6.2 当代建筑技术与建筑形态

20 世纪末至今的当代建筑技术的发展，一方面体现在传统技术不断的更新换代上，另一方面体现在开放应用的数字化技术上。由于环保和节能意识不断的增强，导致 21 世纪建筑技术发展呈现出与以往建筑发展所呈现的新变化：

应对环保、生态的需求，一方面利用优良的复合建筑材料，如模拟生物元件功能的仿生材料，以及具有先进的数字化技术研究性能的多功能、高效能的墙体材料、智能型材料及新型混凝土技术等；另一方面通过设置废弃物回收系统、利用可再生能源和材料等方式发展代替技术，开发绿色材料。

在建筑工艺方面，为了模拟建筑的设计过程、建造过程、运作过程和维护过程等，而引入了数字化，为了实现多层面的建筑生态目标，需通过降低建筑能耗、自动监控环境等措施，来不断提高设计和建造效率，检验建筑形态；强调高技术、低污染，高效、低耗，高附加值、低运行费的工艺技术。这是引进数字化技术对当今建筑形态的作用，而不仅是为了特殊形态服务。另外，为了满足不同人群的需求，数字化建造技术正努力寻求平衡集配式和特殊式、共性化和个性化、统一性和唯一性之间技术手段，使得每个产品都能够定制，能够生产出更廉价、更新、更优质、非标准化的产品。

结构方面的进步，一方面是通过研究高性能和高强度混凝土的应用，改进地震地区的结构技术，来提高结构的抗震能力；另一方面由于人口的压力和土地资源的稀缺，导致了建筑向高层发展的态势，迫使我们去研究具有良好延展性、高强度和应变能力的钢结构；此外，由于采用了参数化技术和智能控制体系，建筑结构的构件在一定程度上能够进行自我调节。

在能源利用方面，加大了保护环境和节约能源的力度，主要举措有：大力开发应用洁净能源，如太阳能、风能等；开发资源综合利用技术及可回收性材料的工艺和成品；开发智能技术以提高建筑室内节能和环境质量；

开发高效气体转化的传感材料和催化材料技术等[1]。

### 6.2.1 计算机技术与建筑形态

建筑设计的本质是对设计师的创造性思维的物质化体现。建筑设计的过程是一种通过使用特定的建筑设计工具，包括制图、实体模型、电脑模拟、虚拟现实动画甚至是思维模型，来实现建筑师想象力的过程（图6-6）。建筑师的创造性思维的发展体现了他们对复杂多变的物质世界的理性和感性的认知。因此，建筑师为了完成设计任务，会有选择性地使用特定的工具来进行构思，表达自己的设计理念，并与客户、建造商以及相关行业进行沟通和意见交流。这些工具的使用方法对建筑师的工作模式产生极为显著的影响。但在为设计提供方便的同时，他们也在一定程度上局限了建筑师的设计风格和建造工艺[2]。

**图6-6 古典透视制作方法**

来源：李大夏等.数字营造[M].北京：中国建筑工业出版社，2009：18

最初的设计工具是丁字尺、两脚规和绘图机。在建筑形体侧重于规整几何形的古代、中世纪时期，建筑师们用这些工具画平行的线、墙、房间、街道和垂直的截面，用来绘制各种施工图，指导建筑施工。建筑师一旦操起了丁字尺就不能思考了，他只能琢磨着如何用丁字尺画出一座建筑来（图6-7）。透视语言控制了他，不论是设计文艺复兴时期的宫殿还是罗马万国博览会上光怪陆离的方形公共娱乐场所，透视语言迫使他只能将盒子和棱柱体一味地叠加堆积起来[3]。这也因为当时的建筑材料以砖和石头为主，而建造规整的几何形是符合这些材料的力学特性的。

近代以来，尤其是现代建筑，随着新技术、新材料的不断涌现，一些

---

1 周铁军，王雪松.高技术建筑[M].北京：中国建筑工业出版社，2009：8-9。
2 李大厦等.数字营造：建筑设计·运算逻辑·认知理论[M].北京：中国建筑工业出版社，2009：16。
3 [意]布鲁诺·赛维.现代建筑语言[M].席云平等，译.北京：中国建筑工业出版社，1988：28。

塑性材料（混凝土、钢、各种塑性纤维等）以及由它们形成的新结构（钢筋混凝土结构、钢结构、张拉膜结构等）的出现，把建筑由规则的几何转向非几何形状和自由形式、非对称和反对平行主义等，是一种以非传统的方式诠释建筑的语言，通过不同形态来表达对建筑的理解。慢慢地，丁字尺和两脚规等传统设计绘图工具不能满足当代建筑造型艺术和施工工艺的要求了，人们逐步探索新型的设计绘图工具。

近年来，数码技术尤其是计算机已经在建筑设计中被广泛应用。这些技术包括各种常规的手动系统和一些高度发展的自动化变参数建模系统。它们协助建筑师们确立设计理念，把设计构思实体化，解决设计过程中遇到的一些技术问题，同时使建筑师的工作和对外交流变得简单而高效。因此，建筑师也越来越依赖计算机技术（图6-8）。

**图6-7　尺规制约下的建筑设计具有局限性**

来源：[意]布鲁诺·赛维.现代建筑语言[M].席云平，译.北京：中国建筑工业出版社，1986：5

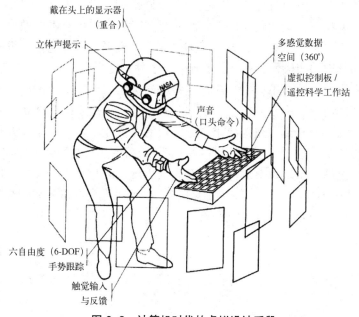

戴在头上的显示器（重合）

立体声提示

多感觉数据空间（360°）

虚拟控制板/遥控科学工作站

声音（口头命令）

六自由度（6-DOF）手势跟踪

触觉输入与反馈

**图6-8　计算机时代的虚拟设计手段**

来源：[美]克里斯·亚伯.建筑·技术与方法[M].项琳斐等，译.北京：中国建筑工业出版社，2008：80

149

### 6.2.2　参数化设计

第一台现代电子计算机问世后不久，人们便开发出了数码绘图工具。1953 年，伊万·萨瑟兰在美国麻省理工学院发明了"草图板"，把设计方案的深入发展与逻辑分析结合在了一起。然而在建筑实践中，数码工具的发展是比较缓慢的。直到 20 世纪 70 年代早期，伴随着绘图与建模系统的开发，这种情况才有所改变。20 世纪 80 年代发明的"智能"系统，代表了一次对更为综合、智能化的绘图系统的探索。然而，所有这些早期设计绘图系统都没能发展成为可被商业推广的设计工具，因此它们的使用范围是相当有限的。

由于建筑工业的全球化和电脑软件、硬件发展的突飞猛进，20 世纪90 年代，CAD 系统有了突破性的进展，经济的发展和人们心态的变化，人们对知识的渴求以及个人电脑的广泛使用也促进了 CAD 系统的迅猛发展，这些常规的手动系统能够进行专业的绘图、建模、渲染，极大地提高了设计的效率和设计者的积极性。目前，大多数事务所依然使用着这类常规的手动系统来完成他们的设计 [1]。

在 20 世纪的最后 20 年里，计算机在建筑设计中起到越来越重要的作用。最初，计算机主要是一种辅助绘图工具，然后变成了一种能够协助建筑师生成设计的手段，现在计算机已经成为一种能够重塑建筑环境的重要手段。

作为工具，计算机可以用来生成和存储详细的设计方案，虽然方案设计工作一开始可能会比传统的图板绘画更费时间，但计算机图像可以轻松修改，而不必整个重新绘制方案。同时，计算机可以方便地把二维的示意图转化为三维的图像，并可以从里到外以各种角度检视。对于复杂的设计，计算机允许运行几个不同的程序，这些程序被用来帮助实现设计的各个方面——譬如说一个用于功能上的空间配置，另一个用于结构体系，还有一个用于设计体系和定量规范要求。这样做的价值在于，容许设计人员统合那些通常在手工绘图中很难协调的数据系统。而且，这样做可以觉察出平面与剖面之间的不一致，因而避免开工后再出现问题和不当开支。但作为工具，电脑程序在调节技术偏差及其他功能之外，也允许在强制约束与"可利用性"（Affordance）许可之间有误差，从而留下即席创造的余地。在这种方式下，它们既服务于想象力的运用，也服务于技能任务。

计算机迄今为止主要是鼓励去容纳设计中的复杂性，以概念上截然相反的两种方式实现：第一种方式是做出标准外形，对它进行扭曲，以使它

---

1　李大厦等. 数字营造：建筑设计·运算逻辑·认知理论 [M]. 北京：中国建筑工业出版社，2009。

看起来像是弯曲的、折叠的、扭转的、软化的。另一种方式是设计出别出心裁的形状，然后把它们完全转化为可以绘制和度量出来的计算机图像。用这两种方法，都可以把度量尺寸直接传到激光仪器上，再用它切割出确切形状和大小的建筑材料。因为只有在计算机的帮助下才可能协调这一类错综复杂的设计，所以这种做设计的能力成为计算机在设计进程中得到应用的艺术理由。

弗兰克·盖里已经用到了这两种方法。形变被用到他20世纪90年代中期在布拉格设计的尼德兰国民大厦（Netherlands National Building），通过将建筑畸变成一个扭曲的环形塔楼，暗示着一对跳着优美华尔兹舞的舞伴在做着摇摆动作。办公楼层的窗户在立面上成波浪起伏状，就像对音乐做出应答似的。一个直截了当的结构设计先被创造出来，再让它形变扭曲，其效果非常古怪，但显示出一种调剂庄重的创造性目的。而毕尔巴鄂的古根海姆博物馆则是从艺术上构思，然后让计算机参与设计，使其在技术上有可能实施。该建筑是从雕塑性表演精神中创造出来，然后又接受了艺术陈列的功能任务，这种关系对计算机而言，与其说是在艺术上表达，毋宁说是在技术上促成。两个设计都避开了同一问题：如果计算机中不存在这种能力，那是否会有人打算做出如此外貌的建筑呢？它们预示了现代性的最前沿，但仅仅因为它们衍生自尖端技术。我们并没理由期待用这种手法建造整个城市；这种异想天开的方案只可以成为建造环境中的重点特色景观，但不能是标准式样。因此，用计算机生成建筑的真正设计趋势依然不明朗。

建筑师需要更具有灵活性的设计运算工具，他们开始与工程师合作，从相关领域中寻找适合的工具甚至开始定做特定的软件系统。其中，应用于一些高度复杂和极其昂贵的工业建造中，尤其是在航空和汽车设计生产领域的参数化设计（Parametric Design，简称PD），引起了建筑师的关注，并逐渐应用于一些形状、结构复杂，需要在指定条件下提供设计多选方案和方便设计修改的建筑中，参数化建模成了电脑辅助建筑设计（Computer Aided Architecture Design，简称CAAD）的主流 [1]。

建筑师在设计过程中经常需要作出多种方案以寻求最优解决方案，因此建筑师经常在不同的设计选项之间徘徊，在以往的设计过程中，建筑师需要大量的草图和模型，对各种可能进行推敲——从比例、形状到内部空间，耗费大量人力、物力。后来，计算机作为绘图工具进入建筑设计领域，主要是把建筑师经过草图构思确定的建筑设计方案用计算机绘出，并进行施工图设计，便于修改。再后来，逐渐发展为计算机辅助设计，用3D模

1 李大厦等. 数字营造：建筑设计 • 运算逻辑 • 认知理论 [M]. 北京：中国建筑工业出版社，2009：152

拟建成后的效果，代替了原来的模型推敲。再进一步，就是盖里所使用的形变功能。上述计算机只是辅助把建筑师的设计意图如实表达，没有真正参与到设计过程中。而参数化设计则是一个将设计参数化的设计过程，通过参数化设计的参数调整，使设计修改简单化，改变了以往设计中使用单一设计模型的状况，代之以多元化的参数化多选方案。在参数化设计中，参数化模型是由几何组件构成的三维模型，这些组件中有些是可变的，有些是固定的，可变的属性是参数，不变的属性则变成了限制条件。设计师通过调整参数化模型的参数，寻找适合当前设计任务的多种可能性。参数化模型也随着计算机软件和硬件系统的不断发展而更加完善，从最初的通过应用简单脚本语言定义参数变化来得到多选方案，发展到允许设计师通过使用即时的互动参数来控制方案和寻求即时反馈，更加复杂的参数化模型系统尝试把智能以专业系统的形式融入系统中，并把设计规则添加到几何实体建造的过程中，用以推断参数化模型的行为表现、参数值、限制条件以及组件的从属性，使建筑师和电脑处于互动状态，更加有利于建筑师思维的拓展，创造出各种新奇的建筑形态（图 6-9）和各种功能空间的组合方法。在这过程中有诸多影响因素，比如地形、植物、日照、气候、景观、交通灯等，参数化设计帮助设计师来模拟各种意外环境因素，进而完善设计方案[1]。

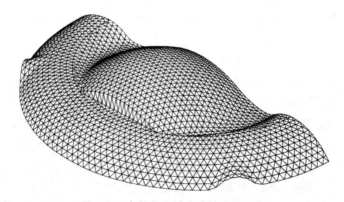

**图 6-9　参数化设计生成的建筑形态**

来源：[ 英 ] 约翰·奇尔顿 . 空间网格结构 [M]. 高立人，译 . 北京：中国建筑工业出版社，2004

　　当今建筑的特性正被这些自主化变参数设计系统所改变，正如威廉·米舍尔曾经在"CAAD 的未来 2005"大会上表述过的：建筑曾经被看作是物质化的草图，而现在，正逐渐被物质化的数字信息所代替。设计人员现

1　付灿华 . 参数化设计：一场设计理念与工具的革命 [N]. 中国建设报，2010-11-10

在用电脑辅助设计系统设计进行建筑设计，并进行存档；用数字控制的器械来建造建筑；工地上组装建筑靠数字定位安装工具。在数字式规划设计与建造过程的组织框架内，每个建设项目的设计与建造内容都能精确地量化，并根据设计内容的增加量与建造内容的增加量之间的比率来确立项目的复杂程度。与工业化的现代主义建筑相比，数字时代的建筑对设计理念的表达方面、功能以及场地要求更为苛刻，更为敏锐，反应更为迅速，体现了数字时代建筑的高度复杂性。

### 6.2.3 数字建构

数字建构具有两层含义：建筑的建造和建筑构件的生产都是借助于数控设备完成的；在电脑中使用数字技术生成建筑形体。前者的关键词是"建造"，而后者的关键词是"生成"，这两方面都离不开数字技术。这两层含义也可以用"物质性和非物质性"来解释，实际中建筑的建造和构件的生产都可作为数字技术的物质性，而数字技术的非物质性是指使用计算机生成建筑设计[1]。

1. 材料成型的数控技术[2]

（1）快速原型制造技术（Rapid Prototyping&Manufacturing，简称 RPM）

它产生于 20 世纪 80 年代末期，是一种被商品化的高新技术。RPM 的显著特点是摆脱了传统的机械"去除"加工法（将毛坯上工件以外的多余材料去除），采用了一种新颖的"增长"加工法（采用薄层毛坯材料一层层地叠加成大工件），三维立体的加工被分解为二维平面加工，也就是使复杂加工逐步简易化，从而不必采用传统的机械加工方式，便能快速、经济地制造出产品零件的原型样品，从而使新产品的试制周期大大减短，试制成本也随之降低，提升了新产品在市场营销上的竞争力。

RPM 将 CAD（计算机辅助设计）、CAM（计算机辅助制造）、CNC（计算机数字控制）、材料科学、激光和精密复式驱动等先进技术汇集为一体，其基本思路是一种逆过程，来源于三维实体被切成一系列连续薄切片，即这一组薄切片都是用二维的方法制造出来的，通过一定的方法将之堆积成三维零件。以零件的三维 CAD 模型为依据，通过计算计的处理变成面化的模型，然后经过计算机将面化模型"切片"形成一系列横截面，在数控装置的驱动下扫描激光束，将工作台面上的首层液态光敏树脂逐层固化，如此反复便"生长"成了三维实体的塑料零件。

---

1 徐卫国. 数字建构 [J]. 建筑学报，2009（1）：61。

2 邓明. 材料成形新技术及模具 [M]. 北京：化学工业出版社，2005。

（2）粉末注射成型（Poweder Injection Molding，简称 PIM）

它是将聚合物注射成型的思想引入粉末冶金领域而产生的一种新型复杂精细零部件装备方法，是一种将传统粉末冶金成形技术与塑料注射技术相结合的新型成形技术。PIM 与其他技术相比，具有经济、制品可加工、质量高等优点。PIM 工艺的关键是选择合适的粉末和胶粘剂。几个部分组成的原料与胶粘剂被均匀混合并经制粒形成适合注射成形的注射料，将胶性的注射料注入金属模具，成为模具的形状，迅速固化后脱出模腔，成为"生坯"。原料的有机成分在随后的脱脂过程中除去。脱除胶粘剂后的零件通常先预烧结，然后进行烧结，在烧结过程中，零件显著收缩并最终致密化。

（3）精冲技术

它又称为精密冲裁技术，是一种先进的精密成形塑性加工技术。通过精冲模具，在专用压力机或改装的通用压力机上，使板料在三向压力状态下沿着所需轮廓进行纯剪切分离，能得到断面光洁、垂直、平整度好、精度高的板材精密轮廓零件。精冲零件的主要技术质量指标都达到甚至超过切削加工或其他加工方法加工的零件，其表面质量可与铰孔、精钻、精车加工相媲美。经精冲加工的零件，其冲切面因冷作硬化效果，硬度和耐磨性大幅度提高，有利于延长零件寿命。精冲自动化程度高，加工效率可提高十几倍以上，大大降低成本，是目前制造技术发展的方向之一。

（4）板料的柔性成形技术

它是指在板料成形时，没有传统的刚性凸模和凹模，而主要靠由信息技术支持的工具（装置）或柔性介质来成形。无模多点成形借助一系列规则排列的、离散的、高度可调的基本体构成基本体群，通过对各基本体运动的实时控制，自由的构造出成形面，实现板料的三维曲面成形。这是将计算机技术和多点成形技术相结合的柔性加工技术，是传统板料冲压成形生产方式的重大变革（图 6-10）。

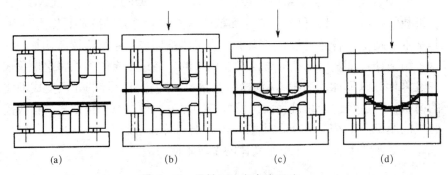

|     |     |     |     |
| :-: | :-: | :-: | :-: |
| (a) | (b) | (c) | (d) |

图 6-10　柔性压边多点成形法

来源：邓明编．材料成形新技术及模具 [M]．北京：化学工业出版社，2005

板料数控渐进成形技术是一系列等高线层由复杂的三维形状分解而成的，并且以工具头沿等高线运动的方式，在二维层面上进行塑性加工，实现了金属板料的数字化制造。板料塑性的传统加工概念被打破，设计到力学、数控技术、塑性成形技术、CAD/CAM、计算机技术和摩擦学等，三维模型的建立到加工工件全过程采用数字化技术，加工薄板成型不需要制作模具，大大节约了时间与资金。

### 2. 数字技术生成建筑形体

许多建筑师与软件工程师一起探讨了运用计算机技术进行建筑设计和推敲建筑形态的方法（图6-11），在建筑设计和实践中采用计算机设计手法，大致有以下几种：

（1）衍生式设计

这是一种受生物学、数学等启发，基于算法的或者说基于规则的设计过程，以此来创造出千变万化的设计解决方案。在建筑设计与实践领域得到应用，并成了造型生成的助推工具。衍生式设计系统包括：自动细胞机（Cellular Automata）、L系统（L-System），不规则碎片形（Fractals）、维诺图案（Voronoi diagram），形体文法（Shape Grammar），还有遗传算法（Genetic Algorithms）。这些衍生式系统引导着设计造型上的探索和变革以及影响到最终的设计成果，对使用衍生式设计模式的设计师而言，创建和修改衍生式设计系统已经成了他们工作的核心内容[1]。

（2）可持续式设计或"绿色设计"

关注的主要是建筑在"绿色环保"方面的性能，致力于使建筑对于环境的影响

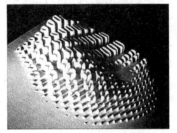

**图6-11　数字建构生成建筑形态**
来源：P. 舒马赫. 作为建筑风格的参数主义 [J]. 世界建筑 [J]. 2009(3)：19

---

1 李大厦等. 数字营造：建筑设计·运算逻辑·认知理论 [M]. 北京：中国建筑工业出版社，2009：54。

降低至最小。

（3）性能驱动式设计

与可持续式设计不同的是，性能驱动式设计是一种整体地去看待建筑行为表现的方式。建筑不仅涉及绿色环保，还涉及社会、文化、技术、经济等多方面的学科领域，建筑师通过对这些方面的统筹，试图在个体和社会的实效性、环境质量以及建筑物本身的完整性中取得平衡。性能驱动式设计突破了仅从美学角度考虑的设计方法，更多地从建筑的性能表现角度去调整设计方案，而非它的造型表达。用传统的方法创建建筑物以后，再将建筑物的形体根据性能标准进行评估并作适当修改。为了使建筑的性能表现能够通过评估并达到令人满意的程度，采用系统优化和模拟技术来进行修改。

（4）衍生式结合性能驱动式的设计模式

将衍生式设计和性能驱动式设计结合起来，除了生成形体外，衍生式结合性能驱动式设计同时结合了性能模型、模拟技术和系统优化算法。这种模式的本质在于，设计师设立的进化式算法把衍生算法进行编码，并将性能回馈这项内容包含在内。计算机主要用来自动生成与评估各种可能的构架，将被研究问题的最优化或可接受的解决方案初稿呈献给设计师。

（5）一体化设计

造型与性能的一体化设计既非单纯地对几何与空间问题的解决，也不是简单的工程学上的问题。在这里，设计问题不能被简单地表述为在建筑的形体组织与经验感受这一框架中的设计表达或者通过寻求技术解决的数学问题。如果我们仅仅单一地注重于建筑的艺术性和科学性或者单一地注重外观的表达和建筑的性能，那么设计便将失去其完整性。如果强调了外观的复杂性和创新性而忽略了建筑的规范要求，那么设计将失去可行性。因而，一项设计必须同时满足美学与功能两方面的需求（图6-12）。这种造型与功能的双重性，被转化为一种追求最佳协同作用的一体化设计解决方案的动力。在设计的初级阶段引入诸项建筑规范，将它们与建筑的空间联系起来，结合设计运算法则探索建筑外形，建筑师可以获得多种满足条件的潜在可能的解决方案。这些解决方案可提高设计的功能性与品质。

总体来说，主要有两种途径来理解与处理多项建筑性能要求。第一种途径，是将设计问题理解为由一些离散的子系统构成的，它们各自的存在与性能表现并不影响其他的子系统，我们称之为模块化子系统。模块化子系统各自独立地寻求解决方案，最终使整个设计问题得以解决。第二种途径，也是将设计问题理解为由一些子系统构成的，但这些子系统相互之间彼此联系紧密，相互作用、相互影响，所以，由它们所形成的设计问题需要同时被解决。我们称这种途径为耦合式子系统。这种耦合式子系统通常存在于一些如汽车、航空及航海等工业行业中，在这些工业里所有的子系统都支持着一种主要功能。

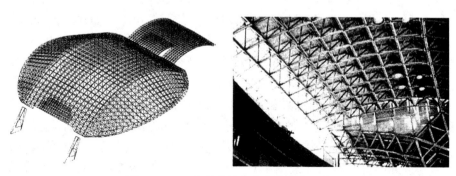

**图 6-12　一体化设计生成优美建筑形态**

来源：[日] 渡边邦夫 . 结构设计的新理念 • 新方法 [M]. 小山广等，译 . 北京：中国建筑工业出版社，2008：64

在建筑行业中，耦合式子系统通常不易识别，但模块化子系统却容易被识别。建筑并不是一个单一体，是由不同层次和不同尺度的各种各样的构件所组成。模块化子系统与耦合式子系统常常并存于一幢建筑中。现有的许多方法都可以用来解决涉及模块化子系统的设计问题。例如：增加了可供观察选择的设计场景与设计方案的数目，改善了对设计整体的理解程度，增进了多种建筑规范和约束条件之间的合作，缩短了设计周期。毫无疑问的是，这些好处的最终结果便是消减了整体的设计成本。可能是更为重要的一点在于，建筑的复杂性可以提升到一个新的高度，一些不可预见的美学效果也可能出现。

性能优化是一种用于研发工业和消费级产品的设计方法。从专业机械设备到竞技体育设备，都用于提高对单个或多个准则的设计效率。航空和汽车工业为性能驱动设计流程提供了一些杰出的例子。航天飞机设计的与众不同之处在于其改进了空气动力学、自重和有效载荷效率。跑车则不仅从主观标准，如审美素质和驾驶体验出发，而且对诸如空气动力学、牵引力控制、能量消耗和行车安全等较为传统的方面提供了另一种优化设计的例子 [1]。

设计问题日益复杂化，使很多设计师和探索家们将精力投入到创建新型系统以处理这一难题。弗兰克.盖里是其中之一，他用多截面或是曲面表

1　[美]Stylianos Dritsas. 性能驱动之建筑设计 [C]// 美国麻省理工学院建筑系论文集 . 李长君，译 . 北京：中国建筑工业出版社，2009：2.

皮所形成的复合外墙，使建筑形象极具动感，让人们能够采用多维视角来解读建筑物。而实现盖里动感建筑的工具之一就是 CATIA 软件系统。

1987 年，盖里设计迪士尼音乐厅时，采用了复杂的形式和结构，施工图设计遇到前所未有的挑战，导致迪士尼音乐厅的建设周期不断延长。运用传统的计算方式显然不够。1989 年，盖里聘请了吉姆·葛莱夫来提升事务所的技术专业水准。葛莱夫从法国航空公司发现了 CATIA 软件系统，这个系统主要是用来将汽车和飞机设计中的复杂形体转换成适于制作和生产的精确的几何形式，CATIA 可帮助工程师将盖里所提出的复杂形体和手工模型转变为现实。1992 年，在盖里为西班牙巴塞罗那奥林匹克村设计的零售综合体的钢质鱼标志雕塑时，由于使用了 CATIA 软件，整个设计过程被简化，并加快了施工过程。随后这个程序和方法几乎应用到盖里所有的建筑作品中，从而让盖里及其团队避免了在迪士尼音乐厅中遇到的麻烦。

美国的克里斯·亚伯总结了 CATIA 软件的工作步骤：首先用一种特殊的激光切割机根据设计制作一个实体模型，用一系列数字化的点将曲面标示在一个三维空间中，并将结构输入到计算机。计算机将同一个坐标转化成一个可以根据设计者需要修改或润色的表皮模型，这些模型通过各种快速成型技术制作出一个新的实体模型。如此反复，通过细微的计算机模型调整，生成更多的实体模型供设计师选择。一旦确定某一个模型，计算机会生成更深入的模型，用来进行结构和覆面的研究，甚至用来控制装配建筑的机器人和其他机器。这个模型在设计初期还可提供精确的建筑造价，计算单个的曲面变形体等[1]。在设计毕尔巴鄂古根海姆博物馆时，盖里借助 CATIA 软件系统，控制了设计和建造程序，实现了一个波浪般的建筑形体，其内外空间的流动交融给人以深刻的印象。毕尔巴鄂古根海姆美术馆引起全世界对盖里的设计方法和 CATIA 程序本身的关注。

福斯特也擅长应用复杂形体，从 1998 年开始，福斯特事务所拥有了自己定制的计算机软件系统——专家模型设计小组（SMG）。SMG 系统利用自己定制的"设计模板"，将自由形体的曲线转化成一系列常规曲线，以得到可知的弧、半径和圆心，这样任意方向的弯曲都可以轻松地计算出来，每个相关联的覆层和结构要素的设计、制作和装配都极其精确。同时，SMG 模板加入了参数概念，若设计师想更改某个参数，那么与它相关的其他参数和对其他元素的影响会自动计算出来，保证了设计、制作、施工的整体性和建筑建造质量。同时，SMG 系统可以转化成一种容易调用的独立数据系统，使每个设计、施工、监理环节的人员都能够创建与自己相关的建筑局部的数据模型，并能快速有效叠加及在各个环节之间传递信息，使

---

1　[美] 克里斯·亚伯. 建筑·技术与方法 [M]. 项琳斐等，译. 北京：中国建筑工业出版社，2009：112-113。

整个团队处于一种高效的合作状态，各项任务能够相互配合，整个建设过程处于可控状态[1]。

无论是盖里还是福斯特，他们所设计的复杂曲面形体主要借助于数控加工途径来实现。许多复杂形体，在激光和快速成型技术合作的模式下，大约几小时之内就可以直接通过 CAD 数据生成精确的立体模型，这样的效率大大缩短了发展设计所需的时间。建筑数控加工的一般方法优势可以从盖里设计的德国杜赛尔多夫新昭豪夫综合大楼中看得出来。B 幢 2.8 万 $m^2$ 的外立面采用了裙摆舞动的特殊形式，为实现这一曲面造型，先在计算机模型中沿着每层建筑的等距离来进行设计，共截取 4 个剖面，制造出近 400 块异形预制混凝土墙面，最后再运送至现场装配。总结它的施工工序可以概括为：①墙体大板的模板是打磨聚苯乙烯和用数控铣床切割而成的；②混凝土的成型是将放置在模板中的捆扎钢筋浇注而成的；③拼装程序在现场进行；④保温材料是依据设计的厚度进行贴加的；⑤立面装饰才用了 0.4mm 厚的不锈钢表皮。作为数字化建造的最早尝试，该建筑实现了许多创造性的曲面建造方法，解决了混凝土曲面体的制造、现场空间定位等技术难题[2]。

形体设计、构件加工、施工装配的数控一体化，使得复杂形态的建造精确度大大提高，也提高了建筑的艺术性和可观赏性。

### 6.2.4 非线性与复杂性建筑形态

信息时代人们的选择逐渐多元化，建筑应是规则形体的思想被突破。在建筑设计中直接采用数字化技术，轻松地解决了以往难以分析和计算的非线性、扭曲面等建筑问题，形体不再束缚空间；借助虚拟现实技术，建筑师们的想象力更加"天马行空"，而不必担心想象中的建筑不能得以实现。同时，建筑师借助新技术与新材料的优良性能设计多样的建筑空间与建筑形式。在构成法则上超越传统建筑的几何空间构成法则，使建筑的空间和外表具有非规则性的特点，我们称其为非线性建筑，人们形容这类建筑常用"异形"、"另类"、"新奇"等词汇。非线性建筑的流行有其深刻的社会背景：从科技层面看，20 世纪 70 年代以来，混沌现象的普遍发现以及非线性科学和复杂性研究的深入，使人类思维方式发生了质的飞跃；反映在建筑层面，奇怪、混沌吸引子、分形等非线性系统被引入到建筑中，使建筑师的视野从规则建筑拓展到与自然形状更为接近的非线性形态[3]。

---

1　[美]克里斯·亚伯.建筑·技术与方法 [M].项琳斐等，译.北京：中国建筑工业出版社，2009：137-142。

2　徐卫国.数字建构 [J].建筑学报，2009 (1)：61。

3　李小海，曾坚.不规则建筑的自然意向 [J].世界建筑，2006 (4)：110。

非线性科学和复杂性研究在 20 世纪 70 年代广泛开展。但是非线性科学在 300 年前就已开始，1687 年牛顿发表的运动定律已经表明了动力学本质是非线性的。20 世纪初，法国数学物理学家庞加莱提出了动力学混沌现象，被公认为发现混沌现象第一人；庞加莱之后，概率论、遍历理论、分形几何学等为非线性准备了研究工具，而拓扑动力学、耗散系统、不规则生态系统演化等是非线性研究的重要知识积累。到了 20 世纪 50 年代，随着计算机的问世，非线性科学的研究手段得到了极大的加强，一批不存在解析解的非线性动力学方程可用数值计算的方法来求解。计算机还画出了过去无法描绘的奇妙的运动图像。数学家和物理学家的结合，促进了非线性科学的突破性进展 [1]。非线性研究的几个重要节点（在第五章中对于复杂系统的几个理论有过描述，本章主要从非线性和复杂性对建筑形态的影响着手进行简要介绍）：

（1）混沌理论

非线性研究的重大突破之一，是发现了一批奇怪吸引子和混沌运动的实例。对混沌现象的认识，是非线性科学的重要成就之一。混沌动力学的许多概念和方法，被应用到自然科学和工程技术领域中。混沌现象的共同定性特征包括：系统的内在随机性，吸引子的分形分维特性，普适性和菲根鲍姆常数和系统长期行为对初始条件的敏感依赖性等。美国气象学家洛仑茨（E. Lorenz）在用计算机模拟地球大气变化模型中，发现了耗散系统中的混沌现象，即在确定性系统的有规则行动外，在某些条件下系统可能出现非周期的无规则行动，洛仑茨曾经这样描绘天气变化的不确定性：南美亚马孙河热带雨林中的一只蝴蝶，偶尔扇动了几下翅膀，引起了微弱气流对地球大气的影响，随着时间的推移，在非线性作用下得到了极大的加强，可能几周以后会在美国的得克萨斯州引起一场龙卷风，人们把这生动地比喻成为"蝴蝶效应" [2]。后来"蝴蝶效应"被广泛地应用于经济学领域。

（2）分形几何学

是非线性科学的重要组成部分。1967 年美籍法国数学家曼德尔布罗（B. Mandelbrot）发表了论文《英国的海岸线有多长？》，提出了分形的概念。分形几何学被用来描述种种不规则的、回转曲折的相空间轨道，从极为精细的无比美妙的相似结构中发现宇宙的奥秘。混沌现象是指非线性系统的时间演化行为，是在时间尺度上反映物质运动的复杂形态，而分形与分维是在空间形态上对非线性系统的复杂结构进行描述。分形具有自相似性和无标度性等几何特征，一般分为自然分形（图 6-13）、时间分形、社会分

---

1　吴祥兴 . 现代科技概论 [M]. 上海：世界图书出版公司，2002：192。

2　吴祥兴 . 现代科技概论 [M]. 上海：世界图书出版公司，2002：193。

形和思维分形等四大类。对于分形具有不规则的复杂形态，不能用常规的整数维来描述，而是用分维——一种分数维来对分形的不规则性或复杂性进行量度。

（3）耗散结构理论和自组织现象

比利时科学家普利高津（I. Prigogine）创立了耗散结构理论，他因此获得了 1977 年诺贝尔化学奖。耗散结构理论主要对原理平衡状态的自组织开放系统进行研究。耗散结构和自组织理论为现代科技开辟了新的发展空间，并被广泛应用于社会科学和社会生活中。

**图 6-13　自然界中的非线性形态**
来源：（罗马椰花菜）http://rongzi.cf001.com/article/100003/12042/

这些非线性科学和复杂性研究理论，借助的正是计算机的强大运算能力，打破了传统的"非一即二"的简单思维模式，进入多元的发展语境，这给建筑师以深刻的启发，建筑师不再单纯地追求传统的几何图形的组合，无论是建筑外形还是室内空间，都在追求一种流动的曲线和内外空间流畅的交融。20 世纪末期以来，在建筑设计领域由于计算机技术的进一步发展，复杂性和非线性日益受到建筑师的偏爱。产生这种现象的主要原因大概有两种：首先是建筑师对社会文明的发展变化的应对措施。信息时代，科技让人们更多更快地接受和传递信息，人们的生活方式处于前所未有的动态变化之中，新的建筑功能不断涌现，建筑和城市空间的功能性变得越来越模糊，带来了许多不确定性，要求建筑具有一定的复杂适应性；其次，随着社会分工越来越细，建筑功能越来越复杂，建筑外延越来越拓展，建筑所涉及学科种类逐步增多，设计团队的复杂性、建筑设计过程中的不确定因素及合作方式的多元化，促使建筑师运用复杂性理论，借助计算机工具应对各种复杂情形。总之，计算机数字化技术被引入到作为复杂系统的建筑设计中，从而促进建筑师所控制和设计的几何形体设计变得复杂、高级，在设计过程中计算机的真正参与，增加了设计上的可能性，而不是只运用计算机来进行简单的复制、粘贴[1]。

在探求非线性和复杂性建筑方面，许多建筑师取得了非凡的成就，盖里、福斯特等是其中的佼佼者，另外一位杰出的代表人物是扎哈·哈迪德。

1950 年出生在巴格达的哈迪德，在她赴英国学习建筑，追随绿色建筑形态前，曾于 1971 年在黎巴嫩贝鲁特的美国大学研修数学；1977 年她在伦敦建筑学会获得建筑学学位；1976 ~ 1979 曾在 R. 库哈斯事务所工作；1979 年开设了自己的建筑事务所；1983 年在伦敦举办了"星际建筑艺术"展览会；2004 年获得普利茨克奖，是获得该奖项的第一位女建筑师和最年轻的建筑师。评委们给她的评价是："是多年来创作轨迹最为清晰的建筑师之一"，"极少的建筑师在建筑哲学与方法影响了整个领域方向，哈迪德是其中之一，她耐心地创造和提炼建筑语汇，为建筑艺术提供新的思路"，"虽然她已建成的作品规模一般不大，却赢得了广泛的赞誉，她的构思必将大放异彩"[2]。

扎哈·哈迪德因其挑战传统的建筑形式而著名，数学学习经历使她对数学界的最新成果有着敏锐的洞察力，她的建筑有机，富有动感和雕塑感，在外部形式和室内体验空间上都有创新。她的建筑借助计算机数字化建模工具，强调建筑设计、建筑技术和建筑施工的互动性，出现了许多打动人心的新形态。哈迪德认为：流动艺术展馆这类建筑的实现得益于科学技术的进步，诸如复杂性的理念、数字影像软件的出现与施工技术的提高等，带给建筑形态以更多的可能性与可行性。新的数字设计以及制作流程的出现，极大促进了当代建筑形态向流动和自然的建筑形态转化，这种制作流程带给我们一种全新的建筑语言，或者说一种完全意义上的有机形式诞生了。它与 20 世纪时期的规则复制以及重复排列的建筑形态截然不同，完全是令人耳目一新的新建筑形态[3]。

哈迪德及其合作者的作品包括：丹麦哥本哈根奥德鲁普戈德博物馆、德国莱比锡宝马中心大楼、德国沃尔夫斯堡费诺科学中心、法国波城多媒体图书馆、西班牙马德里普埃塔·阿梅里卡酒店、德国魏尔信息展廊、香奈儿流动艺术展馆等等，无一不是在数字化设计与新的加工制作工艺技术的支持下完成的。

其中 1999 年设计的德国魏尔信息展廊位于一个公园内。公园原是一

1　王路. 晰释复杂性. 世界建筑 [J], 2006 (4)：16。
2　薛恩伦. 后现代主义建筑 20 讲 [M]. 上海：上海社会科学院出版社, 2005：271-272。
3　扎哈·哈迪德事务所. 香奈儿流动艺术展馆 [J]. 包志禹, 译. 建筑学报, 2008 (9)：72。

个采石场，并保留着部分采石设备作为纪念。因此哈迪德将展廊造型设计得犹如地势起伏，暗示地层构造，又像是古树的化石，与公园相得益彰，成为重要景点之一。

在设计香奈儿流动艺术展馆时，哈迪德从一款香奈儿菱格纹手袋中汲取灵感，加上她对自组织系统的研究，决定将这个为流动艺术所设计的展馆采用一个类似贝壳的扭曲造型。在设计中，哈迪德采用了参数化设计系统，不断地调整展馆外形与周边环境的关系，以及展馆内的展览空间和参观流线的关系，最终使得展览和参观者产生互动，将建筑本身也作为一个流动艺术的展品。哈迪德认为：流动艺术展馆的创新与突破在于这个展馆是一件整体艺术作品，它挑战了将智力及物质的因素演绎为感性信息的可行性——致力于把完全未知很好地楔入地域环境进而实现香奈儿的全球品牌庆典的要求。她觉得流动艺术展馆自亚洲至美国，再到欧洲巡游的过程也是建筑在重塑自我的过程[1]。香奈儿流动艺术展馆于 2008 年在中国香港进行展览，采用了钢结构，建筑材料是玻璃钢、PVC 和 ETFE 屋面膜，其后又在东京、纽约、莫斯科、伦敦、巴黎等地进行了展览。

## 6.3 未来建筑形态发展趋势

可持续发展是当今世界关注的大问题，建筑的可持续发展也是全球建筑界面对的重要课题，其重要性以及人们的重视程度渐渐超过了建筑的其他方面。工业化带来的污染，生态环境被严重破坏，能源危机频频出现，以至诸如 2012 地球毁灭这样的预言此起彼伏。面对生态环境的恶化，20世纪后期人们逐渐认识到以往的工业化路线具有很大的破坏性，一味地索取换来的是地球生态环境的恶化，直接危及人类的生存。为改变这一局面，提出了可持续发展的理念，将节约能源、保护生态环境提到人类生存的重要地位上。而作为耗能、资源大户且是最大污染源的建筑界，首当其冲地必须转变观念，走可持续发展的道路。

从 1981 年的《华沙宣言》到 1999 年的《北京宪章》，可持续发展观念迅速普及。建筑师们致力于研究节能建筑、环保建筑、生态建筑和健康建筑。一些西欧国家的建筑师与环保团队、科学研究机构合作，在太阳能利用、降低房屋能耗、水资源循环利用、环保型建筑材料、环境绿化等方面有许多成功的技术和实施的经验。

无论是工业社会还是后工业社会，人类文明的每一次进步，都以消耗有限资源为代价。进入新世纪，人们逐渐意识到人类自身对大自然的破坏

1 扎哈·哈迪德事务所.香奈儿流动艺术展馆 [J].包志禹，译.建筑学报，2008（9）：72。

是威胁地球生存的最大危害，如今"可持续"、"低碳"的理念在社会经济的各个方面得到广泛关注。如何减少碳排放量，减缓地球变暖和冰川融化的速度，是从政府到专家都在研究的课题，建筑师当然不能置身世外。从世界的整个发展过程中，建筑耗能或碳排放占据一定的比例。无论是建筑建造过程，还是建筑垃圾的处理都对环境造成不可逆的损害，因此，建筑师与各种工程师等合作寻求建筑节能、减排、降低垃圾产生量的途径和措施。从最初的追求人工舒适度（过度追求技术，完全用空调等调节室内温度和空气）到寻求自然环境的营建（运用各种手段来追求自然通风和温度，包括在建筑中运用太阳能，利用可调节电子窗幕调节室内光线和通风及温度等等），从"绿色建筑"到"生态建筑"的发展历程，显示了建筑师们对生态环境的重视逐步提高，并应用到自身的实践中。

### 6.3.1 追随绿色的建筑形态

人们的居住、工作和活动的空间更为健康、安全和舒适，并且资源的有效利用达到最高以及对环境的影响降到最低的建筑物，统称为绿色建筑。"绿色"不单指普通概念上的屋顶花园、立体绿化，主要是指代一种象征或概念，是指环境不会受到人工建筑物的破坏，自然资源能够得到高效利用，而且这种建筑需要在不破坏生态环境基本平衡的前提下建造，还可以称之为节能环保建筑、可持续发展建筑或回归大自然建筑等等[1]。

绿色建筑在室内布局和材料选择方面比较合理，为保证室内空气的质量，尽量减少使用合成材料，充分利用自然通风和自然采光，并最大限度地利用阳光，降低能源消耗，从而使居住者感觉到前所未有的接近自然。将人、建筑与自然环境的和谐发展作为建筑设计原则，在通过合理地利用天然条件和适当增加人工手段获得健康、良好的居住环境的同时，减少利用自然环境而造成对自然环境的破坏，在索取与回报中寻找平衡点。绿色建筑的基本内涵是：能源资源得以节约，环境受建筑的负面影响大大降低；使生活空间更加健康、安全与舒适；更加接近自然环境，做到人、建筑和环境的和谐发展。

节约能源，充分利用太阳能，减少采暖和空调的使用，采用节能的建筑围护结构，这四个方面是绿色建筑设计理念首要考虑的。为此我们需要利用夏季的主导风向，采用适应当地气候条件的平面形式及总体布局，利用自然通风的原理设置风冷系统，做到节约能源。合理选择建筑形式、建造方法以及建筑材料，不仅要减少资源的浪费，还要促进资源的再利用，多种绿化，使建筑回归自然、返璞归真，并与周边环境和谐一致。为让居

---

1　华业. 青少年科普故事大本营（第二季）[M]. 北京: 石油工业出版社, 2010。

住者拥有舒适和健康的室内生活，高标准选择建筑材料、装修材料，使室内空气清新，温度、湿度等方面达到最高要求。

　　绿色建筑对建筑的地理条件有明确的要求，建设地点的土壤中不能有有害物质，并应有纯净的地下水，地温适宜，地磁适中。绿色建筑根据地理条件，设置风力发电装置及太阳能采暖、热水、发电系统，以充分利用天然可再生资源。对所用的木材、树皮、竹材、石材、石灰、油漆等均需进行必要的检验处理，以确保对人体无害。总之，绿色建筑是追求自然、建筑和人的和谐统一，其核心是节能减排，尽可能采用有利于提高居住品质的新技术、新材料。

　　建筑物在建造及使用的过程中，需要大量地消耗自然资源，环境的负荷也因之加重。资料表明：建造各类建筑物及其相关设施需要占去人类取自自然界的物质原料的50%。建造和使用建筑也要耗掉大量的能量，基本可占到全球能量的50%上下；全球总污染量的34%与建筑有关，主要包括空气、光、电磁等污染；建筑垃圾也消耗巨大的能量，其可占人类活动产生垃圾总量的40%[1]。因此，各国都在探索将可持续发展理念贯穿于建造和使用的方方面面，绿色建筑概念的提出顺应了发展需求。近一时期，绿色建筑的研究与应用受到世界各国广泛关注，多个国家和相关组织制定了绿色建筑方面的相关政策以及配套的评价体系，可持续建筑标准研究和编制也已展开。当然，鉴于世界各国经济、科技发展水平不同，加之地理位置及人均资源等条件相异，各国对绿色建筑的研究与理解必然存在着理解上的不同。

　　澳大利亚绿色建筑评价体系主要有澳大利亚全国建成环境评价系统（NABERS）、"绿色之星"评价体系（Green Star）以及建筑可持续性能指标（BASIX）等，针对不同功能的建筑制定不同的评价标准，从管理、室内环境、能源、交通、水、节材、土地利用与生态、排放物、创新等九个方面，对建筑设计等开发阶段前期和既有建筑运行中对环境的影响进行全方位的实测，从而有效减少建筑对环境产生的不利影响，提升使用者的健康舒适度和工作效率[2]。

　　日本绿色建筑评价体系主要是建筑物综合环境性能评价体系（CASBEE），对既有建筑、改建建筑、城市规划、新建建筑等进行评价，部分城市规定一定规模以上的新建建筑，必须提供CASBEE评价计划书[3]。对于不符合CASBEE技术要求的高耗能产品，则毫不留情地淘汰出市场，有效推动了

1　中华人民共和国国家标准.绿色建筑评价标准（GB 50378—2006）[s].北京：中国标准出版社，2006。
2　袁镔.澳大利亚绿色建筑政策法规及评价体系[J].建设科技，2011（6）：64-66。
3　马欣伯.日本绿色建筑政策法规及评价体系[J].建设科技，2011（6）：61-63。

高效能产品的研发和新技术的推广。

英国在 1990 年推出了世界首个绿色评价体系——英国建筑研究院环境评价方法（BREEAM）。为有效减少碳排放，英国政府宣布 2016 年前，所有的新建住宅实现碳零排放[1]。

中国也在 2006 年修订了新的《绿色建筑评价标准》（GB 50378—2006）。中国正处于工业化高速发展的进程中，诸多信息表明：中国现有建筑的总面积已达到 400 多亿 $m^2$，预计到 2020 年的建筑总面积将达到约 700 亿 $m^2$。在此过程中，大力发展绿色建筑势在必行。《绿色建筑评价标准》对住宅建筑和办公建筑、商场、宾馆等公共建筑从六大指标进行评价。

总之，设计绿色建筑的总体目标是：我们想设计一座精彩的建筑——光线充足、冬暖夏凉、健康舒适、节省能源、经久耐用，并且促进人与自然的健康发展。可持续发展设计与其说是一种建筑风格，不如说是一种建筑哲学。一套整体设计方法极其重要，如果仅仅随意地将一系列的技术应用到传统建筑的设计上来，最终我们的设计容易变得支离破碎，成为"愚蠢的事情"——花费了更多的钱，效果却只能比传统建筑稍微好一点。而运用整体的生态措施，设计出来的建筑将更舒适更经济[2]。

在绿色建筑中太阳能的利用是比较常见的，被统称为太阳能建筑。其表现为通过缜密的设计，实现建筑优化和利用太阳能的目标。太阳能建筑力图将为建筑物提供一系列功能（诸如采暖通风、空气调节、动力照明、热水等）的部分常规能源替代为太阳能，致力于最大限度地使用太阳能以满足或部分满足人们的生产及生活的能量。

太阳能建筑根据对太阳能的应用方式可被分为主动应用、被动应用及综合应用等几种方式。"温室效应"理论是被动应用型太阳能建筑的主要工作原理，被动式太阳房就是典型的实例，主要是结合建筑朝向的选择及合理布置建筑周围环境，同时精心打造建筑空间的外在形态，科学选用建筑材料及结构类型，做到系统采集、存蓄、分配、利用太阳热能的建筑。主动应用型太阳能建筑依靠太阳能光电和光热新技术为建筑提供太阳能，做到建筑的能源全部或部分为太阳能所提供。其中，太阳能采暖系统包括太阳集热器、散热器及贮热装置等设备；太阳能空调系统的工作原理是依靠太阳能溴化锂的吸收特性完成建筑的温度调节；应用太阳能集热器组成的太阳能热水系统完全可以满足居民生活热水的需求；太阳能光电系统是为建筑提供太阳能的重要手段，它由太阳能光伏电池、蓄电、逆变、控制等组成部分。综合利用即全方位对太阳能资源进行综合利用，其手段主要

1　林文诗.英国绿色建筑政策法规及评价体系 [J]. 建设科技，2011（6）；58-60。
2　谭薇编.欧洲新建筑：小预算 大理念 [N]. 中国建设报，2011-9-14（7）。

包括开发保温隔热的建材，实现建筑自然通风与采光，采用太阳能光热光伏技术，既满足建筑的能量采集，又满足了建筑对遮阳、光影和舒适环境的要求，建筑形态也相应地发生了变化。

目前，太阳能建筑已在世界各地大量出现，众多建筑师巧妙地利用太阳能创造出许多新的建筑形式。太阳能墙是美国建筑专家发明出来的，建筑物的外墙体由打孔铝板组成，铝板为黑色，可吸收照射到墙体上的太阳能量的80%。德国科学家则发明出了太阳能窗，有的可以将白天建筑物窗玻璃表面的太阳能收集并储藏在墙和地板中用于夜间的使用；有的则类似于变色太阳镜，窗玻璃可根据需要自动在透明与不透明间变化以调节进入房间的阳光量，满足室内温度和照度的要求。日本开发出了太阳能屋顶，百余平方米太阳能屋顶的发电量与3.7kW功率的发电机相当。日本还实现了家庭太阳能与城市电网的转换系统：如果一户住宅使用了太阳能，当太阳能屋顶的发电量超出家庭使用量时，剩余电量可补充到城市电网中；电力不足时，外网又可将电回流家中。德国建筑师赛多·特霍尔斯设计的太阳能建筑构思巧妙，建筑基座可自动跟踪阳光而在环形轨道上旋转，速度为每分钟转动3cm，它的太阳能发电量是静止的太阳能房屋的2倍，而因转动所消耗的电量只占其自身发电量的1%。

太阳能具有开源节流的特点，太阳能光伏技术得到了广泛的应用和开发，主要用于发电、采暖、制冷、通风降温、控制自然光等，太阳能与浅层地能、风能、生物质能等，都具有资源消耗低、环境负荷小的特点，这些能源在建筑上的运用是未来建筑的发展方向之一[1]。

随着绿色建筑的发展，建筑师们和社会各界已不满足于仅仅是建筑自身的节能减排，而是整个社区从建筑布局、交通组织、人们的生活模式及出行模式等的综合探索。英国贝丁顿零耗能发展项目是其中探索比较成功的例证[2]。

英国贝丁顿"零能耗发展"社区（以下简称贝丁顿生态村）位于伦敦附近的萨顿（Sutton）市，由英国著名的生态建筑师比尔·邓斯特（Bill Dunster）设计。该项目被誉为英国最具创新性的住宅项目，其理念是在不牺牲现代生活舒适性的前提下，建造节能和环保的和谐社区。贝丁顿生态村用地面积15hm$^2$，共拥有住宅99套，办公区面积为约1405m$^2$，还有相关配套的展览中心、幼儿园、俱乐部和足球运动场等，居民人数达210人，

---

1　华业.青少年科普故事大本营（第二季）[M].北京：石油工业出版社，2010。
2　贝丁顿生态村通过按照节能原则设计的建筑物整体规划以及使用内部的可再生能源，实现了居住零能耗；一般认为这种生态社区从造价到运用成本都要高于普通社区，而贝丁顿生态村带来的利好消息是不仅开发商从中赢利比一般社区要高，而且居民也节约了日常开支，对生态社区的整体推广具有积极的借鉴意义，也显现了生态社区发展的巨大潜力。

小区拥有 60 名服务人员。

整个"零能耗发展"社区采取非常高的设计标准，一切设计均遵循环保理念：注重可再生、可循环利用等能源的使用，包括阳光、空气、废水和天然材料等，使用过程中力争做到节能实施的简便易用。由于岛国英国所处纬度较高，冬季寒冷而漫长，采暖期长达半年以上。针对这一不利因素，建筑师注重选择可循环利用建筑材料并巧妙地循环使用热能，以此减少取暖所造成的能源，"零采暖"的消耗目标得以完美实现。

其建筑形式均服从于环保节能、低碳可持续的理念。本着最大限度地吸收太阳光中的热量，生态村的所有住宅均为南向。家家户户均有一个以双层低辐射真空玻璃为材料的玻璃阳光房，将阳光房的玻璃打开后就成为敞开式阳台，这在炎热的夏天可帮助室内散热；在关闭阳光房玻璃的情形下，可以存储从阳光中吸收的热量，对在寒冷的冬天提升室内温度极为有利。除此之外，全部的办公室均在北面，这样阳光就不会直射到建筑室内，避免了办公室中的各种办公设备额外吸收阳光，而影响设备的寿命，同时电脑屏幕也可以远离阳光直射，从而保护使用者的眼睛。为最大限度地减少热损失，办公室的玻璃由三层真空玻璃构成。墙壁厚600mm，也分为三层，内外两层分别采用了具有高蓄热性能的石砖和混凝土空心砌块，中间填充岩棉。这种墙体结构能够根据天气的冷暖，释放或储存热量，以帮助室内温度保持相对恒定。除此之外，建筑门窗具有很好的气密性，与混凝土结构一起，具有良好的保温性能，不仅有效减缓了热量散失的速度，还有利于把居民日常活动中产生的热量保存起来，在必要时用于房间加热。生态村没有安装中央供暖系统，但是通过上述系统工程，室内温度可以维持在一定水平上。屋顶上风帽形装置会随着风向变化而转动，是供给室内新鲜空气、排除污浊空气的通道，而且这种形式有效减少了室内外空气转换而带来的热耗散。

从外观来看，生态村的建筑不同于传统的住宅，更像是一个设备（图6-14），从人性化方面，可能缺乏人情味。这就给我们带来了一个新的课题，在解决了低碳可持续发展的同时，探求新的建筑美学观。

上海世博会伦敦零碳馆将英国贝丁顿社区的成功理念加以全面运用，力图向世博会游客演示建筑在应对气候变化方面所采取的灵动设计手段。伦敦零碳馆总建筑面积 2500m²，为满足维持整个伦敦零碳馆运转的能量需求，伦敦零碳馆前后相连的 2 栋 4 层坡顶小楼的南北坡面均设置太阳能板：南面坡顶由太阳能光电板和热能板组成，北面坡顶只安装太阳能光电板，共使用 600m² 光电板和 200m² 的热能板，其中坡顶光电板可自动开闭。为保证室内温度冬暖夏凉，并具有相对稳定的室内温度，用超级保温材料作为建筑表皮，减少了空调使用量。伦敦零碳馆充分利用建筑屋顶，种植绿色植物，此举可谓一举两得：降低室内温度，均衡湿度；植物释放的氧气可以平衡建筑产生的二氧化碳。屋顶上安装了五颜六色的风帽，可随着风向自由转动，利用室内外温差和风压及时将新风送入室内，并排出室内废气，随时保持室内空气的纯净；建筑外墙应用纳米材料，保障降雨天能实现墙体的自身清洁效果并阻挡92%的非可见光进入室内。

图 6-14　英国贝丁顿社区

来源：朱晓琳．贝丁顿零碳社区（J）．建筑技艺，2011（Z5）

建筑，对于自然界来说，就如同一个细胞。传统的建筑是从自然界吸入新鲜空气，排出有害气体；吸入清洁生活用水，排出有毒污水；输入电及燃气等高级能源，排出废热等低级能源；输入食物、材料等资源，输出废品和垃圾。为了构建舒适的室内环境，传统建筑在空气、水、能源和物资等方面成了自然环境的污染者。而新型的零碳建筑，不仅不会耗费非可再生资源以供给生活运转并排出对自然环境有害的物质，还能够完全从自然界吸取能量并不对自然环境造成任何改变性的威胁。

贝丁顿生态村和伦敦零碳馆是一种新生活方式的尝试，也是一种新建筑理念的探索，而这一切探索有赖于更新的科学技术的支撑。科学技术的发展不仅用来从大自然中索取，同样也用于对大自然环境的弥补或者尽量减少对大自然的破坏，人类终于认识到与地球的母子关系，或许这就是人类文明最大的进步。

### 6.3.2　追随生态的建筑形态

当今世界，由于生态失衡、人口膨胀，资源减少等原因，我们的生态环境受到了非常严重的破坏，生态环境危机几乎一触即发，全球化的生态环境问题和人类的发展与生存之间的斗争越来越激烈。面对如此严峻的现实，我们所信仰的价值系统与城市发展观的信念必须重新评判与审视。

很多有先见之明的人逐渐意识到我们与环境休戚相关，人类本身也是大自然的一部分。我们必须在城镇建设与发展的进程中优先思考生态环境问题，将生态环境问题与社会和经济发展放在同等重要的位置上；还要深谋远虑，走可持续发展的道路。可持续发展理念是1992年《里约热内卢宣言》中提出的，今天我们的发展，不以牺牲子孙后代的利益为代价，是我们应当共同选择的行为准则。由于建筑与它的建成环境是人类对自然环境带来影响的重要因素，所以建筑设计要与可持续发展原理的观念相符合，从能源的利用率及人类身体的影响等多方向进行综合的思考。为了建筑、城市、景观环境的"可持续"，建筑学、城市规划学、景观建筑学学科开始了可持续人类聚居环境建设的思考。近年来，在优化自然、建筑与人的关系，探索最为舒适合理且可持续发展的生存环境的过程中，提出了生态城市和生态建筑的概念。

所谓生态建筑，是致力于适应自然生态良性循环基本规律而产生的建筑新种类，生态建筑的特质在于它应具备生态性质，生态原则为生态建筑的发展指针，是致力于以生态环境以及自然条件为价值取向而展开的一类边缘生态工程和建筑形式。生态建筑的目的不但在于要获得相应的社会经济效益，而且还要实现生态环境的保护。

作为一门综合性的系统工程，生态建筑是多学科、多工种的交叉，涉及的面很广，主张将人类社会与自然界之间的平衡互动作为发展基点，并将人类作为自然的一员来重新认识和界定自己及其人为环境在世界中的位置。生态建筑仅靠几位建筑师努力是不可能实现的，需要全社会的重视与参与，也不是短时间内就可实现的，是一个长期的工程，需要新世纪的建筑师为之终生奋斗。一般来讲，生态建筑首要做的是怎样处理好人、建筑和自然三者之间的关系，要创造出人类生活的舒适的空间小环境，又要保护好周围的大环境——自然环境。这其中，前者主要指对土地等自然环境的集约利用和重复利用；本着减少使用、重复使用、循环使用以及用可再生资源替代不可生资源等原则，选择建筑能源和建筑材料。后者主要是减少排放和妥善处理有害废弃物（包括固体垃圾、污水、有害气体）以及减少光污染、声污染等等。对小环境的保护体现在从建筑物的建造、使用，直至寿命终结后的全过程。从建筑设计角度，生态建筑主要表现为：利用太阳能等可再生资源，注重自然通风，自然采光与遮阴，为改善小气候采用多种绿化方式，为增强空间适应性采用大跨度轻型结构，水的循环利用，垃圾分类、处理以及充分利用建筑废弃物等。仅从以上几个方面就可以看出，不论哪方面都需要多工种的配合，需要结构、设备、园林等工种，建筑物理、建筑材料等学科的通力协作才能得以实现，这就需要建筑师必须以生态的整合的观念，统领各学科。

生态建筑所提倡的有机结合观、地域与本土观、回归自然观等生态观念，是环境价值观的重要组成部分，也是可持续发展建筑的理论重要组成部分，其所利用的生态技术手段也属于绿色技术范畴。

在生态建筑的探索中英国的奥维•阿鲁普、巴托•麦卡锡和BDSP事务所，以及德国的凯泽•博特赫尼克（Kaiser Bautechnik）事务所，运用先进的计算机模拟性能测试的技术，提供各种各样先进的环境与工程设计服务，并创造了一种全新的以生态技术为主的建筑形式。

生态技术建筑是以计算机为中心将全球化的技术与地方特色、社会环境相结合，将先进技术与有机形式结合，关注的不是一栋建筑看起来是什么样，而是它是怎样运作的。其中的关键是智能技术的使用，即利用智能技术使建筑、使用者和环境之间取得了动态的、相互作用的联系。工程师们正在研制智能材料，相信不久的将来，就会达到生态技术建筑的目标：建筑内小至分子层次，大至建筑屋顶，都按客户的要求定制。

福斯特在把握生态建筑技术方面表现优异（图6-15）。他始终致力于低能耗、高效能的设计，并追求高技术的运用。在设计开始，他会组织包括建筑师、建筑物理工程师、结构工程师、数学家、计算机编程员等各类专家在内的设计顾问组，借助特定的计算机程序，对建筑周边环境和建筑形态进行理性的评估和筛选，并从各个方面对建筑形态的物理性能进行测试，并对形体进行反复调整，最终获得一个与周边环境最契合的建筑形态，同时，这个建筑在生态节能方面也是最符合各项要求的。从20世纪80年代的香港汇丰银行开始，福斯特和他的工程师们开始探索全方位的低能耗生态技术体系。

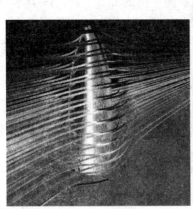

图6-15　福斯特运用计算机、结合生态要求生成的建筑形态

来源：[美] 克里斯•亚伯.建筑•技术与方法 [M].项琳斐等，译.北京：中国建筑工业出版社，2008：134

福斯特设计的法兰克福商业银行，是一栋采用了可开启窗扇和自然通风的现代摩天楼，一年中80%的时间靠自然通风，多层的空中花园不仅是活动交流场所，还是建筑的"肺"，将新鲜空气送到周边的办公室中。伦敦瑞士再保险公司总部大楼（1997～2004年），运用计算机软件对建筑各方面物理性能进行了测试，最终形成了纺锤形的外观，平面呈环形，每层都有6个对称设置的三角形采光井，采光井每两层偏转5°形成螺旋状外观。流线型形体减轻了结构自重，而且最大限度地降低了风力对建筑结构施加的荷载，并减弱了下行风以解决摩天楼底层周边常见的风洞现象；该建筑物采用自然通风，能耗比使用空调和机械通风系统减少了约40%；六条螺旋上升的空中花园，提供了工作人员的共享空间，并为整栋建筑创造了一个良好的生态系统，既有利于日光自上而下地穿透建筑内部，又有利于空气流自下而上地贯通建筑各层[1]。这些功能的实现，都是在计算机精确的计算和指导下形成的。伦敦新市政厅精准的外观设计，使建筑北立面角度定位精确，太阳在任何时段都不会直射到钢与玻璃组合的墙面上。而由计算机调节的被动式自然通风系统，以及建筑下方深处的地下水制冷系统，使建筑耗能不超过普通办公楼的1/4。

　　意大利著名建筑师斯蒂法诺·波里在2006年设计了两座高度分别为110m和79m的公寓大楼，每一层公寓都有凸出的阳台，当大楼竣工后，这些凸出的阳台上都将被种上树木，从外表上看就像是两个"垂直的空中森林"（图6-16），将森林、生态环保和建筑巧妙地融为一体[2]。目前，这两栋大楼正在意大利米兰市进行建设，建成后所种植物总数为730棵树木，5000棵灌木和11000株地表植物，相当于1hm² 森林所拥有的绿化量。这些树木将由专业团队护理，楼顶最高的树木可能长到9m，不仅成为人类的绿色家园，同时也将成为昆虫、鸟类和小动物安家的天地。建筑师希望这些植物能净化被污染的空气，遮蔽地中海的烈日，还能随着季节变化改变建筑的外观景色。在土地资源日益紧张，人们向空中发展的今天，如果这个建筑能够成功，会给林立的钢筋混凝土丛林带来绿色，为城市环境带来生机。

　　进入21世纪，人类生存环境危机越来越严重。2012等地球毁灭的预言考验着人类的神经，日益增加的碳排放、热岛效应不断摧毁着地球保护层，全球变暖现象日益凸显，各种自然灾害不断上演，提醒着我们对于大自然的破坏已到了危及人类生存的警戒线。为应对这种不利局面，一方面，人类运用最新的尖端技术手段，不断探求着地球以外的生存空间：探月、

1　赵建波. 基于生活观、科学馆和教育观的研究型建筑设计思想 [D]. 天津：天津大学，2006。
2　沈志真. 意大利建造"空中森林"[N]. 半岛晨报，2011-10-30(A10)。

太空空间站等；另一方面，人们在地球上利用先进的技术手段营建着绿色建筑、生态建筑，在不破坏人类生活舒适度的同时，最大限度地保护生态环境，可持续发展的理念已逐步融于建筑的方方面面。可以说，生态建筑是一个兼顾环境保护与人类生活舒适健康的概念，是当前世界建筑发展的重要方向。正如美国建筑师、旧金山建筑学院院长福瑞德·A·斯迪特所说："21 世纪最重要的建筑新闻并不是推出 CAD 设计软件或者出现某某最新的设计思潮。实际的情况是，生态设计与生态建筑正在逐步成为建筑专业设计遵循的原则。"[1]

**图 6-16　垂直的空中森林模拟效果图**
来源：沈志真．意大利建造"空中森林"[N]．半岛晨报．2011-10-30(A10)

### 6.3.3　智能建筑

随着计算机技术的不断发展，建筑师们用计算机来模拟室内环境和建筑物对自然环境的影响程度。为了更加节约能源，营造高效便捷的生活系统，智能建筑应运而生。智能建筑的概念诞生于 20 世纪末的美国，以建筑物为平台，兼备信息设施系统、信息化应用系统、建筑设备管理系统、公共安全系统等，集结构、系统、服务、管理及其优化组合为一体，向人们提供安全、高效、便捷、节能、环保、健康的建筑环境[2]。建筑的智能化程度受到科学技术发展水平的制约，科学技术的发展将全球带入到信息时代，智能建筑是信息时代的必然产物。自 1984 年美国哈特福德市建成了第一幢智能大厦以来，智能建筑的发展势头表现得异常迅猛。计算机技术、控制技术、

1　[美] 福瑞德·A．斯迪特．生态设计——建筑·景观·室内·区域可持续设计与规划 [M]．汪芳等，译．北京：中国建筑工业出版社，2008。

2　华业．建筑科学故事总动员 [M]．北京：石油工业出版社，2010：309。

通信技术、图形显示技术统称为 4C 技术，代表了世界科学技术发展的未来。建筑综合采用 4C 技术，在建筑内建造出综合的计算机网络，如此便实现了建筑的智能化。4C 技术通过对建筑物的 4 个基本要素（结构、系统、服务和管理）以及它们之间的内在联系以最优化的设计，在满足建筑投资合理、运转高效要求的同时，实现建筑幽雅舒适、便利快捷、高度安全的要求。

人类社会经历了以农场工作为主的农业社会和以工厂为主的工业社会，智能建筑在生产场曾扮演了一定的角色，发挥的功能有限。而今人类文明正在步入知识经济社会，保护环境、节省资源，降低能耗是新时代的新课题，以高新技术的研发为前提的智能建筑是今后建筑科技发展的大方向。目前，主要是单幢办公楼综合智能化管理，工厂是智能化生产，学校是智能化教学。不远的将来，随着智能化技术的发展，信息的传输交流表现为高速、宽带和图像，运用广域通信网络将实现综合智能化社区的概念，社区中的建筑群之间、不同功能建筑和建筑之间，都将实现智能化联网，人们工作、学习、生活更加便捷。继而由社区推广至城市，发展拥有高效便捷的管理系统和服务系统的智能化城市，这是未来智能化技术的发展方向。在未来社会，人们的生活观念和生活方式将发生翻天覆地的改变。

信息科学技术的进步与电子计算机水平的提高，是促进智能建筑产生和发展的两个决定性的动因。特别是在 20 世纪末期，智能建筑伴随着当代科学技术发展而进入了一个快速发展的新阶段，建筑业受到了前所未有的巨大冲击，智能建筑已然成为新一轮建筑革命的先锋，演变为 21 世纪的重大建筑突破，它带给建筑业新的发展方向，并进而带动其他相关行业的进步。智能建筑的发展水平开始成为考察世界各个国家科学技术和文化发展水平的重要指标。大力研发与推广智能建筑是未来建筑的发展趋势。

福斯特所设计的香港汇丰银行是第一座真正意义的"智能建筑"，配备了完全采用计算机处理的建筑管理系统（BMS）、气候监控系统和维护系统。这些系统与神经系统有很多相似的地方，是一个含有主动(机器驱动)和被动（非机器驱动）要素的混合控制系统。当代很多建筑都运用了这种系统，如汉沙 & 杨公司（Hamzah and Yeang）设计的流线型的 UMNO 政党新总部（UMNO Party Headquarters），哈加斯•卡斯图里的证券委员会大楼（Securities Commission Building），都采用了双重环境系统，取得了可观的节能效果，同时又改善了工作环境[1]。

由西班牙建筑师恩里克•鲁伊斯—杰里及 Cloud9 建筑设计事务所设计的巴塞罗那 Media—TIC 大厦（图 6-17），被认为是最具代表性的智能绿色建筑，是结合美学愉悦感与创新生态技术的经典之作，其设计理念符合设

1 克里斯•亚伯.建筑•技术与方法 [M].项琳斐等，译.北京：中国建筑工业出版社，2009：75。

计师对"成功建筑"的定义：零污染、自给自足、数字化建构、智能化分布[1]。该楼一完工，就获得了《纽约时报》等媒体的广泛报道，摘得世界建筑物节能最高奖项——LEED金奖。Media-TIC大厦的表皮材料为新型铁氟龙涂料板（北京水立方也选用了这种新材料，该材料的优点在于其可有效阻绝紫外线，达到隔热的目的）。Media-TIC大厦的内部装设了三百余颗触控式侦测器用来自动控制照明——人在灯亮，人去灯熄。为了大幅削减建筑物碳排放量，Media-TIC大厦的制冷并未采用高能耗的电器设备，创造性地使用近海10摄氏度的海水循环来为建筑降温，在与室内空气能量交换完成后排回大海。经过多种手段的综合运用，Media-TIC大楼碳排量大大减少。整个建筑全部是钢结构装配式施工，大堂一根柱子都没有，将钢结构的特性体现到极致。该建筑运用了恰当的节能科技，其材质、结构形式和空间品质获得一致赞扬。

绿色建筑、生态建筑和智能建筑都属于可持续发展建筑的范畴。

**图 6-17　巴塞罗那 Media-TIC 大厦**

来源：广东建设报 . 2012.1.31(A06)

### 6.3.4　未来建筑可能性猜想[2]

对于未来建筑，建筑师们从各种角度进行了畅想：有些从土地资源有限考虑，设想建设海上或海底城市；有的设想不破坏自然生态，以移动式

---

1　谭薇 . 欧洲新建筑：小预算 大理念 [N]. 中国建设报，2011-9-14（7）。

2　本节文字介绍及图片除特别注明外，均引自：http://news.xinhuanet.com/world/2011-08/22/C_121894893.htm。

房屋与构筑物建设空间城市或插入式城市；有的模拟自然生态，拟建设以巨型结构组成的集中式仿生城市等等。这些设想的共同点是具有丰富想象力和大胆利用一些尚在探索中的先进科学技术手段，结合自己对绿色建筑、生态建筑、智能建筑的理解，众多奇特的建筑被设计出来。未来建筑的风格将呈现多元化，通过具有个性化、创新性、节能环保、循环利用等建筑设计方案展示出来。

1. 游泳城市

由于持续的全球变暖，许多的岛国或沿海城市受到海平面上升的威胁，曾有科学家研究过，如果地球变暖的趋势得不到有效遏制，人们将会生活在水的世界里。美国非政府组织海洋家园协会（Seasteading Institute）正致力于在公海上建立一个城市国家，希望将之打造成为融合了最新科技的宜居家园。2009 年，该组织举办了一次"海上城市"设计蓝图的竞赛，参赛者展示了各种大胆创意。其中，来自匈牙利的 27 岁平面设计师安德拉斯·吉奥菲的作品——多功能社区"游泳城市"——获得总冠军（图6-18）。参赛作品除了完美的外观外，还体现了诸如环境循环系统、太阳能设计原理和植物控制室内气候等生态理念。"游泳城市"是人类社会建筑一种超前的发展模板，在未来社会可能实现，尽管它可能需要付出不可预知的代价。

图 6-18 游泳城市

## 2. 土耳其伊斯坦布尔泽奥陆生态城市

以旅游城市定位的历史文化城区——土耳其伊斯坦布尔，每年的游客络绎不绝，带来了不少的环境压力。为此伊斯坦布尔城市规划者正在尝试扩建数个新的城市中心区，这个集生活、工作和娱乐等功能为一体的泽奥陆生态城市就是扩建计划的一部分（图6-19）。该设计方案由英国著名的生态建筑事务所卢埃林—戴维斯—耶安格建筑事务所提出，主要包括用作住宅、办公室、宾馆的14座塔形建筑，是名副其实的城中城。建筑的外轮廓采用绿色外墙和绿色屋顶，营造出绿色空间效果。这种城中城也许不会很快的出现在世人的面前，但是其提出的建设绿色城市、减少机动车使用率以及引入更多生态友好型建筑等建筑设计理念，是值得肯定和借鉴的。

图6-19 土耳其伊斯坦布尔泽奥陆生态城市

## 3. 海上漂浮生态城市

"Lilypad"漂浮生态城市（图6-20）是为应对因气候变化等原因造成的生态灾难而设计的，是2100年生态难民的新家园。其设计师文森特·卡勒博（Vincent Callebaut）曾经说过，"Lilypad"漂浮生态城市的设计概念来自两栖动物的一种自给自足的生存状态，可以根据不同的风向和气候在地球上到处漂流。设计师希望，当有一天世界末日来临，在这座漂移城市居住的人们可以全部随城市的漂移来选择适合自己生存的环境，届时，温度、气候等因素已经左右不了人类。当然这个城市的容积和生存条件是必不可少的，不仅有人的存在，还有其他植物、动物，沉没于城市底部的水中礁湖可以自行净化雨水，为居民提供足够饮用水[1]。

---

1 引自：http://www.ecoh-china.com/index.php?m=content&c=index&a=show&catid=23&id=1022。

图 6-20　海上漂浮生态城市

### 4. 韩国首尔 Gwanggyo 绿色城

　　韩国首尔打算建造的一座名为 Gwanggyo 的绿色新城（图 6-21），设计方案来自荷兰著名 MVRDYV 建筑事务所。根据绿色城的设计师说明，这是一个可实现能源等自给自足的绿色社区，可同时供 7.7 万居民居住。绿色环境和众多的未来派建筑是绿色城最主要的特征。由多个层叠的、有一点偏移的环形结构组成了这些未来派的建筑。环形结构可用来当作聚会场所、公共会议室或阳台。建筑中不仅有购物中心及住宅和办公室，而且其余城市生活所必备的基础设施也一应尽全。除此之外，这些建筑还具有过滤空气与降低能耗的功能。

图 6-21　韩国首尔 Gwanggyo 绿色城

### 5. 美国旧金山水网城市

旧金山 2018 年的模样猜想是美国未来城市设计大奖赛的主题。最终美国的爱华摩托斯科特建筑事务所以水网城市的设计理念夺得大赛头奖（图 6-22）。评论说：水网城市用一种惊人震撼力与全新的视角把旧金山的未来展现了出来。专门用于氢燃料汽车行驶的地下交通隧道是这个水网城市的主要特征之一，为整座城市提供能源的是水与地热。

图 6-22　美国旧金山水网城市

### 6. 首尔 2026 公社

韩国首尔的 Mass Studies 建筑事务所创作了首尔 2026 公社的设计方案（图 6-23）。在 2026 公社中有许多仿佛来自于苏斯博士经典童话的外形奇

图 6-23　首尔 2026 公社

怪的绿色圆形塔。依据公社的设计方案，不仅这些建筑的造型模仿植物的外观，而且将种植大量的蔓生植物攀缘在塔上。在塔的六边形窗户上将安装光电玻璃等，为居民提供清洁能源。公社里建有私密区及公共区，被称为"蜂房"的是私密区所包含的小型私人房间。高效率与可持续是整个公社的主要特征。

## 7. 绿色旧金山跨湾交通终点站（图6-24）

是为旧金山建一座横跨旧金山湾终点车站的交通工程，目前还处于技术论证阶段，但已获得了圣弗朗西斯科"跨湾联合权力机构"的同意（图6-24）。该工程设计方案包括一个市区内的大型交通中心与一座高耸入云的玻璃塔，可持续性将是两座建筑的设计理念：拥有废水及雨水的回收利用系统，使水资源可循环利用；在能源方面，采用地热系统与风力漩涡机组。大型交通中心包含一个公众可自由进出的占地504英亩的大型绿色公园，可用作文化活动，同时也是可持续技术手段的教育基地，居民可从这里学到关于绿色屋顶及可持续概念等一系列生态技术。

图6-24　绿色旧金山跨湾交通终点站

## 8. 新加坡融合城市绿色摩天大厦

在新加坡，已经部分实现了融合城市绿色摩天大厦的概念（图6-25）。设计师是著名的生态建筑大师杨经文，目标是打造全球最长的建筑绿化带。这座绿色摩天大厦具有自给自足的生态系统，其中包含非常多的环境友好型的设计思路，以保障居民的身心健康，同时为寸土寸金的新加坡提供城市绿肺。

## 9. 新加坡海滩路

岛国新加坡素有花园城市之称，居民希望可以永远与大自然接近。这座海滩路上摩天大楼是由"培训与合作伙伴"建筑设计公司设计的，不仅给城市中心添加了很多的办公室及住宅，也带来了绿色环境理念。这个充满绿色的立体空间由绿色阳台、地面花园及空中花园构成；裙楼像一个巨大的天棚，为周边居民提供室外活动、社会交往和休息场所（图6-26）。

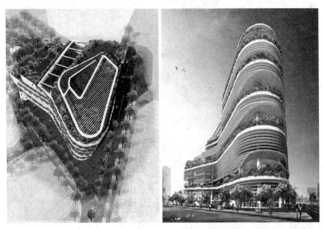

图 6-25　新加坡融合城市绿色摩天大厦

图 6-26　新加坡海滩路

10. 重庆幻山商业中心区

作为中国最新成立的直辖市，重庆近年来的发展速度越来越快，需要用一种精明增长的理念，来应对城市人口的极度膨胀与土地资源紧缺、环境恶化的局面。为探索建筑与多山城市地形的融合，重庆大学建筑师们提出了一个绿色商业中心区的方案。整个建筑群的轮廓线仿照山的形状，山顶是由高层的现代化住宅区构成的，低矮的传统中式住宅构成山谷，中间是大型的开放绿色空间，是水循环及生态发电的载体（图6-27）。根据介绍，这种设计方案不仅可节约22%的能源消耗，还可使11%的传统能源被可再生能源取代。

图 6-27　重庆幻山商业中心

### 11. 新加坡 EDITT 绿塔

生态建筑师杨经文用一种简单的绿色建筑手段，打造了 EDITT 绿塔。绿塔的概念适用于土地资源紧张的新加坡，增加一座建筑的同时增加一个立体森林，做到消耗与给予的平衡（图 6-28）。这座高 26 层的大楼，拥有沼气发电站、光电板及自然通风系统等一系列生态设施。建筑外墙的一半面积被覆盖以绿色植物，不仅起到空气过滤及自然遮阴的效果，也可以让能源利用效率得到提高。大楼 40% 的所需能量来自太阳能电池板，55% 的用水需求来自内部水循环利用系统。

图 6-28　新加坡 EDITT 绿塔

### 12. 迪拜朱美拉花园公园大门

迪拜以无数奇特的建筑而广为人知，此公园大门的设计正体现了这一点（图 6-29）。这组建筑是在三对巨塔顶部架设悬空花园，从而形成三重大门的形状。依据整个的设计方案，还将建设另外四对巨塔。巨塔的功能主要是商业及住宅。这里的每一座建筑，都可以利用及产生可替代能源，都是环境友好型建筑。

图 6-29　迪拜朱美拉花园公园大门

13. 日本 XSeed 4000 摩天巨塔

XSeed 4000 摩天巨塔是一种理想型的"智能建筑"，由日本的大成建设株式会社设计（图 6-30）。根据方案，巨塔的高度可达到约 4000m，容纳 50 万～100 万的人们居住，将是世界上容量最大和最高的建筑。巨塔的内部气候可以通过一系列智能手段进行自动控制。专家预计建造这样一座建筑的造价大约在 3000 亿～9000 亿美元之间，以目前的技术手段，这座具有梦幻色彩和神奇效果的建筑是不可能建成的。或许在技术更加发达的"后天启"时代会见到这样的建筑。

图 6-30　日本 XSeed 4000 摩天巨塔

### 14. 迪拜金字塔可持续城市

金字塔可持续城市的设计方案由迪拜的"时间链接"环境设计公司负责设计,将城市以金字塔的形式进行诠释的做法引起了公众的广泛关注(图6-31)。在这个金字塔城市里,可以容纳100万人居住,采用清洁能源和其他环境友好型设计手段,几乎完全能达到自给自足。在城市社区内部,有一个可以实现水平和垂直运输的360°全方位运输网络。

图 6-31　迪拜金字塔可持续城市

### 15. 新奥尔良理想城市栖息地

这座外形怪异的三角形建筑出自美国建筑师凯文·朔普费尔之手,旨在把飓风对建筑物的破坏降至最低值,设计灵感来源于如何避免2005年"卡特里娜"飓风对美国新奥尔良市造成的巨大破坏(图6-32)。设计师解释自己的设计主要想解决三个挑战:"我们面临的第一个挑战,是需要克服恶劣天气对我们造成的身心损害,为新奥尔良提供一个稳定、安全的环境。第二个挑战是新奥尔良的水太多,高水位导致这里极易发生洪水和风暴潮等灾害。第三大挑战是这座城市下方的土壤由数千英尺软土、盐和黏土组成,在这种土壤条件下很难建设大规模集中式建筑物。因此,我们克服这些挑战的办法,就是通过采用漂浮城市概念,充分利用这些看似不利的条件。"[1]

---

1　引自:http://news.bandao.cn/new_html/201108/20110819/news_20110819_1534927.shtml。

图 6-32　诺亚方舟——新奥尔良理想城市栖息地

来源：http://tech.sina.com.cn/d/2011-03-04/08355245404.shtml

　　这座全新的漂浮城市将坐落在密西西比河岸一个充满水的盆地里，一部分与密西西比河岸上的现有陆地相连，另一部分向外延伸到水上，其主体结构是中空的，强风能从中通过。其上安装的飓风板，可以确保把飓风对建筑的破坏降至最低。

　　城市高达 1200 英尺（365.76m），占地 3000 万平方英尺（278.71 万 m²），可容纳多达 4 万居民。从酒店到商店、娱乐场和学校，只要是普通城市有的，这里都一应俱全。这个太空时代的设计甚至配备有花园、专用快速电梯和为步行者提供的移动人行道。为了做到零碳排放，浮城的外立面覆盖的是太阳能电池板，同时安装有风力涡轮、河床涡轮，可以充分利用风力、太阳能、水力等绿色能源发电。除此之外，浮城内还装有被动式太阳房玻璃窗、空中花园空调管道、污水处理、淡水循环利用及贮存装置[1]。该城市又被称为"诺亚大厦"。

　　专家指出，如此庞大的生态建筑是否稳定安全，能否应对各种天气环境、自然灾害，以及工程造价多少、工期多长，目前仍是未知数。不过设计师们信心满满地表示，一旦找到足够的投资，他们就能将这个美妙的乌托邦变成现实。

---

1　引自：http://news.bandao.cn/new_html/201108/20110819/news_20110819_1534927.shtml。

16. 日本的"睡莲之家"

日本清水科技公司认为，借助科学技术的力量，人类可望生活于太平洋上，提出未来水上城市——"巨大睡莲"的设想。

每个"睡莲之家"水上城市都包含一定数量的圆形水上社区，每个社区直径约1000m，可容纳10000～50000人（图6-33）。每个社区既可独自漂浮，又可以一种独特的方式组合成一体，达到不同的城镇规模，甚至整个国家都可漂浮在水上。高达1000余米"城市天空之塔"建筑是水上社区的核心，可容纳社区中的大部分居民，其余小量居民散布生活于水上社区的边缘地带。新型绿色科技在水上社区发挥着重要作用，实现了零废弃物排放和回收利用，垃圾被转换成为能量用于社区。漂泊在海面上的岛屿能为社区采集足够的能量。每组靠近赤道的水上社区，可利用一系列科学技术保护这些漂浮的水上城市免遭潮汐和极端气候的破坏，使其气候将保持稳定状态。

目前，日本清水科技公司正集中精力进行建造水上社区所需科技项目的公关工作，并宣称将于2025年完成首个水上社区的建设。

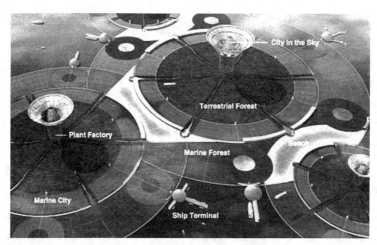

图6-33 "睡莲之家"鸟瞰图

来源：http://www.china.com.cn/news/tech/2011-08/23/content_23261669_3.htm

海中绿洲

破旧立新

展现自由

极具生态意识和生活热情的小型社会

图 6-34　美国海洋家园协会"海上城市"设计蓝图竞赛中的部分参赛作品

来源：http://news.xinhuanet.com/world/2011-08/22/c_121894893_4.htm

## 6.4　小结

　　科学与技术革新的速度远远超过文化变革速度，科学与技术在突破的同时带来了新的思维方式，新思想最终被纳入主流文化，进而成为下一轮改革的新障碍。

　　建筑在大众的文化价值观和行为习性中根深蒂固，对影响到这种价值观和习性的技术变革异常抗拒。建筑工业中职业的思维习惯和既有的等级偏见，常常进一步阻碍了人们接受新的工作方法。尽管在 20 世纪社会发生了重大变革，建筑师仍然倾向于把自己当成形式的创造者而不是设计与生产团队中普通的一员，以显示自身与其他职业和阶层的区别。传统的设计与生产模式是一种简单的线性的过程：从客户的委托，到建筑师的设计概念，再到客户的认同，工程师的加入，绘制详细的施工图，直到最后的建设，各个阶段是独立的，整个过程在建筑师的指挥下完成。

　　而少数建筑师敏锐地捕捉到时代发展的脉搏，运用因特网和专业计算机网络的最新技术，转变了建筑构思与生产的方式，形成了新的合作模式。这种基于计算机网络合作的方式更像是"自组织系统"，客户、顾问及建造商——即使遍布世界各地——都能够从最初阶段开始共同参与关键的设计与生产决策。不同的人群同时在不同地区进行大量的对话，相互补充不同的技能，涵盖设计、生产和使用的方方面面，也包括客户和未来的使用者以及可能的人群。与网络自身一样，参与思考的过程更像是类似的类比思维而不是线性的逻辑思维，鼓励参与者跨越专业和技术的界限，从而建立起新的联系。前文中提到的福斯特、盖里、哈迪德等都是如此。

随着计算机技术的不断发展，计算机辅助设计（CAD）＋计算机辅助管理（CAM）＝技术。生态技术建筑将建筑艺术与技术推至一个新的高度。计算机可以根据建筑师的需求，设计特定的自动控制系统和以人为本的生产体系，使生态技术建筑更像是一个生物有机体，持续不断地了解自身和周围的环境，适应变化的条件并且提高自身的性能。生态技术建筑意味着综合的设计，包括设计建筑，子系统和部件，所有这些都以协作的方式获得整体的最高性能。在建筑中形成了自我组织系统，包含各种形式和层次的控制的反馈，将相互的制衡传播给受影响的种群，包括人类的和非人类的。进化的设计概念是整体性的，并在应用的过程中作出回应。这样，生态技术建筑在建筑与自然之间，在人类与有机物的增长发展之间呈现出非人为的边界，体现出不同生命形式之间的动态平衡和能源效率的原理，与控制自然生态系统的原理相同。

在生态技术建筑中，设计师推出了建筑物从生产到材料的回收利用，整个生命周期的全程预测。数字化还有很多挑战，但无论有什么困难，这肯定是未来的总体发展方向。这里，艺术、科学和技术全都用以达到最终的目标：地球上可持续发展的生活！

计算机功能越来越强大，应用越来越广泛。在设计方案成为实物之前，能够虚拟地直观和游览建筑物将使建筑学发生天翻地覆的变化，每个人都可以通过参观、组装和调整虚拟建筑来选择自己未来的居所和楼房。建筑将越来越个性化，成为同"乐高"游戏[1]一样的拼插图。旧的建筑风格将消失，取而代之的将是一种变幻莫测和汲取各种美学流派特点的新风格。为改善1000万～2000万人口的大城市的居住条件，人们有可能建造新型高层建筑，这使电梯的技术具有决定性的意义。新材料的运用将使建筑材料可以循环

---

1　乐高拼插游戏，具有21世纪特征的最伟大的游戏，人们可以随意地将各种文明、文化、艺术作品、服装、烹调、定情物等根据自己的爱好相拼组装在一起，变成代表自己风格的东西。乐高拼插游戏代表着一种独立和自我欣赏的精神。

使用，人们将不再保留没有城市化功能的建筑，没有生活和娱乐设施的建筑将销声匿迹。[1]

如今，人类开始探寻到地球外生存的可能性，载人航天飞机、空间站等关键技术不断被攻克，探月已经成为现实，人们已经开始进行各种便捷通往太空的实验。援引一则《齐鲁晚报》的消息：1895年，俄罗斯科学家首次提出太空梯的概念。历经上百年的研究，这个梦想仍未实现。最大的挑战在于，没有人能造出数万公里长的超强缆绳。然而，2010年8月12日在美国召开的"国际天梯大会"，向人们宣告这一梦想的"实际进展"。美国太空电梯研究公司"电梯港"宣称，他们要在10年内造出一架"月球电梯"，人类将有望乘坐这个超级电梯到达月球。科学家选用一种日本生产的高强度、高耐热性的复合纤维——柴隆（Zylong）。一根直径1mm的"柴隆"细丝可以吊起450kg的重量。2003年科学家选用的是1991年发明的碳纳米绳，据说直径1mm的碳纳米绳可以承载60t重量，但是，迄今为止，科学家还无法用碳纳米管编制出长长的缆绳，且碳纳米绳的造价不菲。[2]如果这项技术在2020年真能实现，届时空中楼阁式建筑设想，在月球失重状态下的建筑形式，会不会出现在未来建筑形式中？

总之，技术是无限的，人类的想象是无限的，建筑形态的演变也是无限的。

---

1　[法]雅克·阿塔利.21世纪词典[M].梁志斐等，译.桂林：广西师范大学出版社，2004。
2　美欲打造"月球天梯"[N]，齐鲁晚报，2010-8-25

# 第7章 中国建筑科技发展与形态演变

## 7.1 古代中国的科技发展与建筑形态演变

### 7.1.1 古代中国的科学技术

中国古代在天文观测和历法方面成就卓著，天文观测的连续性、资料保存的完整性世界绝无仅有。早在公元前 28 年，占星术家就发现了太阳黑子，《汉书·五行志》上有记载，早于欧洲 800 多年。自春秋至清初我国日食记录约 1000 次，月食记录约 900 次，新星和超新星记录 60 多颗，极光记录 300 多次。公元前 4 世纪中叶，战国时期的甘德和石申制出世界上最早的星表，记录了数百颗恒星的方位。公元前 3 ～前 2 世纪的行星观测已能相当精确地得出木星、土星和金星的位置表以及它们的会合周期。

东汉张衡（公元 78 ～ 139 年）发明了漏水转浑天仪和简单的地动仪（图7-1）[1]、唐代僧一行（683 ～ 727 年）等人研制的黄道游仪和浑天铜仪都是同时期世界上第一流的天文观测仪器。宋代苏颂（1020 ～ 1101 年）建造的"水运仪象台"，集观测、计时和表演功能于一身。元代郭守敬（1231 ～ 1316 年）创制的简仪，其设计和制造水平在世界上领先了 300 多年。

(a)　　　　　　　　　　(b)

一切地震仪的老祖宗。它是一位中国数学家兼地理学家于公元 132 年发明的，在同时代的一份文件中把它描写为"候风地动仪"。此图是据推测而复原的，显示其铜制钟状外壳里的内部结构。(a) 中间那个摆带动它所连接的伸向八个方向的臂，每个臂的另一头有一个曲柄接连着一个龙头。(b) 当地震引起摆的摇动时，某一个龙头就张开了，松开一个圆球，使它落入下边蟾蜍的嘴里。摆在摇动之后，一个制动装置就把整个仪器固定住。这样，只要观察哪个圆球落下来了，就能确定最初的震波来自何方。

#### 图 7-1　图示张衡地动仪

来源：[美] 爱德华·M. 伯恩斯等. 世界文明史（第一卷）[M]. 罗经国等，译. 北京：商务印书馆. 1995：365

---

1　[美] 爱德华·麦克诺尔·伯恩斯. 世界文明史（第一卷）[M]. 罗经国等，译. 北京：商务印书馆，1995：364。

南北朝何承天（370～447年）制定的"元嘉历"定一个朔望月为29.530585日，与现代测值29.530588日相比，误差极小。南宋时的"统天历"回归年长365.2425日，比欧洲人达到此精确度早了近400年。

采用10进制记数，春秋战国时期就有了位值法以及分数概念。零的符号大约与印度同时或稍晚点（8世纪）出现。战国时的《墨经》中提出了点、线、方、圆等几何概念的定义。公元前1世纪的《周髀》是我国最早的天文数学著作，其中包括勾股定理（$a^2+b^2=c^2$）和比较复杂的分数运算。成书于公元1世纪东汉初年的《九章算术》是中国古代数学体系形成的标志，书中载有246个应用题及其解法，涉及算术、代数、几何等方面的内容，其中的分数四则运算、比例算法、用勾股定理解决一些测量问题、负数概念和正负数加减法则以及联立一次方程的解法等，都达到当时世界最高水平。

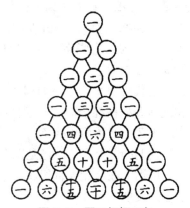

图7-2 图示杨辉三角

来源：http://baike.baidu.com/view/7804.htm

三国时期刘徽（约225～295年）在注释《九章算术》时创造了割圆术，提出初步的极限概念。南北朝的祖冲之（429～500年）求得π值在3.1415926至3.1415927之间，或为355/113，比欧洲人提出相同的精确度的π值早近1000年。13世纪中国宋代数学家杨辉在《详解九章算术》提出了杨辉三角$C_i^n=C_{i-1}^{n-1}+C_1^{n-1}$（图7-2）。

春秋战国时期发现磁石吸铁现象，并被用于为造坟筑墓寻找风水宝地[1]（图7-3）。稍晚时制成的"司南勺"是用磁石琢成的勺子，底部圆滑，放在铜盘上，勺柄能指出南北方向。宋代出现的"指南鱼"则以薄铁片剪成鱼形，经人工磁化成永久磁铁，平漂水上以指示方向。

图7-3 太保相宅图

来源：[美]J.E.麦克莱伦第三，哈罗德·多恩.世界科学技术通史[M].王鸣阳，译.上海：上海世纪出版集团，2007：172

---

1 [美]J.E.麦克莱伦第三，哈罗德·多恩.世界科学技术通史[M].王鸣阳，译.上海：上海世纪出版集团，2007：172。

稍后又发明了磁石磨针而制成真正意义上的指南针。11～12世纪南宋时期，中国人已将指南针用于航海，不久即传到了阿拉伯，其后又传到欧洲。

造纸术最早出现在西汉时期，以大麻、芒麻纤维为原料，纸质粗糙，不便书写。东汉宦官蔡伦(？～121年)于公元105年制成了质量较好的"蔡侯纸"。造纸术首先传到朝鲜和越南，7世纪传入日本。雕版印刷约发明于6世纪的隋唐之际。毕升发明了胶泥活字印刷术，使印刷技术产生了一个飞跃。德国人古腾堡(约1394～1468年)于1450年仿照中国活字印刷制成铅合金活字。

唐代炼丹术士在炼丹过程中偶然发现了火药(硝酸钾$KNO_3$、木炭C和硫磺S机械混合而成)的性能，火药当时用于制成爆竹，驱鬼镇邪。北宋时火药已开始用于战争，出现了火箭、火球、火羡黎等武器。南宋时(1259年)发明的"突火枪"已是以火药爆力射出"子窠"的管形火器了。

中国人在公元4世纪就开始用煤作燃料和炼铁了，比欧洲人遥遥领先。瓷器的发明也是我国对世界科技的独特贡献。商代就出现了以高岭土制成的白陶，以后逐渐发展成为瓷。东汉时期制瓷技术已渐趋成熟。瓷器早在隋唐时期即已经被远销至海外，10世纪以后，制瓷技术得以广泛传播。继许多亚洲国家开始掌握了制瓷技术之后，迟至15世纪末期，西方人才开始能够自己制造瓷器。中国是最早养蚕和织造丝绸的国家，提花织机可以按事先设计好的程序使经纬线交错变化而织出预定的图样来。

### 7.1.2　建筑技术与建筑形态

距今约六七千年，浙江余姚河姆渡村最早采用榫卯结构。西周发明出中国传统建筑发展中的一个重要构件——瓦，中国建筑自此摆脱了"茅茨土阶"的简陋状态。春秋时期，瓦普遍使用，并出现了高台建筑。战国时期，铁工具——斧、锯、锥、凿的使用，使木构建筑施工质量和结构技术大大提高。筒瓦和板瓦在宫殿建筑上广泛使用，制砖技术已达到相当高的水平，在墓室中使用了长约1m，宽约三四十厘米的大块空心砖作为墓壁与墓底。汉代的突出表现是木架建筑渐趋成熟，木构架结构抗震能力强，作为中国古代木架建筑显著特点的斗栱在汉代已经普遍使用。

砖石建筑和拱券结构也有了发展。西汉的墓室中大量使用战国时创造的空心砖，并创造了楔形和有榫的砖，用于砌下水道和墓室。东汉时，在长方形和方形墓室上砌筑砖穹隆顶，穹隆顶的矢高比较大，壳壁陡立，四角起棱，向上收结成盝顶状。这种陡立的方式，可能是为了便于无支模施工，使墓室比较高敞。

隋代时，在建筑设计中采用图纸和模型相结合的办法，如宇文恺用1/100比例尺制"名堂"图，并做模型送朝廷审议。唐朝时，木建筑解决了大面积、大体量的技术问题，有了用材制度，即将木架部分的用料规格化；已有专职从事建筑设计与施工的工程技术人员，并有了专用的称谓——"都料"。一般房屋都在墙上画图按图施工。

北宋时，颁布了《营造法式》，规定了以"材"为标准的古典模数制。元代出现了减柱法，以节省木料。明代官式建筑的装修、彩画、装饰日趋定型化，门窗、格扇、天花等都已基本定型，彩画以旋子彩画为主要类型。

清代宫廷建筑的设计、施工和预算是由"样房"和"算房"承担的。样房由雷姓世袭，称为"样式雷"。从样式雷所存模型（称为"烫样"用硬纸按 1/100、1/50、1/20 等比例制作，称一分样、二分样、五分样）及图样来看，当时建筑设计着重于总体及装修效果（装修有木样及在"洋布"上画的大样）。对于大木作、瓦作、石作、彩画作等具体做法已经模数化，只需按规格办理，不必再做图样。这种设计方法，工作效率较高，即使从现代的观点来衡量，也有可取之处。

古代中国许多桥梁和水利设施的建设也表现出了形式多样、构思精巧、结构合理的高水平建筑技术。隋代工匠李春设计的河北赵州桥，采用了"敞肩拱"桥形，比国外要早 1200 多年。北宋时期福建泉州建洛阳桥，"先抛石入海筑堤，又种蛎以固基"，建成长为 834m 的大桥使用至今。战国时李冰父子带领修建的四川都江堰，在总体布局、堤坝修筑、水道疏浚、就地取材、灌溉与防洪兼顾等方面，都相当完善、科学。北宋时李诫（? ~ 1110年）编著的《营造法式》全面地总结了古代建筑经验，对设计和规范、技术和生产管理等都有系统论述，是世界建筑史上的珍贵文献。[1]

梁思成认为，中国古代建筑技术的缺陷在于[2]：

（1）在木材用料上，尤其是梁，往往过于费材。木匠们大都不明白横梁的承重能力只是与梁的高度成正比，而与梁的宽度没有太大的关系。由于当时没有梁受力的计算方法，因此工匠们在制作梁的时候为安全起见，往往尽量多尽量大，以提高安全系数降低危险。而用近代工程学相关原理来看，梁的尺寸确实是过大了。这样做的后果是梁的用料比较大，费料的同时，还增加了梁的自重，因而也就增加了房屋基座的负担，可能会因此而影响到整个房屋的坚固程度。

（2）中国的工匠们不喜欢用三角形。虽然工匠们知道三角形是一个稳定的、唯一不变动的几何图形，但是在建造房屋时他们却较少用三角形。在清式架构中，由于有几重的横梁，上部屋架过重，中间没有三角形的支撑柱，因此清朝的建筑一般建成时间不长就会发生侧倾。在当时北京街道

---

1　赖德霖.中国近代建筑史研究 [M]. 北京：清华大学出版社，2007：121-152。
2　梁思成.清式营造则例 [M]. 北京：中国建筑工业出版社，1981：3。

上，随处可见已经倾斜而不得不用砖垛或木柱支撑的房屋。

（3）中国建筑最大的缺点是地基太浅。普通则例规定地基挖深应达到地上台阶高度的一半，在其下垫几步灰土。而这种做法不是很科学，尤其是在北方，地基深度若达不到冰线以下，就会危及建筑物的安全。

中国传统建筑的基本结构均由三个部分组成：最下是台基，中间是梁柱或者木造部分，上部是屋顶部分。在建筑立面上，这三部分中最庄严美丽的，同时也是中国建筑与其他建筑最不一样的部分是中国建筑的屋顶，中国建筑获得许多赞誉的也是建筑屋顶。但是从技艺上来看，应该受到赞赏的是支撑屋顶的木造骨架（图7-4）。中国建筑的木造骨架，凝聚了几代工匠们心血，几经演变而成，达到了木构建筑的顶峰，因而在梁思成看来，研究中国古代建筑的关键就在于研究全部的木造结构法。[1]

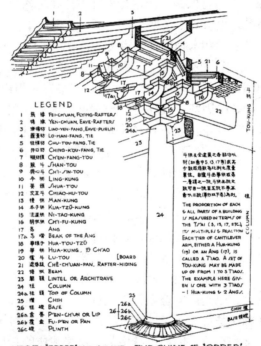

图 7-4　梁思成绘制的木构架示意图

来源：梁思成.图像中国建筑史 [M]. 天津：百花文艺出版社，2000：81

中国传统建筑的屋顶具有奇异神秘的曲线，这些曲线是内部结构逐步升起自然形成的结果，而不是人为地为了曲线而曲线，基本做到了结构与形态的统一。屋顶的曲线轮廓，"如翚斯飞，如鸟斯革"，上部巍然高耸，

---

1　梁思成.清式营造则例 [M].北京：中国建筑工业出版社，1981：3。

檐部如翼轻展，恰似美丽的冠冕，使整个建筑轻盈飘逸，既是建筑的实用部分，又是建筑艺术特色所在，这是其他国家的建筑所没有的重要特征之一（图 7-5）。[1]

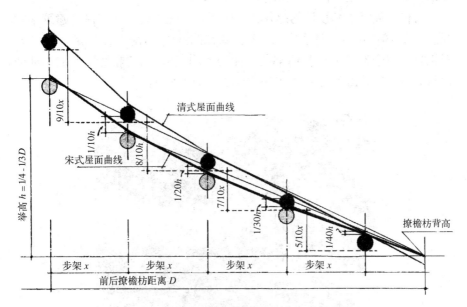

**图 7-5　宋式与清式屋面曲线定位方法比较图**

来源：李允鉌 . 华夏意匠：中国古典建筑设计原理分析 [M]. 天津：天津大学出版社，2006：225

　　春秋战国时期，宫殿建筑的新风尚是大量建造台榭——在高大的夯土台上再分层建造木构房屋。这种土木结合的方式，外观雄伟，位置高敞，非常适合宫殿"非壮丽无以重威"的要求。高台弥补了木构架结构体系在高度方面的不足。

　　伍重是一位深深根植于历史中的建筑师，这历史包含了玛雅、中国和日本、伊斯兰以及他的故乡丹麦的文化精粹。他在悉尼歌剧院的设计中借鉴了中国将建筑建造在高台上的形态，这也是一种超时空的传承与发展。[2]

　　山西应县佛宫寺释迦塔，建于辽清宁二年（1056 年），是国内现存最古与最完整的木塔。塔建在方形及八角形的 2 层砖台基上，塔身平面也是八角形，底径 30m；高 9 层（外观 5 层，暗层 4 层），高 67.31m。底层的内、外二圈柱都包砌在厚达 1m 的土坯墙内，檐柱外设有回廊，即《营造法式》所谓的"副阶周匝"。而内、外柱子的排列，又如佛光寺大殿的"金厢斗底槽"。

1　李允鉌 . 华夏意匠：中国古典建筑设计原理分析 [M]. 天津：天津大学出版社，2006：225。

2　萧默 . 建筑意 [M]. 合肥：安徽教育出版社，2005：1-2。

位于各楼层间的平坐暗层，在结构上因增加了梁柱间的斜向支撑，使得塔的刚性有很大改善，虽经多次地震，仍旧安然无恙。这种结构手法和独乐寺观音阁基本一致。日本学者研究表明，应县木塔的木结构体系若换作现代钢结构材料、技术，高度将达 2000 余米。

隋代工程师李春设计的赵州桥，除了结构先进外，还充满了建筑学的"美"的意境。桥面本身形成一条十分柔和的弧线，再配上有节奏的"玉带"石栏杆，整个形象无论如何都是一件动人的艺术品。"虹桥"则是一种结构与美感共生的由木构架构成的桥梁类型（图 7-6）。

**图 7-6　虹桥**

来源：李允鉌. 华夏意匠：中国古典建筑设计原理分析 [M]. 天津：天津大学出版社，2006：353

万里长城是世界建筑奇迹之一。唐代长安城，明清两代的北京城，其建筑的宏伟，规划的严整，合理的城区划分与道路路网，完备的防火设施等，代表了我国古代都市规划建设与宫殿建筑的高超水平。

## 7.2　近代中国的科学技术发展与建筑形态演变

### 7.2.1　近代中国的科学技术发展

中国的文明包括科学在内，本有一套自己独特的传统和发展方向，英国著名科学技术史专家李约瑟（Joseph Needham，1900 ~ 1993 年）认为，公元 15 世纪以前很长时期，欧洲在科学技术的研发以及对自然知识的掌控方面，与中国社会还有一定的差距。但中国文明发展到近代，出现了一个重大的转折，自觉与不自觉地甚至是被迫地向西方文明学习，从宗教到文学，从科学技术到兴办实业，从政治制度到意识形态以及军事和语言。其中，重要的学习内容就是西方科学技术。作为有别于中国文化的近代西方文明，实际上是一种渗透着人文精神的，由各种相关配置支撑的科学文化。传统中国正是由于缺少这种给西方社会带来巨变的科学文化，在与西方碰撞的过程中，不得不从以自我为中心的封闭世界走向更为广阔的世界。在三四百年前启动的向学习西方的转变，成了中国近代化历程的起点，从政治、经济、科学、文化、社会、思想等诸多方面给传统中国带来了巨大的改变。这一变化随着时间的推移呈现加速的态势，尤其是近一百年间。

### 1.西学东渐的第一次浪潮

西学东渐的第一次涌动发生自万历十年（1582年）利玛窦进入中国，到乾隆二十四年(1759年)颁布《防范外夷规条》禁传天主教为止[1]。这期间，西方传教士以学术与器物为先导，大量传播西方科学文化知识，传统中国文化受到一次极大的冲击。大量图书陈列于教堂中任人参阅，以吸引中国人特别是知识阶层的注意。图书主要由两部分组成：天主教教义和科学技术，有关科学技术的书籍多达120余种，包括力学、数学、逻辑学、医学、建筑、机械、军事、矿产及少量的绘画、音乐、历史、哲学等。其中，天文学和几何学满足了明清修历需要，地理学和测量技术对绘制康熙年间中国全图《皇舆全览图》有着直接的促进作用，因而得到极大发展。

徐光启（1562～1633年）、李之藻（1566～1630年）等人最早接纳了西方科技，并比较了中西科学文化的异同，认为西方科学的"实用"优于儒家格致学说的"空疏"。徐光启评价西方传教士："其实心、实行、实学，诚信于士大夫也。"认为"泰西水法""器虽形下，而切世用"。李之藻也说西方科学"真修实学"，其著作"多非吾中国书传所有，总皆有资实学，有裨世用"。徐光启和李之藻等已触摸到西方科学文化的核心：重实证、求实用。但囿于所处的时代，他们对于西方科学文化的认知和对中国科学缺失的反思还是有局限性的。比如徐光启认为，具悠久历史的中国科学与西方科学相比之所以停滞，原因完全在于中国缺乏建立在形式逻辑公理系统上的数学基础。中国并不缺少数学，缺失的是对数学原理的逻辑论证，以及数学算法与工程结构的结合等。勾股定理在旧《九章》中有所论述，但没有形成逻辑理论，如徐光启所说的"弟能言其法，不能言其义"。[2] 爱因斯坦认为欧洲的科技进步是基于两方面的伟大发明而步入正轨的：一是希腊哲学家在欧几里得几何中发现的形式逻辑体系；二是文艺复兴时期，科学家们通过系统实验发现的因果关系。明清之际，重视形式逻辑及由数达理的思维方法具有从传统走向近代的意味，对一部分中国知识分子产生了

---

1　刘大椿.新学苦旅——科学·社会·社会的大撞击[M].南昌：江西高校出版社，1995：11。
2　刘大椿.新学苦旅——科学·社会·社会的大撞击[M].南昌：江西高校出版社，1995：13。

极大影响。这一倾向与重实证都是渗透在以后西方科学哲学中的基本原则，在西学东渐之际，透过传入的学术和器物，西方科学的思想核心已在近代中国隐约呈现出来。

但是，科学的中国化历程此刻却发生了一番波折。徐光启提出的"会通以求超胜"的思想，即以引进西学是前提，学习和研究西方科学基础之后而得到会通的正确的吸收方法，却逐渐演变成"西学东源说"。一般学者认为："则七政异天之说，古必有之"；"窃疑为周髀遗术，流入西方者"。甚至认为在西方科学所用的名词概念也源于中国，只不过是改头换面罢了。[1]随着"西学东源说"的盛行，西方科技中的近代核心要素逐渐在中国发生了变异，"由数达理"的思维方式演变为经学家醉心天文算学的方法，实验方法的实证精神成为训诂考古的手段。至此，西方近代科学精神完全蜕化，中国科技的发展在这一时期与西方的差距进一步加大。在中国传统文化面前，西学东渐的第一波浪潮只是画了一道抛物线，跌落到谷底。

### 2. 鸦片战争后的西学东渐

19世纪中叶，西方列强凭借着"船坚炮利"打破了清朝闭关锁国的政策。与第一波西学东渐不同，科技的"传播者"由传教士换成了以胜利者自居的列强、商人等。战事的失败突显出中国科学技术与世界水平的差距，中国具有先进思想的知识分子再次学习西方的科技。林则徐是早期学习西方科学技术者之一，曾"日日使人刺探西事，翻译西书"。1844年，魏源译编出版了《海国图志》，不仅扩大了中国人的眼界，对日本的明治维新也产生过很大的影响。由于战败的切肤之痛，中国开始了被迫学习西方的第二波西学东渐。

第二波西学东渐的一个主要内容就是大量翻译西学。江南制造局的翻译馆是洋务派机构中译书的专门机构，据《江南制造局翻译西书事略》记载，翻译的书籍包括：天文、地理、机械、测量、算学、化学、医学、汽机、行船、军事、公法、工艺、年表、出版新闻纸、国史等，多与制造有关。这一阶段的翻译多由外国人口述，国人笔录，中外合作完成，逐渐确立出科学的名词与专用的术语并初步形成了规范。西方科学技术知识真正被看作是一种有别于中国传统的"新技"，被移植到中国。在第一波西学东渐中，坚持"中学为体，西学为用"，而在第二波的西学东渐中，国人不再纠缠于西方科技是否源于中国，关注的是如何更准确地将西方科技正确地移植过来。虽然这时翻译过来的大多不是最重要的著作，而是像赫胥黎、斯宾塞、穆勒、孟德斯鸠等人的一些二流著作，但对中国近代科

---

1　刘大椿.新学苦旅——科学·社会·社会的大撞击[M].南昌：江西高校出版社，1995：14。

学技术的发展起到的促进作用不容小觑。[1]

甲午之战后，以康有为、梁启超等维新派为代表的有识之士提出救国只有学外国，不但要学外国的科学技术，也要学西方的学术与政治制度。还提出不但要向现代化的西方列强学习，也向在学习西方卓有成效的日本学习。大量的西方书籍借日文的译本转译为汉文，中国的许多词汇的译法也受到日本的影响，如科学、哲学等。即使"建筑"这一词汇，有学者也认为来自日本。留法学者李石曾等发表文章，试图通过科学找到自我、人类和宇宙的统一性。这一思想流传回国内，把科学问题引向道德问题、政治问题、宇宙问题和信仰问题，科学思想的传播因而也成为思想解放运动的一部分，在政治领域也发挥出作用。这些想法将学习西方的重点，从器物层面引向制度层与学术层。至此，中国开始在各个领域全面学习西方近代科学文化。

### 3. 辛亥革命以后中国科学技术的发展

辛亥革命以后，中国自觉地开始了中国科学文化体制的建设，全面地进行包括教育体制、科研体制、社会支持系统、价值取向、思想意识诸方面的建设，取代了以往零散的对西方科技的学习，逐步建立起近代体系化的科学文化。

为了向国外学习，中国开始向国外派留学生。甲午海战后，首先出现了一个赴日留学的热潮，1900～1937年间，在日大学注册的中国学生总数达136000人，但毕业人数仅12000人。后来，由于意识到欧美科学技术发展在世界上的地位，开始向欧美派送留学生。1909年美国退还部分庚款开办公费留美以后，到美国留学的人员大幅增加。中国近代科学事业是以数理为基础开展起来的，而真正体制化的近代科学事业主要还是从留学欧美开始的。留美学生人数虽然不多但质量极高，归国人数达2万人，这是一批真正掌握了西方科学文化，又都具有深刻的中国文化背景的人，是他们构建起20世纪近代国家所必需的学术体制，包括学院、大学、研究院、图书馆以及实验室。发展至上世纪20年代，国内兴起建设近代化大学的热潮，各种科学研究机构大量出现，建立了各个层次的科学研究机构。在大批留学归国人员的努力下，加上社会方方面面的支持与帮助，中国有一大批学院的科学教育水准达到了国际的一般水平，包括清华大学、南开大学、北京大学、东南大学等，同时按照国际通行规范成立了中国地质研究院、中央研究所、北平研究所等研究机构。这些学校虽然起步晚，但起点高，如清华大学是1926年由留美预科学校改建而成，留学欧美的罗家伦

---

1 [德] 卫理贤. 中国心灵 [M]. 王宇洁等，译. 青岛：青岛出版社：2005 71。

被任命为第一任校长，他主张工学院与文、理、法三学院合并，强调研究生的培养和高层次的学术研究，并建议聘请国外知名学者为长期兼职教授。后梅贻琦继任校长，清华大学渐成为出类拔萃的高等学校。之后北京大学等基本也是这样的办学路线。关于这段经历，杨振宁曾总结：1905 年，废除科举制度，1896～1898 年大批学生留日，以后又留美，到 1907 年，在日留学生 1 万多。到欧美的留学生数量虽少，但增长快。他们可以算第一代留学生，因为起点低，只修硕士不修博士，学成就回国当老师。他们教出的学生再出国，第二代留学生中博士就多了。这批学生回国后，中国大学中所学的知识已与世界最先进科学不相上下。仅仅三代人，中国就进到了世界科技最前沿[1]。

### 7.2.2　近代中国建筑技术与建筑形态

　　长期的闭关锁国，使我国的建筑技术、建筑材料乃至建筑形态处于一种相对停滞状态。而随着西学东渐步伐的加大，近代建筑功能对传统的建筑技术、建筑材料和建筑形态提出严重的挑战。正如顾馥保所总结的[2]：中国传统的大木作结构形式，只是以"间"的模式重复排列，组合形式单一，而近现代社会生产、生活要求建筑类型多样化、建筑空间组合和功能布局应具有灵活性，这是传统的木结构所达不到的；中国传统建筑多为木建筑，因木材自身的性能和机械化偏低的原因，只能手工制作，而工业化生产要求依靠现代科技手段，运用新结构、新材料和新技术等；中国传统建筑长期处于封闭的观念之中，受严格的形制和造型的束缚，建筑形态演变缓慢。而近现代设计理念和美学原则，则带来了建筑造型、设计手法和空间布局方面的创新，使中国近现代建筑发生了质的飞跃。正像五四运动割裂了中国几千年传统文化与新文化之间的关系一样，对于中国几千年的建筑传统来说，在近现代新的建筑功能出现之时，中国的建筑传统就中断了。这个中断标志着中国近现代建筑的开始。

　　20 世纪初期，西方各国现代建筑处于萌芽时期，虽然有了新的科学技术手段，但是建筑的造型和内部空间还是受到传统的历史风格的限制，出现了用新技术、新材料营建历史风格建筑的折中主义等复古流派。这些折中主义建筑风格以及各国的传统建筑风格，由当时各国的传教士、商人和建筑师传入中国，尤其是在各国的租界或租借地中更是如此。同时，中国的第一代近现代建筑师在 20 世纪初期从欧美学成回国，如：董大酉、庄俊、

1　心远.在碰撞中产生能量——杨振宁教授答问录.转引自：刘大椿.科学苦旅——科学•社会•文化 [M].
　　南昌：江西高校出版社，1995；33。
2　顾馥保.中国现代建筑 100 年 [M].北京：中国计划出版社，1999。

杨廷宝、范文照、吕彦直、赵琛等，他们在欧美受到的是学院派建筑学的教育，不仅带回了当时西方先进的建筑技术，也带回了欧洲折中主义建筑风格。这些建筑师急于把他们所学传给国人，因此在一些较为开放的地区进行了建筑设计活动。这些建筑师与外国建筑师一起，设计了一批具有严格西方各国传统建筑式样或折中主义式样、施工精良的建筑，可以说是中国近代建筑的开端。这段历史可以从曾作为殖民地或半殖民地的沿海城市中找到痕迹。如上海，因其是各国租借地，而有着各色各样的建筑形式，被称为"万国建筑博览会"；哈尔滨的建筑多是俄罗斯风格的；在近现代城市规划理论指导下建设的青岛老城区，以及大连、广州等等。值得一提的是，当时归国的部分建筑师，大都在各地大学中创办了建筑系，为中国建筑人才的培养作出了极大的贡献。

随着生产方式和生活方式的变化以及工业化开始起步，出现了一些新的建筑类型，如工业建筑、商业金融建筑、交通建筑、饭店及康乐建筑、宗教建筑、文教卫生建筑、政府建筑、会堂和纪念堂等，这些建筑为满足工业工艺及其功能，采用了比较先进的结构形式，钢或钢筋混凝土建筑开始在中国出现。

此时的建筑形态，邹德侬先生分为外国传统形式、反映西方现代技术和现代建筑思潮的建筑形式、中国固有形式和中西结合的探索等四种[1]。

天津开滦煤矿办公楼（1919～1921年）采用了罗马古典建筑形式，有高达两层的爱奥尼克柱廊；上海汇丰银行（1921～1923年）严格按照西方古典建筑的范式设计；北京清华大学大礼堂（1918年，庄俊设计）采用了欧洲古典主义建筑风格，设计完美，用材考究，施工精良；哈尔滨秋林公司为俄罗斯传统建筑风格等等，均是采用外国传统形式的典范。上海和平饭店(1926～1928年，原名沙逊大厦)，借鉴美国芝加哥学派建筑风格，在13层钢框架结构上增加了十几米高的方锥式屋顶，在建筑技术、设备上达到了当时的先进水平，在形式上带有从折中主义向现代建筑过渡的特征；上海国际饭店（1934年），23层，高达86m，钢框架结构，是当时远东最高的建筑；上海大厦（1934年，原名百老汇大厦），21层，高76.6m，双层铝钢架结构，较一般钢架轻1/3，反映了当时先进的技术水平。这些建筑直接借鉴了在西方已趋成熟的现代建筑风格。

当时，除了西方各国的建筑风格外，中国建筑师和外国建筑师都设计了仿中国传统形式的建筑，虽然他们对中国传统文化价值的理解不同，却设计出了相类似的建筑，反映了中国近代建筑文化对传统的传承性。原因如下：

---

1　龚德顺.中国现代建筑史纲 [M].天津：天津科学技术出版社，1989：11-19。

一方面，中国建筑师深受"保存国粹"、"中学为体，西学为用"主要思想的影响。同时，国民政府在20世纪20年代定都南京后，推行了《首都计划》和《大上海都市计划》，要求在建筑设计时，尤其是设计公署和公共建筑时，应尽量采用中国传统建筑形式，使中国建筑师青睐中国传统建筑形式。还有一个原因是出于爱国主义情绪，面对列强的侵略，在接受西方科学技术的同时，将中国传统建筑作为反侵略的一种表现。此时，主要是在外形上模仿中国传统建筑式样，大致有三种方法：一是运用各种类型的大屋顶或大柱廊，甚至有些建筑整个建筑比例仿照传统宫殿样式的做法；二是选取某些传统建筑符号用在建筑上，如须弥座、马头墙、斗栱、飞檐等，或将传统构件装饰用在门窗套、入口等重点部位上，有时也会对传统符号或装饰进行简化或者创新，还有的是在立面上运用漏窗、落地罩、海棠纹、霸王拳等纹饰作为点缀。1925年，在孙中山先生陵园方案设计竞赛中，吕彦直的方案因采用了中国建筑风格而被采纳并实施，是当时追求中国传统建筑风格的一个例证（图7-7）。当时对中国建筑传统的传承只是停留在对外在形式的搬用和仿效，还没有深入研究中国传统建筑理论。

图7-7　南京中山陵

来源：http://www.szyo.com/place.php?id=143

另一方面，从19世纪末期开始，因中国人反洋教的斗争越演越烈，列强们为掩盖其在文化与思想上的侵略行为，推行宗教在中国的本土化运动。在这种情形下，一些外国建筑师运用中国传统建筑形式和符号，设计了医院、教会学校等公共建筑，如北京协和医院（1922年）、南京金陵女子大学（1923年）、北京辅仁大学（1929年）等。

中西建筑的结合表现为两个方向：一是改革中国传统做法以适应新的结构；二是改造西方形式，以适应中国审美习惯，出现了"混合式"、"实用式"以至"国际式"建筑形式,这种简洁的形式因比较适应现代建筑功能，工程造价比较经济，同时符合时代审美要求，很快地得到发展与推广，如上海百乐门舞厅（1931 年）、大上海戏院（1932 年）、上海大光明电影院（1933 年）、大华大戏院（1935 年）等。上海中国银行（1936 年），是外国洋行和中国建筑师联合设计的，高 17 层，部分为钢框结构，裙房部分为钢筋混凝土结构，顶部加有四坡攒尖平缓屋顶，檐部有斗栱装饰。这是在高层建筑中探索中西结合的尝试，有点类似后来的"大屋顶"建筑。

1919 ～ 1949 年的建筑探索，不仅记录了中国作为殖民国的屈辱历史，也为 1949 年新中国建立后，中国现代建筑的发展进行了有益的探索。

## 7.3 现代中国的科学技术发展与建筑形态演变

### 7.3.1 现代中国的科学技术

新中国成立以来，中国的科学技术事业在新的社会政治经济条件下，开始快速发展。通过不断调整科学技术政策，制定科技发展规划，培养从事科研工作的专门人才等手段，建立了基础研究、应用研究和开发研究相互配套的科研体系。

1949 年，新中国刚刚诞生不久，党中央提出"独立自主，自力更生"发展我国科技事业的方针。同年 11 月 1 日,中国科学院成立。1956 年 1 月，党中央发出了"向科学进军"的伟大号召，提出了 12 年科学技术发展的远景规划，各项科研事业蓬勃展开，取得了显著成绩：1964 年 10 月 16 日我国成功爆炸第一颗原子弹；在现代生物技术中，1965 年我国在世界上首次用人工方法合成了有生命活力的牛胰岛素等。

1966 年，"文化大革命"爆发,科学领域在这场急风暴雨未能幸免于难，有学者认为，"文化大革命"是一场反对科学,并对之进行"革命"的运动。在运动初期，《五•一六通知》提出批判学术界、新闻界、文艺界、教育界和出版界的"资产阶级反动思想"；在《关于无产阶级文化大革命的决定》(简称"十六条"）中指出：应对哲学、历史和自然科学理论中的各种反动观点进行批判。在这种形式下，从"文化大革命"初期开始，国内的科学研究工作几乎全部瘫痪，全国 300 多种科技刊物全部停刊，绝大多数科研人员被"革命"，被"横扫"，被"打到"，30 多万科研人员被下放到"五七干校"。"文化大革命"期间，除了在国防科技领域有像氢弹和卫星这样的重要成果，直到 1972 年后，一般意义上的科学研究才逐渐有所恢复，部分科学刊物陆续复刊。其中上海的《自然辩证法杂志》是当时科学杂志的代表。

《自然辩证法杂志》从 1973 年开始出版到 1976 年停刊，共出刊 13 期，发表各类文章 294 篇。该杂志主要内容就是科学批判，认为"现代自然科学理论体系大都是由资产阶级自然科学家编造出来的"，将本无阶级属性的自然科学理论赋予阶级性并进行批判，批判内容包括：大爆炸宇宙学、量子力学、天体物理学中的黑洞理论、进化论、脑生理学、遗传学、分子生物学和基因学说、细胞病理学、光合作用理论、土壤学、能源科学等学科中的西方观点，还批判了数学中的"唯物主义"，质能守恒定律和相对论等。13 期杂志中，有 12 篇外国科学文章，大多是为了批判提供耙子。例如，上海"理科大批判组"在一篇批判大爆炸宇宙学的文章中，认为宇宙学的研究成果，包括"宇宙半径"和"宇宙年龄"，在本质上是适应宗教需求的，是为反动势力在精神上麻痹人们的需要服务的。将宇宙的数学解和物理解，看作是一种哲学解，并且是唯心论的先验论的哲学解。提出无产阶级应当有自己的宇宙解。把所有的事物都打上阶级的烙印。中央"文革"小组组长陈伯达在北京组织对爱因斯坦的批判，认为"爱因斯坦就是本世纪以来自然科学领域中最大的资产阶级反动权威和形而上学的宇宙观的典型"。陈伯达还到北大发动批判爱因斯坦和相对论的"群众运动"。[1]现在看来，真是一场闹剧，严肃的科学竟然被随意地践踏，科学精神荡然无存。

1978 年党的十一届三中全会以后，改革开放政策的实施，全党的工作重点转移到了以经济建设为中心的轨道上来，从邓小平提出的"科学技术是第一生产力"，到胡锦涛提出的"科学发展观"，形成了正确的科学发展方向，为科技事业的发展提供了强大的动力，为科技事业的兴旺创造了良好的环境。经过努力，到 20 世纪后期，我国在现代科学技术方面基本达到了与世界同步，在高新技术方面，我国在原子能技术、空间技术、生物科学、高能物理、计算科学技术、能源技术、通信技术、新材料技术等尖端领域，已经达到或接近国际先进水平，得到世界公认。

2008 年北京奥运会、2010 年上海世博会的成功举办，向世人展示了中国科技发展的新成果，而从"神五"到"神八"再到"天宫一号"的成功发射，"奔月"的成功，"天宫一号"与"神八"的成功对接，中国高铁方面取得的成绩，无不证明中国科学技术已经达到国际水准。载人航天的发展，更是带动了许多尖端科技的发展。载人航天技术涉及众多高新技术领域：近地力学、地球科学、天文学、航天医学、空间科学等等。正是在攻克一系列技术难关的过程中，载人航天工程推动了一大批高新技术领域的发展，带动了我国诸多领域科学技术水平的进步。

世界的发展已经经历了四次科技革命，但由于各种复杂的原因，中国

1　刘兵.触摸科学 [M]. 福州：福建教育出版社，2000：161-164。

游离于世界科技革命发展主流之外，直到 20 世纪后半叶中国的经济增长和工业化才得到较快的发展，是因为我们很及时、很准确地抓住了第五次科技革命这一机会。在第五次科技革命中，中国主要是一个追随者，虽然在某些领域达到了世界领先水平，但从整体上看，一直处于被动地位，不断追赶西方科学技术的发展步伐。目前，世界正处于第六次科技革命的前夜，对中国而言我们必须加强信息科技的发展，致力于研究生命科学、物质科学等学科，并做好它们之间所形成的交叉学科的研究，面对第六科技革命我们应当抓住机遇，奋起直追，中国再不能与新科技革命失之交臂了。

### 7.3.2　现代中国的建筑技术与建筑形态

新中国成立以后，为了迅速摆脱战争的阴影，开展大量以恢复城市建设、改善人民居住生活条件为目的的建设活动，成为当务之急。但是随着"文化大革命"的爆发，各种建设活动受到冲击。一直到 1978 年改革开放后，真正意义上的现代建筑浪潮才在中国大地蔓延开来，也就是说比西方现代建筑整整晚了接近一个世纪。鉴于此，本文将现代和当代一并归于现代部分，将中国的现代建筑技术与建筑形态发展分为三个阶段进行论述：第一阶段 1949 ～ 1977 年，第二阶段 1978 ～ 1999 年，第三阶段 2000 年以后。

#### 1. 1949 ～ 1977 年中国建筑技术与建筑形态

在新中国成立到"文化大革命"结束期间，社会环境总的来说较为封闭，除了苏联，我国建筑界与国外建筑界的交流甚少，这一阶段的发展以经济理性为指导原则，主要集中在建筑结构方面。而同一时期，第二次世界大战后的西方建筑界，建筑师正在对新结构、新材料等进行创新和实验，致力于结构革新，向大规模、机械化施工的标准化、装配化方向发展。虽然当时我国所处环境相对闭塞，不能及时掌握最新的建筑发展状况，但西方不断优化并推陈出新的结构创新思维还是或多或少地影响了我国的建筑师，新中国成立后的第一代建筑大师基本上是受西学教育的，再加上我国同苏联特殊关系，第二代建筑大师在第一代建筑大师西学影响的同时，又受到苏联教育体系中重视技术课程的熏陶，比较注重建筑技术的创新。因此在"文化大革命"之前，整个建筑界学术氛围比较浓厚，出现了技术创新和体现时代精神的形式探索。

新中国成立初期，百废待兴，加上遭到西方国家的经济封锁，我国处于"短缺经济"时期，建筑材料如钢材、水泥和木材等短缺，在"适用、经济，在可能的条件下注意美观"的总体建筑方针的指导下，出现了经济理性主义，倡导以最大限度的节约和最低标准的建设为建设准则，而现代建筑简洁的设计手法正好适用这种大规模的建设需求，主要体现在大规模工业建筑和民用生活建筑上。这与西方国家在第二次世界大战结束后，为迅速满足各方需要而兴起现代建筑运动如出一辙。

　　随着第一个五年计划（1953～1957年）的实施，我国建设的主要任务是集中主要力量、重点建设苏联帮助我国设计的156个建设项目及694个工业项目建设，在苏联政府和来华专家的帮助下，开始由民用到工业建筑设计和施工的转向。[1]这时由于受到苏联的"社会主义现实主义的创造方法"的影响，为表现社会主义制度的伟大创造力而不计花费。如北京展览馆（1954，当时称北京苏联展览馆），是由苏联中央设计院设计的草图，中苏两方建筑师和工程师合作完成的。整个展览馆主楼建筑面积4万多平方米，采用钢筋混凝土结构，主体结构高44.3m，上面的铁塔高45m，室内外用了大量的俄罗斯风格装饰构件及黄金等贵重材料；正面有16个拱券，象征苏联16个加盟国（图7-8）。整个建筑用现代建筑结构，加上复古装饰，呈现了折中主义建筑风格。其他的如上海中苏友好大厦、北京广播大厦等建筑也是采用了这样的设计手法。此时，开始批判"结构主义"、"世界主义"，而所谓的"结构主义"和"世界主义"就是指西方现代建筑运动，这也是当时世界大局——苏联与西方对立的一个缩影。杨廷宝在1952年设计的北京和平宾馆，采用现代建筑手法，平面功能合理，外观质朴，在短时间内高质量、低造价建成，并成功接待了"亚洲太平洋区域和平会议"。但在此时成了"结构主义"的代表而被批评为"灰盒子"。由于一边倒的政治形势，排斥现代建筑设计原则，由苏联带来的"社会主义内容、民族形式"成为建筑设计原则，并很快在全国范围内掀起了仿制传统古典样式的风潮。这些仿制建筑大都有一个"大屋顶"，其典型代表有北京友谊宾馆、地安门宿舍（1954年）、四部一会办公楼（1954年）等，甚至有些附属建筑（如洗衣房、仓库、厨房等）都采用了"大屋顶"。而一些大型建筑如重庆体育馆、北京体育馆等建筑也采用了与建筑功能不相符的民族形式。后来因"反浪费"而批判了"大屋顶"建筑，在设计时不再一味增加"大屋顶"，出现了一些用传统或民族装饰纹样和传统构件装饰的建筑，如首都剧场、北京饭店西楼、北京天文馆等等。但在"反浪费"的运动中，有些建筑又走向了另一个极端，出现了违背科学精神的现象。如北京四部一会北面正中大屋顶原计划采用琉璃瓦，琉璃瓦运到现场后，却因"反浪费"而弃之不用，除构件浪费外还造成了形象的不完整，被群众讽刺为"花了钱买节约"。武汉体育馆被简化成一座工业厂房的形象；武汉剧场、西安交通大学、西安冶金建筑学院的校舍建筑被设计的标准过低而影响使用；上海某住宅的阳台已绑好钢筋也要锯掉；

---

1　龚德顺.中国现代建筑史纲[M].天津：天津科学技术出版社，1989：41。

各地还出现了运用不成熟的工艺，如用竹筋代替钢筋制作混凝土等[1]。这种"只管经济，忽视适用，不敢谈美感"，与前一时期过度装饰，是两个极端，都是违反了科学精神的表现。

**图7-8　北京展览馆**
来源：ttp://baike.baidu.com/view/100431.htm

　　1958年开始的"大跃进"运动，在建筑界反映为"快速设计、快速施工"为核心，"以技术革新、技术革命"为基本手段，采用了新结构、新技术，创新思路，在当时经济困难的情况下，创造了一大批注重功能、经济适用、造型简洁的各种类型公共建筑。为了用有限的资源，树立社会主义国家新形象，技术创新主要体现在大型公共建筑、涉外建筑等。国庆十周年献礼的十大建筑之一北京工人体育馆（1959～1961年），是我国第一个采用悬索结构的大型公共建筑，净跨达94m，最高点距地面达38m，是当时世界同类结构中跨度较大的建筑之一。为符合"适用、经济、美观"的要求，设计师对钢筋混凝土壳体、悬索结构和钢架结构进行了比选，发现壳体结构施工难度较大；钢结构用钢量大，我国当时钢产量不高；而悬索结构用钢量比钢结构能节省60%，自重轻，对于当时的施工设备比较有利，因此决定采用悬索结构。整个屋盖由直径16m高11m的中心环，直径94m的外圈梁和288根双层悬索组成，满足了大跨度功能的要求，还大幅度地节

1　龚德顺.中国现代建筑史纲[M].天津：天津科学技术出版社，1989。

约了建筑材料。为增加悬索结构的稳定性，又采用了预加预应力、反向拉索、悬挂薄壳等技术。同时，为保证室内空气质量和适宜比赛的温湿度、风速、照明灯，在空气调节和电气设备等方面也采用了当时较为先进的新技术[1]。北京火车站（1959年）采用了预应力双曲扁壳结构，北京民族饭店（1959年）采用大型预制装配式结构等。上海同济大学礼堂（1961年）是装配整体式钢筋混凝土拱形网架结构，净跨40m，外跨54m，是当时亚洲这种结构最大的跨度，建筑造型反映了结构形式，由落地拱结构杆件形成了富有韵律的外立面，整体感觉简洁，富有现代感。这一时期许多体育馆建筑采用了椭圆形平面和马鞍形预应力混凝土钢筋悬索屋盖结构，如浙江省人民体育馆，每平方米用钢量不到18t，与结构形式相对应的双曲抛物面形状，极具动感。

　　"大跃进"的最高潮集中反映在为迎接新中国成立十周年而兴建的首都十大建筑上。十大建筑包括：中国历史博物馆和中国革命博物馆、人民大会堂、北京工人体育场、中国人民革命军事博物馆、全国农业展览馆、迎宾馆、北京火车站（图7-9）、民族文化宫、民族饭店、华侨大厦等。自1958年9月组织了北京34家设计单位，以及上海、南京、广东、辽宁等地的30多位专家在京开展设计创作活动，各项工作有序而高效地展开。如17万m² 的人民大会堂，从1958年9月5日确定建设任务起，到1959年9月完工，只用了短短十个月时间。这批建筑规模宏大、功能多样、技术复杂、施工艰巨，建筑形式丰富多彩，在高层、新结构和民族形式等方面进行了探索，标志我国建筑事业在总体上达到了一个新的水平。

**图7-9　北京火车站**

来源：http://lvyou.wanjingchina.com/a/201010/21/61-137995-6.htm

---

1　周铁军. 高技术建筑 [M]. 北京：中国建筑工业出版社，2009：125。

1961～1964年因自然灾害而进入国民经济调整时期，全国开始大规模压缩基建规模，非生产性建设几乎全部停工。随之而来的"文化大革命"，更是雪上加霜，除一些特殊建筑外，建筑创作和建筑理论基本处于停滞不前的状态。这一时期代表性建筑包括：上海体育馆、北京首都体育馆、虹桥机场候机楼、清华大学主楼等。当时在政治气氛的影响下，把政治符号加在建筑上成为这一时期的庸俗象征。例如在建筑上嵌上五角星、红旗、火把等，甚至把各种纪念性数字作为建筑高度或长度的比例、尺度等，建筑失去了自己的本意，而成了政治工具，反映了当时畸形的世界观，是反科学的典型代表。

　　20世纪70年代开始，在一些比较开放的地区，部分为外事服务的建筑和体育建筑，用中国传统和外来建筑文化相结合的方法，开始尝试一些新的建筑创作。为外事服务的建筑有外交公寓、北京的友谊商店（1972年）、国际俱乐部（1972年）和使馆建筑、北京饭店东楼（1974年）等，大型交通设施有杭州机场候机楼（1972年）、长沙火车站（1977年）等，体育建筑包括南京五台山体育馆、上海体育馆、浙江人民体育馆等。这些建筑率先打破了沉闷的氛围，在结构选型、平面布局、装饰细部上作了较为大胆的突破和创新。其中，北京16层的外交公寓是北京第一批高层建筑，规划布局是塔式和板式相结合，采用了比较先进的装配式钢筋混凝土框架结构；上海体育馆（1975年），主体为圆形，屋盖跨度为110m，采用了较为先进的平板型三向钢管球节点网架结构，用9000多根无缝钢管和938只球节点拼焊而成，馆内还设有空调、扩音、电视转播、通信及各种比赛专用设备，立面设计力求形式与内容统一，将功能与结构融会贯通，造型简洁而富有力量感。广州是我国南方对外贸易口岸，对外活动一直比较活跃，吸收了不少外来的先进技术和理念，加上广州本土丰富的处理地理环境的庭院经验，兴建了一批具有地方特色与现代技术相结合的建筑。其中广州宾馆和白云宾馆等高层建筑，开创了我国高层建筑的先河；而友谊剧院、交易会展览馆、广州火车站、流花宾馆等建筑，则从当地气候、环境出发，追求建筑的轻巧、通透、淡雅等特色，利用园林绿化，结合周围环境，形成灵活多变的平面布局，打破了当时建筑创作的沉闷局面，为探索中国现代建筑发展方向作出了有益的尝试。[1]

　　这一时期，为进一步提高我国的国际地位，开始对一些友好国家进行援助，这些援外建筑中以大会堂和体育建筑为主，由于政治环境宽松，建筑师有发挥的空间，他们追求先进的结构技术，与地方环境、文脉相结合，建设了一批如几内亚人民宫、阿尔及利亚展览馆、斯里兰卡国际会议大厦、

---

1　顾馥保.中国现代建筑100年[M].北京：中国计划出版社，1999：4。

索马里体育场等优秀的建筑作品。[1]

小结：1949～1977年这段时间里，我国经历了经济复苏、三年自然灾害、"文化大革命"等，在特殊的国际背景和政治环境及经济短缺的压力下，建筑师和结构工程师，在经济理性主义的原则下，立足结构创新，形成了一批符合建筑功能、结构先进、用材节约的公共建筑；同时，在民族复兴的情结下，也探索了民族形式的现代表达路径，但因只是形式上的模仿，产生了复古主义或折中主义建筑，没有真正找到民族形式的现代表达。

### 2. 1978～1999年中国建筑技术与建筑形态

自1978年中国开始步入改革开放阶段，经济逐渐走向繁荣，政治氛围相对宽松，人的思想得到很大程度的解放，《建筑学报》、《建筑师》和《世界建筑》等杂志内容也丰富起来了，国际国内频繁的交流，引起了建筑界对西方建筑的再思考，后现代建筑理论也传到中国建筑学术界中。"发展是硬道理"，更是激起了前所未有的发展浪潮，建筑师面临着前所未有的创作机遇，发挥着极大的创作活力。20世纪后期，国外建筑师频繁介入中国建筑市场，带来了国外先进的建筑技术和建筑理论；我国建筑师从涌入国内的建筑杂志和书籍中学到了许多先进的理念，见识了许多先进的建筑技术和建筑形态。建筑创作开始由计划经济体制转为市场为主，进入了一个以经济因素为主导的时期，并逐步推行了注册建筑师和注册规划师制度。中国建筑发展呈现出多元化发展模式，得到前所未有的提升。

改革开放初期的20世纪80年代，我国在建筑技术方面取得了较大突破。一方面，采取了以技术引进为主推动建筑技术进步的模式，不断学习西方已经成熟的建筑技术，提高自身的技术水平；另一方面，为应对大规模建设，建筑机械化也快速发展起来了，采用了一些新材料、新技术，在建筑设计中引入了人体工程学、环境学、心理学等学科，在建筑艺术研究中增加了科学的成分，在高层建筑和地下空间结构技术和设备技术方面正在向国际水平发展。这种变化在公共建筑、城市工业建筑和居住建筑上得到了充分的体现。

这段时期，境外建筑师在中国的作品起到了示范和引导作用。首次使用大面积铝框玻璃幕墙的高层建筑是长城饭店（1983年，图7-10），是由美国贝克特设计公司设计的，该饭店按照国际五星级酒店标准设计的，其合理的功能分区、有特色的中庭和中国式水景花园，都是我国建筑师应当学习的。南京金陵饭店（1983年），由香港巴马丹拿事务所设计，高达37层，

---

1　龚德顺. 中国现代建筑史纲 [M]. 天津：天津科学技术出版社，1989：105。

这个建筑将与电梯机械系统相关的技术介绍到中国，由此引发了中国新一轮的高层建筑设计高潮。[1]

图 7-10　北京长城饭店

来源：http://jz.co188.com/content_drawing_39156899.html

但此时，我们还不能很好地掌握新材料、新构造和新设备的运行，首先表现的就是在形式上的模仿。于是，我们的建筑师在长城饭店上更多地是关注全玻璃幕墙的崭新形式和立面造型中的旋转餐厅，从此，玻璃幕墙建筑从寒冷的北方到炎热的南方迅速蔓延开来；建筑高度记录不断地被刷新，当时，深圳特区更是出速度记录的地方，深圳国贸大厦 54 层 160m 的建筑高度是当时最高的建筑，其施工速度"三天一层"也是前所未有的。

同时，面对西方现代建筑的丰硕成果和理论体系，中国建筑师极大地开阔了视野，通过系统学习国外的建筑理论和创作实践的成功经验，设计手段得到了极大的丰富，并开始在新建筑中运用"神似"与"形似"、"有形"与"无形"、"符号"与"元素"等手法借鉴中西方传统建筑的做法，并将这些符号和元素以"重撞"与"融合"、"解构"与"重组"等手段应用于新建筑上，由此出现了许多"新古典主义"、"新现代主义"、"新民族主义"、"新乡土主义"建筑作品。北京图书馆新馆、曲阜阙里宾舍、陕西历史博物馆等是这类建筑的代表作。到 20 世纪 80 年代后期，北京提出了"夺回古都风貌"的口号下，在高层建筑的屋顶上增加了各种各样的亭台楼阁，甚至是大屋顶，这些仿古符号无论是在尺度上还是造型上均不符合相应的比例关系，使建筑显得不伦不类，不仅不符合古都风貌要求，还有损北京风貌（图 7-11）。

---

1　转引自：周铁军. 高技术建筑 [M]. 北京：中国建筑工业出版社，2009：134。

**图 7-11　北京西客站**

来源：http://tupian.baike.com/a4_04_79_01300000351540124645795

20 世纪 90 年代开始，国外建筑师在中国的设计量逐渐加大，开始将国外最先进的技术应用到中国建筑中。在北京长安街、金融界，上海外滩和浦东新区，陆续有国外大型设计公司和著名建筑师进入。这些境外设计师的作品有两个趋势：一是不计成本，将国外先进的技术和材料拿入中国，有些国内没有厂家或加工不了，只能去国外加工或定材料，加大了建设成本，促进了国内施工技术、建筑加工技术和建筑材料的发展，也带来了崭新的建筑形态；二是在建筑设计中加入中国元素，以迎合业主的喜好，有的是在外形上仿中国古建筑造型，有的是在内部装修或中庭环境营造上植入中国元素。这些国外建筑师的建筑创作给国内建筑技术和建筑材料的发展起到了极大的推动作用，而中外建筑师在建筑实践中的合作，对中国建筑事业的发展更是具有深远意义。

北京工商银行总行大厦（1994 年），由 SOM 设计事务所设计，采用了"天圆地方"的设计理念，结构上是整体钢结构支撑体系，总用钢量达 8000t。在中庭中采用了反光屏技术，反光屏可根据太阳角度变化而变换自身的角度，使中庭从早到晚都有自然光线。福斯特在中国内地的第一个作品——上海久事大厦（1994 年）是以室内空中花园、高技术幕墙体系、智能化办公为主题概念。由外层的透明双层钢化中空玻璃、中间层空腔和位于空腔的穿孔遮阳百叶、内部透明的单层钢化玻璃组成的"动态幕墙"，一方面可通过 BA 控制系统来调节百叶的角度遮蔽日光，另一方面可控制眩光、吸收热量。整个幕墙单元块均在意大利完成组装，通过船运到现场组装。借鉴法兰克福商业银行等成功经验，圆弧面楼板向后层层退台组成空中花园，形成多层气流流动空间。大厦还配备了先进的 VAV 空调系统和高度智能化的布线系统。整个建筑简洁挺拔，体现了高技术的现代特征[1]。上海大剧院（1994～1998年）是法国夏邦杰事务所的方案，借鉴了中国古典建筑"亭"的概念，采用了当时先进的钢索玻璃幕墙体系。上海金茂大厦（1998，图7-12），美国SOM设计事务所设计。建筑造型上仿中国密檐塔，力求寻找一种现代超高层建筑与中国古典建筑相结合的模式，建筑高度420.5m，是当时的世界第三高楼。大楼主体采用八角形混凝土核心筒与巨型框架结构，周边辅以16根钢筋混凝土擎天柱，并在其中贯穿三道高8m重达千吨以上的巨型钢结构外伸桁架，这是世界上第一幢刚性设计的混合结构型（筒中筒）摩天大楼，获得美国伊利诺伊州工程协会"1998年最佳结构大奖"[2]。金茂大厦的成功不仅在于对超高层建筑理念、结构体系、设备或新材料的高技术创新，更在于它使中

图7-12　上海金茂大厦

来源：http://baike.baidu.com/view/25704.htm?fromId=163170

国建筑界在"人身安全、防火措施、交通流程、智能建筑、玻璃幕墙"等诸多技术关键问题上实现了突破，并为中国高技术建筑的设计、施工、管理等环节上积累了非常宝贵的经验[3]。

　　小结：这一时期，国内建筑师与国际更加接轨，在设计理念、建筑技术上更加同步。一方面继续模仿或追随国外建筑理念和建筑技术，随着经济的发展，各个城市为了显示自身的经济实力，不断追求所谓的地标性建筑，

1　周铁军.高技术建筑 [M].北京：中国建筑工业出版社，2009：136。
2　顾馥保.中国现代建筑100年 [M].北京：中国计划出版社，1999：276。
3　周铁军.高技术建筑 [M].北京：中国建筑工业出版社，2009：140。

建筑高度越来越高,建筑材料越来越现代,出现了"千城一面"的趋同现象。而在建筑工程的精细化上,在以人文本的城市文脉上研究甚少。另一方面,有识之士开始探索能充分显示地方特色和区域环境条件的建筑,尝试探索利用传统材料建设生态建筑,并开始探索中国建筑传统文化的现代表达。

### 3. 2000 年以后的建筑技术与建筑形态

进入新世纪,中国的国际地位更加稳定,中国经济发展保持迅猛势头,2008 年北京奥运会、2010 年上海世博会等世界盛会的成功举办,以及载人航天飞船成功发射、登月成功等,说明中国在科学技术发展上取得了举世瞩目的成就。这种科学技术的大发展,极大地促进了建筑技术的创新和发展,使得中国建筑逐渐在世界建筑界占有一席之地。

在建筑材料方面,由于建材行业的快速发展,许多新材料基本实现国产化,大大降低了造价。如钢材,2006 年钢产量超过了 4 亿 t,占世界总产量的 1/3,并在新钢种研发和钢材质量等方面取得了令人瞩目的成绩;水泥国产化达到了 90%;玻璃方面,浮法玻璃在超厚和超薄的生产技术方面取得突破,低辐射玻璃产品质量达到国际水平,自主研发的纳米自清洁玻璃已用于国家大剧院屋顶;在无机非金属材料、复合材料等方面也具有一定的竞争力。在建筑施工方面,机械化施工程度进一步提高,为复杂建筑的实施提供了条件。

经济的发展使中国不可逆转地加入了全球一体化的进程中,而开放的建筑市场和巨大的发展潜力,吸引了全球设计机构的目光。国内建筑师对风格流派的关心明显减少,对技术的重视日益增强。许多建筑师从片面地模仿现代建筑外形、追求形式,开始转向追求技术的进步,从创新转变为创优,重视建筑质量。而这些变化,集中体现在几个世纪工程上:国家大剧院、奥运会主体育场、奥运游泳馆及上海世博会规划及场馆建设中。

（1）国家大剧院

2007 年 9 月 25 日晚,在世人瞩目中,在各种褒贬不一的争论中,中国国家大剧院第一次拉开了舞台大幕。这座位于人民大会堂西侧的建筑,是中国政府第一次面向全球公开招标的项目,经过两轮设计竞赛、三次方案修改、七年建设施工,总投资近 30 亿人民币（图 7-13）。

早在 1958 年,为了迎接建国十周年,中共中央决定在北京建设包括人民大会堂在内的十个大型公共建筑,其中包括国家大剧院项目,选址在人民大会堂西侧。由于经济原因,政府决定缓建国家大剧院。直至 1998 年 4 月,文化部在世界范围内进行国家大剧院的公开招标。1958 年,建设人民大会堂只用了 10 个月时间,大会堂已成为中国最典范的标志性建筑之一,而在 1998 年,如何与整个天安门区域相协调,又反映时代特色,成为建筑师首先要解决的难题。

从发标之初，全国人民都开始关注这一项目的进程，中国建筑界更是沉浸在一种大赛的氛围中，这是一次在中国本土上证明中国建筑实力的时机，参与的中国建筑师们有一种为名誉而战的悲壮气概。

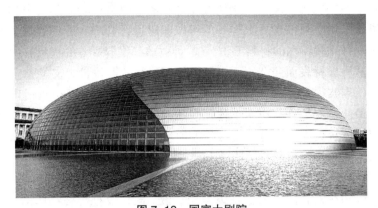

**图7-13　国家大剧院**

来源：http：//www.goontrip.cn/showsinc.php?id=30

对于国家大剧院的定位有两个原则：首先，国家大剧院应成为首都新世纪的标志性建筑，其次，在天安门广场中，国家大剧院要烘托人民大会堂主体地位。全球共有150多个方案送交评委会，第一次把大型公共项目的竞标方案向全社会开放，请市民参观并投票。经过两轮的设计竞赛、三轮修改，并广泛征求了建筑设计专家、剧场技术专家、艺术家和全国及北京市部分人大代表、政协委员的意见，评审委员会最终确定了3个推荐方案。1999年7月，中共中央政治局常委会讨论同意采用法国巴黎机场公司设计、清华大学配合的设计方案。

法国建筑师保罗·安德鲁在第一轮方案中提供的是一个方形的建筑物，而在第二轮方案中，他把剧院的外形变成了更加简洁的椭圆形，主体外壳由钛金属板和玻璃制成，外部长轴跨度212.2m，南北向短轴跨度为143.64m，内含一个能容纳2500人的歌剧院，容纳2000人的音乐厅，以及能容纳1000人的小剧院，主体四周有水体环绕，剧院主玻璃通道位于水下。整个建筑是钢壳体结构，并采用了顶环梁来固定和联通拥有巨大跨度的钢骨架，当一根骨架受到压力时，会把力传到顶环梁上，由于顶环梁连接所有的钢骨架，它会把一根钢梁上受到的巨大压力分配到整个钢结构上。整个大剧院有6万多个焊点。安德鲁将一系列环保技术应用到围绕着大剧院的水池上，既保证大剧院的低耗能、低耗水，又保证水能够冬天不结冰，夏天不长藻，"围绕大剧院周边的水是循环的，并不是一潭死水，我们通过热交换实现水的循环和更新，而冬天也不需要加热水让其保持液体状态。当然，其中有许多中间环节处理这个水环境，相对于北京其他水景观的维护，大剧院的处理是非常环保和可持续的。……在我看来，环保应该是自然的，从本质上环保的，不能以环保的名义使经费大量增加。"[1]

国家大剧院的高技术含量不仅体现在外表上，还体现在剧场舞台技术上。其中戏剧场虽然是三个剧场面积最小的，但舞台功能却最丰富，技术最先进，采用了目前世界上唯一的可以同时进行升降和旋转的舞台。音乐厅中用一种比较特殊的材料GRC（一种玻璃纤维混凝土的板材）做墙面和吊顶，这种板材表面凹凸不平，既满足了建筑的装饰性，又符合建筑声学要求，使声波得到非常好的漫反射效果。歌剧院中，为了使直达声与反射声配比最佳，安德鲁与声学工程师们配合，采用了一种金属网面包裹的形式，使墙体从表面上看是一个流畅的曲线圆滑规整体，同时顶棚和座椅大量采用木质和丝网材料，力求达到建筑美学与声学效果的完美统一，整个大厅的混响时间控制在黄金混响时间2秒钟。

在得知有人将国家大剧院绰号为"蛋"时，安德鲁曾经作出回应：这是一个很好的昵称，在这个简单的形体之下，充分地反映了空间的实质，孕育着丰富的生命。这个设计的产生并不是来自于什么灵感，这是功能与空间相互争夺后的产物[2]。

国家大剧院的建设期间，引起社会广泛关注，建筑界、文艺界乃至社会各方议论纷纷，甚至发生了院士上书事件。但这个有着银白色金属外壳的椭圆形建筑物还是在天安门广场上竖立起来了。时间是检验真理的唯一标准，再过若干年我们再来评价这个建筑吧。

（2）2008年国家体育场——鸟巢

在近现代中国发展史上，2008年奥运会成为中国崛起的重要的标志性事件之一，曾经饱受欺辱的中国人对这件盛事特别重视，奥运主场馆的建筑方案受到尤其多的关注。

国家体育场位于北京中轴线的北段延长线上，如何呼应城市历史和文脉，体现中国特色，又能树立当代北京的新形象，是奥运场馆设计者们面临的主课题。2002年10月，北京市规划委员会面向全球征集2008年奥运会主体育场——国家体育场的建筑设计方案。2003年3月，从正式参赛的13个设计方案中，选出了三个候选方案。最终，赫尔佐格和德梅隆建筑事务所与中国建筑设计研究院合作设计的"鸟巢"方案，被专家和公众推选为中标方案（图7-14）。

鸟巢的建设过程一波三折。2004年国家提出"适当控制投资总规模，

---

1　杨东江. 境外建筑师与中国当代建筑 [M]. 北京：中国建筑工业出版社，2008：117。
2　杨东江. 境外建筑师与中国当代建筑 [M]. 北京：中国建筑工业出版社，2008：112。

调整和优化产业结构，坚决遏制部分行业和地区盲目投资、低水平重复建设"的宏观调控政策；同年 5 月法国巴黎戴高乐机场倒塌事件引发了人们对于奥运工程安全性的担心；7 月多名院士上书国务院，质疑有些建筑片面追求视觉冲击，为造型而造型，人为地提高了工程造价，同时还违背了安全、实用、环保等建筑基本要义，提出了节约办奥运的观念。2004 年 7 月，鸟巢被勒令停工修改，造价由原来的 40 亿元以内降低为 30 亿元以内，取消了可开启的屋盖，减少了用钢量。

**图 7-14　鸟巢——国家体育场**

来源：http://baike.baidu.com/view/95548.htm

　　这个看似由无序的钢结构编织而成的建筑，其结构和内部空间、表皮、外部空间是一体的。内在构造十分规律，是由三个层次的钢梁编织而成的：屋顶中央开口由 24 根组合柱和 48 根主桁架梁呈辐射状编织，组成第一个层次的主结构；第一层钢结构之间的空隙中填充以第二层次结构；延伸至屋顶的钢梁支撑着 24 组大楼梯组成了第三个层次。这三个层次既组成了建筑的结构，又形成了建筑物的奇妙外观。选择这样的结构方式，是因为标书中要求国家体育场应该具有可开启屋顶，如果要做开启屋顶必须有两条粗大的滑轨，为遮挡这两条滑轨，设计团队绞尽脑汁，后来想到将结构直接作为建筑造型的方案，不用费尽心思遮挡结构，而是将结构作为外表。整个工程按照 100 年寿命、8 度抗震设计。

　　整个设计过程中，CATIA 软件及其高精度模型发挥了不可替代的作用，辅助设计软件的革新也暗示着我国高技术建筑未来的一个发展趋势。[1] 近年来，参数化设计在高等院校和一些较有实力的设计机构受到广泛重视。为了符合绿色奥运理念，鸟巢还采用了雨水利用、地源热泵等生态节能技术。

1　周铁军 . 高技术建筑 [M]. 北京：中国建筑工业出版社，2009：156。

（3）国家游泳中心——水立方

国家游泳中心由中国建筑工程总公司、澳大利亚 PTW 建筑师事务所、ARUP 澳大利亚有限公司联合设计。水立方的钢结构采用了新型的多面体空间钢架体系，表面覆以双层新型材料 ETFE，中间充气形成气枕（图7-15）。水立方中的 ETFE 具有 90% 的透光率，更容易吸收自然光，因此，可以更好地调节场馆内的光线和温度：冬季靠阳光的照射提高室内温度，夏季可以在双层结构中引入通风系统，从而实现环保节能的目的。同时工程师们还在双层 ETFE 薄膜上镀上了密度不等的镀点，这些镀点可以根据光线照射的角度，调节成适宜的密度和位置，以保证光线均衡地照射到场馆内部。

图 7-15　水立方内部结构

来源：ttp://www.jlbjb.com/news/12/2007/20071030721.html

游泳馆用水量大，为降低水消耗、减少废水排放，水立方通过良好的雨水收集系统、高效过滤系统和中水系统，实现了科学化水循环系统，其中冷却塔补水、中水绿化等手段，大大节省了水耗。水立方还充分考虑了赛后利用问题，增加了休闲娱乐设施，奥运会后，水立方被用作市民水上游乐中心，以提高场馆利用率，做到收支平衡。

蓝色泡沫般的水立方和椭圆形的鸟巢相映生辉，成为北京的新亮点。

（4）集大成者——上海世博会

新央视大楼、北京机场 T3 航站楼等都是世界著名设计大师与中国建筑师的合作之举，而中国建筑师对于新世纪新建筑的探索氛围也空前浓郁，许多成果集中体现在上海世博会中。可以说这是一个中国建筑师与世界建筑师同台竞技的舞台,是世界先进建筑技术和建筑理念的展示场。

首先在规划布局上,运用可持续发展理念,对黄浦江两岸不同区域采用了不同的规划理念,总规划师吴志强称其为"阴阳合抱"的设计理念:在城市化程度较高的浦西,保留部分工业厂区并加以改建,增加自然生态节点,以减少拆迁成本,节省投资;在浦东有大量的自然河岸,适度置入都市文化要素,既不破坏原有生态环境,又节约了后期绿化成本。[1]

与传统的规划设计不同,可持续发展的规划设计首先要具有可持续发展的城市运营价值观,其次是要判断规划实现后对社会经济的影响。这需要模拟技术的支持,在世博会规划中运用的环境状态模拟技术,包括能耗模拟、日照模拟、日照阴影分析、日照辐射模拟、自然风场模拟、噪声模拟等,借助这些模拟技术,对规划的环境、经济和社会效益进行优化和评估,例如,通过模拟对区域的主导风发生频率、平均降雨量、平均相对湿度、平均风温度等进行分析,可以对户外空间的设计、遮阳避雨设施的规划起到关键的指导作用。

世博园通过五大系统达到整个园区的生态化:节能系统,可再生能源的大量运用和示范;节水系统,雨水收集和中水处理利用;节地系统,减少土地使用总量,提高土地使用效率;减污系统,尽可能减少一次性包装,示范城市垃圾回收和利用过程;减排系统,保障空气质量,减少废气排放,大量配置地方植物,净化空气。

在各个场馆的建设中,更是以节能减排为主题,为今后建筑的可持续发展起到了很好的示范作用。何镜堂院士领衔设计的中国馆(图7-16),

图 7-16　上海世博会中国馆

来源:http://www.chla.com.cn/htm/2008/1231/24958.html

---

1　吴志强.上海世博会可持续规划设计 [M].北京:中国建筑工业出版社,2009:18。

在立面上的收分充分考虑了当地日照特点，采用了上海冬至日和夏至日的阳光射角之间的角度，以保证夏天阳光不能直接射入室内，并在底层形成阴凉，为参观的人流遮阳；在冬天，阳光可以斜射进入建筑内部，并到达场馆的底部，为入馆前的等候提供日照取暖。此外，中国馆还采用了地热、屋顶太阳能、在底层架空部分导入夏季微风、在内部中空设计形成冷热空气对流等手段，增加了自然通风，减少了能耗，整个场馆比国家规范节能近10%[1]。

德国馆"汉堡之家"，采用了太阳能等一系列可再生能源，整个场馆内部建筑能源能够达到自给自足；采取高科技系统做到零废气排放；充分把握上海的气候特点，完全不需要耗能的暖通设备，利用自然条件去实现怡人内部空间，完美实现了冬暖夏凉的绿色目标。这类建筑的初始成本可能高于一般建筑，但是在使用过程中，通过节约能源而节省的费用足以平衡资金。

日本馆通过运用一系列绿色系统对环境加以控制，最大限度利用自然资源（光、水、空气等）。其表面覆盖的可发电的超轻型薄膜具有较高的透光性，实现了高效导光、发电，并可以充分利用太阳能。在结构方面，日本馆采用了屋顶、外墙等皆为一体的半圆形轻型结构，施工简便并减少了对周边环境的影响。

在夜景照明方面，世博园通过划分亮度分区、动态照明控制分区等手段，降低能耗，同时，在一些公共场所，通过采用太阳能路灯、节能 LED 路灯，进一步降低园区能耗。在交通方面，利用大运量电力轨道交通与城市其他区域连接；园区内部采用以氢气为动力的新能源公交车。此外，世博园还在雨水收集、通风降温、工业历史建筑保护、现有建筑的生态更新、环保材料的推广、新型清洁能源的示范等方面，向世界展示了中国各项研究的最新成果。

小结：大剧院已经运营 4 年多了，奥运会过去 3 年多了，世博会落幕也有 1 年了，关于大剧院、奥运场馆、中国馆等建筑运营成本的报告鲜有提及，而英国千禧穹顶的运营成本却在公众的监控之下。考察一座建筑是否绿色，是否节能，是否可持续，需要一个动态的监管体系，这也是科学精神所要求的。在这些方面，我们亟须提高认识，真正以科学精神去考量建筑的科学性能，为今后建筑发展提供有效的、可借鉴的模式和经验。

考察建筑的环保系数，不仅要看是否节能减排，对环境的污染程度，还有举办赛事，参加赛事的人们乘坐飞机、火车等消耗的能源，对举办城市带来的交通拥堵，增加的碳排放量等方面面。事后还要有补救措施，

1　吴志强．上海世博会可持续规划设计 [M]．北京：中国建筑工业出版社，2009：72。

比如根据污染指数和碳排放量计算出应栽种多少树木才能抵消等，这才是真正的科学精神和真正的可持续发展理念。如果大家都树立这样的观念，相信名目繁多的节、会会大大减少的。

这些建筑带有体现中华民族崛起的象征意义，人们在惊叹建筑技术发展的同时，还存在相当多的质疑声，主要体现在这些建筑对今后城市建筑的建设原则和方针的引领上。鸟巢超大的用钢量、大剧院蛋形空间的较低有效利用率和钛金属面板的光污染问题、CCTV 大厦结构的安全性等，带来了是否还需要经济合理的结构等争论。技术的发达带来了能够简短和流畅传力的结构形式，合理的结构形式追求的是结构造价的最优；而不合理的结构形式必然以消耗材料、降低结构的使用效能。尤其是 CCTV 大厦悬空的结构会带来巨大附加偏心弯矩和附加扭矩，造成结构的结合部位内力复杂、应力集中，大大超过了经济合理的材料用量，并成为施工和后期维护的难点，在应对地震灾害等方面有可能存在安全隐患。[1] 所有这些，目前可能看不到后果，需要若干年后才能看到这些隐性因素对城市文脉、对技术进步的影响。

### 7.3.3 用科学精神梳理中国当代建筑的乱象

改革开放以来，中国建筑得到长足发展，取得了举世瞩目的成绩，同时也出现了一些违背科学精神的现象。

#### 1. 千城一面

不知道从什么时候起，玻璃幕墙、麦当劳广告牌、陶瓷锦砖、立交桥、流行包装……诸多基本雷同的建筑在中国各个级别的城市中"生长"出来，中国地域广阔所具有的独特的地域性被完全漠视，大量雷同的建筑使人们缺失了归属感，文化的多样性被文化的趋同性所尘封。城市的个性和形象被逐步摧毁，千城一面问题变得的日益突出，到了实在让国人感到无所适从和难以招架的尴尬境地。其乱象包括：闹眼更闹心的户外广告与劣质城雕，处处设围的防盗网，徒劳虚名的过街天桥，凶神恶煞的石狮子，刺眼炫目的玻璃幕墙，扼杀阳光的高架桥，设置栅栏的街道，遍地开花的开发区等。

2001 年，汉派尔先生（德国建筑学会会长）在游历了大半中国之后，向中国的建筑同行就北京、上海等城市所存在的建筑问题讲了一段颇有深意的看法，他说："最近，驾车沿着北京外围向内行进，我发现城市似曾相识又难以识别，北京的周边已无其特殊个性，我无法确认自己身处何方，

1　黄真 . 现代结构设计的概念与方法 [M]. 北京：中国建筑工业出版社，2010：64。

处处都是与欧美国家相类似的庞然大物，识别中国的唯一标识只有城市中的中国汉字了。"这并不是只是专家的独特感受。在西安闹市区的街道上，一位记者也曾感慨地说，如果不看路牌，说这里是北京的某条街道，有谁不信？没有人反驳。

中国城市规划设计研究院总规划杨保军说："千城一面"的客观条件是工业社会的高速发展及城市化水平的快速提高。工业化的特点是追求流水线、快速、统一、标准，追求规模化生产，而这种规模化生产带来的是建筑材料和建筑技术的趋同现象，消减了城市和建筑的地域性和差异性。在古代，由于交通不便，运输成本高，建筑材料一般都尽量用当地材料，如木料、石材等，建筑者一般是当地工匠，运用的也是当地建筑技术，建筑形态也是由当地的自然环境、气候特点和当地人的生活习俗和审美情趣所决定的，因此比较有特色，每个村落有自己独特的村庄建筑文化。而现在不是这样了，材料在全世界调运，气候也可以通过空调调节，因此特色就不明显了。另外，现在城市的建设量大，速度也快，大家静下心来琢磨的时间短。以前建一幢楼需要很长时间，细细雕琢，每幢都是艺术品，而现在每天都在建，建得很多。据相关资料，某些欧洲国家一年的建设总量都比不过中国某些城市一年的建筑量。"萝卜快了不洗泥"，没有想法，不经思考的只求速度的快餐式建设，就会一点点地把城市的特色消磨掉。这不是造成"千城一面"的主要原因，而仅仅是客观上的一个原因，否则你就无法解释欧洲工业化比中国高强的情况下，为什么城市特色却处理得很好，还应在主观上找原因。首先表现在认识上，就是贪大求洋、盲目攀比。朱铁臻教授概括为：一个是比"身高"，另一个就是比"体胖"，各地片面理解"做大做强"，还不能全面整体地实现这一目标，一味在建筑规模上做文章，城市疯长，个性消失，千城一面。在这种失控的城市发展中，也有个别城市没有放弃理性的判断，如大连就提出"不求最大求最好"的正确思路。

### 2. 权力审美

300多年前，英国著名的建筑师克里斯托·莱伊恩受命设计温泽市市政大厅。这位具有科学精神与科学技能的建筑师，对建筑的顶棚结构设计进行了大胆创新，其巧妙的设计使支撑大厅顶棚的柱子减至1根。工程在竣工验收的时候，政府"权威人士"颇不理解，感性的认为这个结构体系具有安全隐患，不加分析地强迫莱伊恩要再加上几根柱子，以增强建筑的"安全感"。但莱伊恩自信只用1根柱子足以保障大厅的安全，他列举了相关的实例和数据，来证明他的理论。不料他的争辩惹恼了政府官员，险些被送上法庭。无奈之下，莱伊恩为了应付这些无知的"权威人士"，只好

222

人为地添加了4根无用的柱子——它们的柱顶端与顶棚还有一段距离，只不过是个摆设来糊弄当时的政府官员。300多年过去了，政府官员换了一届又一届，没有人发现莱伊恩的这个秘密，而大厅的顶棚也从没有出现过任何安全隐患，直到20世纪90年代末市政府准备修缮大厅时秘密才被发现，这个未被发现的几百年的秘密被当地新闻媒体披露后，立即引发了一场世界建筑界的风波。为了亲眼目睹这座"讥讽无知者的建筑"，许多游客慕名而来。当地政府特意将大厅作为一个旅游景点对外开放，不但不加以任何掩饰，并专门安排了几位年轻姑娘作为讲解员，向游客介绍该大厅的建筑史和发现其中秘密的全过程，旨在引导人们崇尚科学，相信科学，尊重人才

建筑审美有三种形式：即专家审美、权力审美、群众审美。在当代中国，大多数情况下权力审美占了主导地位，最后的决定权还在领导手中，权力审美导致专家们无能为力，徒有虚名。不少地方办公、商务建筑形式往往是按"一把手"的喜好而定，什么都想国际招标，由国际公司设计。经过几年的摸索，这些国际公司似乎也逐渐"领悟"到领导的喜好，怪招频出。于是，一幢幢不讲究造价、不讲究结构、不讲究文化的所谓标志性建筑在各地拔地而起。"欧陆风"泛滥成灾也有权力审美的原因，一些未经消化的"舶来品"破坏了原有城市的文脉与肌理。

国内城市建设过程因为权力审美导致众多荒诞怪异建筑的出现，也受到了国外同行们的批评。譬如，德国一位知名建筑师在参观过中国的几个大城市后，发表的观感竟是：这种夸张造型的建筑太多，整个城市看上去就不像是社会生活的场所，而像一个狂欢会，建筑物如同成群的演员，个个都在奋力表现自己。还有一位西班牙老建筑师到了中国西部一个大城市后，登高观看整个城市的全景后，认为那些建筑"不是音乐，而是声音；不是建筑，而是建造"。

权力审美引人侧目的真正原因正是由于决策的非理性。不可否认，如果有科学的依据，权力审美也可带来令人满意的结果。美国华裔能源部长朱棣文，为了给高烧不退的地球降低温度，提出把全世界的屋顶都刷成白色。他建议，将平屋顶建筑屋面漆成白色，而对于坡屋顶则可用冷色调代替白色，以保持屋面的美观效果。他认为，地球温度上升的源头在于工业革命带来的能源使用的变革，从过去使用人力畜力到现在过度使用化工燃料，现在必须对这种恶习进行矫正，以大幅度减少温室气体排放。朱棣文认为减少温室气体排放应开拓思维，采用多种办法综合治理。他提出的建议之一是，把建筑屋顶、汽车，甚至马路，都刷成白色或较浅的冷色调。朱认为这项工程应该是良性的，白色可以最大程度地反射热量，从而保持建筑物的凉爽，这就意味着这座建筑物可以减少空调使用量，可以大大降

低温室气体的排放。同时，白色屋顶不仅可以反射夏季炎热的太阳光，在冬天，同样可以减少屋内热量向外散发，有助于建筑保温，降低因取暖而耗费的能源。所以，这种方法不仅适用于炎热地区，同样适用于英国等气候温和的国家和地区。除了屋顶，道路的颜色也应该改革，不能用沥青的原色（黑色），应当用浅色，为了避免对司机造成眩光，可以与混凝土颜色一致。不过，笔者认为，如果全世界的建筑物屋顶都是白色或冷色系，道路都是混凝土一样的颜色，可能会大量反射太阳光并达到节能减排的目的，但是，这样的"白色"世界是不是也挺可怕。总之，节能减排是一个系统工程，单一地采用某种方法，可能不会取得好的效果。

### 3. 短命建筑

随着城市化进程的加快，各种名目的旧城改造也在如火如荼地展开。在大规模的旧城改造中，不仅各地具有特色的建筑逐步消失，一些还在使用年限，甚至"正值壮年"的建筑也没有逃脱被拆的命运。

2002年3月，武汉外滩花园小区因违反国家防洪法规而被强制爆破，但是4年前这个面向长江和黄鹤楼景区的小区，却是经过合法的立项及规划审批手续。仅此一项，直接损失达2亿多元，其中还不包括拆除建筑的费用、清运垃圾的费用以及恢复江滩河道而带来的巨额费用，而且这项工程对长江造成的伤害可能永远都不能弥补。

2006年10月，青岛大酒店被整体爆破，该建筑曾是青岛市著名地标，并被誉为像碉堡一样坚固的建筑，建成仅20年，爆破原因是结构过分追随外表形式，内部空间利用率过低。

2007年1月，以恢复西湖周边风貌为理由，建成仅13年的浙江大学湖滨小区3号楼被整体爆破；同年2月，18年前花费2.5亿兴建的五里河体育场，消失在沈阳市民的眼中。

2009年2月，当年亚洲跨度最大的拱形建筑——沈阳夏宫，在2秒钟内变成了一堆废墟，该建筑落成仅15年。

2010年，建成仅13年的江西南昌五湖大酒店被整体爆破；同年3月，耗资3000多万元、建成不满10年的海南标志海口千年塔，成了"短命塔"；7月，刚刚投资上千万元重新装修的北京凯莱大酒店停业拆除。

还有的建筑因种种原因，刚出生即死亡。典型例子是安徽合肥的维也纳花园小区1号楼，因影响了合肥城市景观中轴线上的山景，而在施工了1年，已到16层尚未完工时，被推倒了。

这些例子仅是冰山一角。最近风闻青岛市要拆除20世纪90年代末建成的地标建筑海天大酒店，理由是当时的规划设计不够集约利用土地，没有最大限度地利用海景资源，海天大酒店已不满足五星级酒店的标准。这些理由看似非常充分，但是却又不那么理直气壮。我国是世界上年增建筑量最大的国家，新建建筑面积约 20 亿 m²，耗费了世界上 40% 的钢筋和水泥，但建筑的平均寿命却只有 25 ～ 30 年。而我国相关设计规范《民用建筑设计通则》中，对重要建筑和高层建筑规定结构耐久年限应为 100 年，一般建筑的耐久年限为 50 ～ 100 年。据相关资料显示，美国、法国、英国等国家的建筑平均寿命为 80 年、85 年和 132 年。难怪浙江大学范柏乃教授感慨："我们有 5000 年的历史，却少有 50 年的建筑。"

全国工商联房产商会会长聂梅生近日在一次节能会议上说："如果我们的新建筑实施节能技术，每年可以节约的建筑成本是 4000 ～ 5000 亿元，那么如果我们的每座建筑寿命可以增加 50 年或者 100 年，每年又可以节省多少建设资金？可以少排二氧化碳多少万吨呢？"

杭州市有关部门宣布：建于 1992 年曾经闻名于长三角地区的首家度假村——之江度假村仅仅存在了 17 年，就要面临整体拆除，地块将用于新的商业项目开发。该项目的重建可以为杭州的 GDP 增长作出一定贡献，但如果现代城市建筑寿命只有 17 年，那我们城市的规划基本失去作用了。宁波著名藏书楼天一阁所在地月湖周边在进行大规模的拆迁改造时，竟然将当地文物部门确定的市级保护文物"盛宅"也一并拆掉。当前城市出现的拆迁现代建筑热潮，表面上是为了提升城市形象，其实是加重了城市运营成本。据悉，之江度假村拆迁后兴建的房产，每平方米的价格都会在 3 万元以上。

"短命建筑"多与质量无关，多与我们缺失科学思维有关。

4. 土洋之争

当代中国建筑市场上"洋设计"风起云涌，这种现象应当引起中国建筑师深入思考如下问题："洋设计"到底怎么样？它为中国建筑带来什么？它到底如何影响了中国的建筑界？在真与假、"洋"与"土"、欢迎和反对之间，重新审视思考这些问题，或许能够加快中国建筑的理性思考，促进中国建筑进一步走向成熟。

一些业内开发商认为"洋设计"确有可取之处：从设计理念来说，"洋设计"对空间的感觉和把握较强，对建筑的纯粹性比较注重；以实用为主，在细节的处理上有品质感；确实做得非常专业。另外，洋设计师非常具有想象力，而本土的设计师大多成长、学习和工作环境都在国内，由于国内的物质水平与发达国家相比差距很大，所以对于豪宅、别墅或其他功能的把握上有很大的局限性。

但同时我们也要看到，"洋设计"也有"水货"存在，许多开发商只是用"洋设计"来炒作罢了。很多项目表面上是洋设计，其实是"挂羊头，卖狗肉"，与洋设计根本没有什么关系。有关人士把现在中国建筑设计市场"洋设计"公司分为大师、小师、老师、巫师等四种类型。贝聿铭就是大师级建筑师，身价比较高；而 SOM、KPF、宝佳、矶琦新等设计事务所中的建筑师，一般称为"小师"，建筑师本身不是特别出名，但是所在的公司是一流公司；老师是指那些真正有实力，设计水平较高，在国外取得不错业绩，但是因不擅商业运作，而在国内名气不够的建筑师；巫师，是指那些在国外留过学，挂靠在一个一般的公司，靠公关能力和商业炒作能力，而在国内建筑市场混的"假洋建筑师"。真正对中国建筑设计有正面影响的是"小师"和"老师"。

对"洋设计"过分的标新立异，有关建筑专家表现了强烈的异议。建筑界泰斗吴良镛在谈到中国标志性建筑采用洋设计时，就有这样的观点：这些建筑方案除了震撼我们之外已经没有别的什么了。我们并不反对标新立异，恰恰这是文化艺术最需要的。吴老认为标新立异与讲究工程、文化、结构和造价不是矛盾对立的两个方面，应是合作的关系。在吴老看来，外国一些建筑大师或准大师把中国的一些城市当成了标新立异的试验场了。

业内普遍认为，在"洋设计"的热潮下，城市建筑面临的状况，既有精品，也多有败笔。"欧陆风"越演越烈，误导并破坏了国际大都市形象。比如在北京长安街的两侧，二三环上已经建造和正在建筑的一些并非都是"上品"的新建筑，这些建筑都是与境外合作设计的。然而也有人为"洋设计"前卫自由的风格叫好。"我现在根本不愿跟他们争。人们的新生活和城市形态只有这些新作品才能影响。"

萧默认为：当前，北京、上海等大城市甚至在一些中等城市，地方重大项目往往是外国人做的建筑设计，这些建筑大多以新、奇、特为时尚，全然不顾中国特有的社会文化，缺乏中国建筑特色，甚至有些建筑违背了建筑设计的基本原则：功能混乱、结构荒谬，人为地增加了建筑造价。更不正常的是：从决策者到青年学生，包括某些业主、教师、建筑师，甚至是知名的教授和学者，都对此盲目崇拜并加以吹捧。与此同时，这些人漠视中国优秀的传统建筑文化，致使文物建筑不断遭到破坏。据统计，近 20 年来对文物建筑的破坏程度超过了过去 200 年。李先逵认为：在全球一体化的大局下，中西文化的交融是必然的历史发展趋势，我们应该清醒地认识到这点，不然就会吃败仗。既然要开放，就可能会出现各种各样的新情况，关键是我们要修炼内功，增强自己的免疫力和抵抗力，增强中国建筑的创造力，以此作为抗争的支点。清华大学教授王贵祥指出：当前我们对于建筑理念没有一个清晰的认识，我们遇到了中国建筑史上千载难逢的好机会，但是却没有出现在世界上有影响力的建筑作品。根本原因在于，我们没有真正理解世界建筑理念、建筑思想的发展趋势。这两年也有几件还能称得上作品的好建筑，但缺乏原创性，大部分止步于模仿，所谓的好建筑就是模仿得还像。北京建筑设计研究院黄汇：中国文化在历史上就是不排外的，但是模仿不是吸收，吸收需要有一个转化的过程，转化为自己的东西，而不是搬来代替自己的东西。黄汇强调应公平竞争，一味地崇洋媚外，会扼杀中国自己的创造力。我们应当宣传一些好的、正确的东西，欧陆风的出现就是宣传不当而造成的。

20世纪70年代或者是80年代，热衷于做大建筑的建筑师们的理想在法国的"土壤和空气"中得以实现。接着来自世界各地的建筑大师们在柏林国际招标的几百座新建筑中尽情发挥，那里又变成了"试验田"。现在轮到了中国。在本土设计和"洋设计"的竞争中，虽然有人悲观地提出，用不了多长时间，中国大部分建筑师将在与西方建筑师的竞争中被淘汰，沦落到为他们打工的地步，成了他人的画图工具。但业内对此仍普遍抱乐观的态度，他们认为，未来几年，中国建筑师完全能设计出优秀的建筑作品来，只有本土建筑师才能真正担负起社会重任。中国建筑师在未来的国际舞台上一定会具有竞争力的，这只是时间的问题。

业内权威人士在分析洋设计和本土设计在中国市场的碰撞和磨合时候认为，在中国建筑还没有创造力的时候洋大师充斥市场，一旦中国建筑师能够很娴熟地把握市场，现代中国建筑师的创作能力会爆发，很可能会超过洋大师。建筑是非常文化的艺术品，建筑师对文化的体现是非常重要的。现在市场上出现两种现象，一种是对中国传统的简单复制，甚至做一些明清街，要么就是对西洋的照抄，真正的既有民族性又有现代性的建筑几乎没有。

## 5. 建筑试验场

日前，英国《经济学家》周刊刊登文章说，北京在短短几年的时间里发生了巨大的变化，一些老胡同和危旧楼房被推倒，在这些瓦砾上，迅速建起了豪华写字楼、大型体育馆、购物中心和政府大楼，这样的增长在全世界没有几个城市能够做到。大规模的城市建设，使北京吸引了大批有着理想抱负的外国建筑师，并为他们提供了千载难逢的建筑实践机会。中国每年用于建设方面的投资增幅在8%～9%，总投资仅次于美国和日本。中国政府为了向世界显示自己日益增强的国力，愿意投入巨资大搞城市建设。同时，为了显示中国对外开放程度，中国政府和业主愿意聘请外国建筑师介入到中国建筑设计市场中，许多世界知名的建筑设计公司在中国设立了分部或办事处。文章特意指出：虽然中国有令人自豪的几千年文明和独特的建筑文化，但外国建筑师却设计了北京大多数的重要建设项目。

这些建筑中最有名的是中国国家大剧院，大剧院是由法国建筑师保罗·安德鲁设计的，这颗巨大的"蛋形"建筑坐落在一座人工湖上，建筑造型既现代又传统，总造价为 3.2 亿美元。总投资为 19 亿美元的北京机场 T3 航站楼的设计师是英国的诺曼·福斯特先生。在北京 2008 年奥运会场馆的设计中，也不乏世界级的建筑师，如赫尔佐格和梅德隆负责投资 4.6 亿美元的奥运主体育馆的设计。另外，荷兰的建筑大师库哈斯设计了中央电视台新大楼，这座大楼高 230m，具有独特的造型。

但是，这种偏爱外国设计师的行为明显激怒了中国国内的建筑师们。他们纷纷发表自己的观点，谴责这种不公正的竞争。有些建筑师批评外国建筑师比较傲慢，不尊重中国文化，把中国作为"试验田"，把在国外不可能被接受的建筑拿到中国搞试验，这种行为可能带来中国城市文化的混乱和文脉的断裂。一些中国建筑师认为，部分外国建筑师在中国城市化进程中扮演着不光彩的角色。

### 6. 建筑的新奇特

建筑师们为了迎合某些决策者和市场的畸形需求，全然不顾建筑的功能性、经济性和适用性，片面追求建筑形象的"新、奇、特"，引起建筑界的广泛讨论。

毋庸讳言，近年来，在中国建筑界出现了一些不正常的现象，某些建筑师误解建筑的本质，不考虑建筑所处地形地貌和环境条件，忽视建筑的具体功能和适用要求，片面追求所谓的建筑造型艺术，将"新、奇、特"作为建筑创新的方向，更不顾结构安全和基本的受力原理，玩弄技巧，将技术进步蜕变为符号和材料的堆砌，给中国建筑界带来了不好的风气。更有甚者，不花力气去研究国外建筑理论产生的社会背景，不研究国外建筑实现的技术背景和建设手段，而是生搬硬套地将国外建筑中的片段，拼贴在自己的建筑中，自诩为建筑创新。甚至为追求建筑的豪华或标志性，人为地增加施工难度和经济造价，造成不必要的人力物力的浪费。吴良镛先生指出，如今中国的建筑创造已经被片面的追求建筑表面样式的现状引入歧途，到了不能不加以正视的地步。一些地方的标志性建筑除了震撼感，不会有别的什么感觉！它们没有灵魂。而文化是建筑和城市之魂，吴良镛先生说。

多位建筑专家呼吁城市建筑应该在安全、实用、经济的基础上追求美观，而不应一味追求形式的"新奇特"。东南大学教授吕志涛院士说，随着经济和工程技术的发展，新建筑层出不穷，其中出了不少好建筑，如上海的世贸中心等。但也有一些建筑师完全不顾建筑法则，设计了一些令人担心的建筑。安全、实用、经济、美观等建筑设计原则，在此基础上还有环境的要求，这些是有内在次序的，不论什么建筑，安全、实用、经济的要求，永远是要排在外形美观之前。而现在一些建筑，在建筑造型上追求奇特，甚至以怪异为美，造成建筑结构不稳定，使建筑受力上都存在着一些问题。有一些造型"新奇特"的建筑，为了使用安全，付出了巨大的代价。几年前，国内某城市新建了一座可容纳几万人的体育中心，建设单位为了追求视觉冲击与所谓造型上的好看，要求设计单位将场馆拱梁起拱角度从 55° 角降为 45° 角，人为地增加了拱梁的侧推力，为了抵消这些侧推力，不得不增加许多辅助设施以保证场馆的安全，建筑成本也因此而增加了 30% 以上。

西安交通大学的李乔教授认为，适度搞些建筑创新是可以的，但不能不顾结构安全。建筑的首要功能应是满足房屋的使用功能，在此基础上搞建筑创新。小型建筑可以大胆做些试验，造型上可以有特色些，但对于城市公共设施等大型建筑，因牵涉到巨额投资，不能不符合基本的力学原理和经济原则，一味地追求视觉上的冲击力或者新奇感是不可取的。他认为，我们目前实行的创新评价体系有些偏差，应予以纠正：创新不是创奇、创怪。

国内建筑业泰斗沈祖炎院士，曾直言不讳地指出：现在的中国是世界上最大的建筑市场，建设规模巨大，吸引了许多国外建筑师和"海归"建筑师的参与。这些建筑给国内建筑界带来了新的建筑理念和建筑技术，同时，他们之中的一部分人把中国当成了某些所谓新理念的试验田。现在国际上流行一种沈院士称之为"雕塑师做建筑设计"的形式主义流派，建筑师像雕塑师似的，以造型为出发点，追求所谓的视觉冲击力。他认为，对于建筑外行来说，可能这些房子是好看的；但是对于业内人士，则为这些房子担着心。其实外行也不一定喜欢这样的建筑，使用者是最有发言权的，一些所谓的新奇特建筑在使用上造成不便的例子比比皆是。现在一些建筑师认为科学技术发展了，只有建筑师想不到的，没有结构师做不出来的，但是如果违背了建筑力学的基本原则，结构工程师即使能够用现代技术手段弥补这个安全缺陷，建筑造价也就可想而知了，这是对公共资源的极大浪费。

### 7. 亟待发展绿色建筑

对"绿色建筑"这一新生的事物，国人还存在一些认识上的误区：

(1) 相对于普通建筑来说，"绿色建筑"的建筑成本较高。然而实际上从全生命周期的运行成本核算来看的话，普通的建筑不见得会比"绿色建筑"的建筑成本低，甚至还会有所提高。

(2)"绿色建筑"代表的就是大景观场景、高绿化环境。从现实来说，"绿色建筑"确实对绿地以及园林面积的执行标准会比较严格，相对于传统的建筑来说，"绿色建筑"给居住者带来更多的绿色自然感受，使居住者更能亲近自然。但是这种对于绿色的感官上的享受并不是"绿色建筑"的全部意义，"绿色建筑"是集生态住宅、节能建筑、环保住宅、健康住宅为一体的和谐建筑。

（3）"绿色建筑"要使用大量的高科技尖端技术。但实际上绿色建筑也许会利用一些节能技术或者设备，但它并不是高新又尖端的实验室。"绿色建筑"是以创造舒适又适宜生存的环境为目的的，可以遮风挡雨，也会冬暖夏凉。"绿色建筑"是用最小的环境代价以及最简单的方式，设计建造成的最适宜的生活居住环境。

生活态度上的转变是绿色生活的重要内涵，它不仅仅是技术，更为重要的是价值观。新技术、新设备、新材料、新工艺是推行绿色建筑的硬性条件，其与投资造价是密切相关的。现在的建筑师在设计绿色建筑的时候没有发挥建筑师的主导和主体作用，而是更多地依赖于所谓的能源环境专业工程师，而渐渐地在绿色设计中迷失自我，忘记了设计绿色设计的初衷和自己的想法。建筑师的重要责任之一就是对软性技术的创新，这应该引起设计师的高度重视，这是用最少的资源环境代价获得最大效益的关键控制点。

## 7.4  日本的经验借鉴

### 7.4.1  从模仿到创新

在使本土建筑现代化的探索中，与中国同为木结构东方体系的日本建筑现代化的成功经验值得我们关注。古代日本人的信仰是以太阳神和树木神为主的自然神为崇拜对象，最早具有象征性的简陋建筑设施是吸收中国牌坊形式并加以简化而兴建成的鸟居，这是日本古代原初的神社建筑起源的重要标志之一。鸟居的构成基本要素是：左右立两根木柱，柱上面横架一根笠木，笠木下由横梁拴结着两根柱子，省去一切虚饰，显得非常简单、朴素，明快至极。京都嵯峨野宫的黑木造鸟居，是日本第一座原木带树皮的鸟居，有"日本第一鸟居"之称，选用柞木作为建筑材料。日本人称柞木为"真木"，真者，就是指自然与真实之意，这表明日本人对建筑艺术美的一种最原始的特殊追求。

在最早的神社建筑作品群中，最具日本古典综合艺术之美是伊势神宫，主要建筑材料是木材和芭茅等自然素材，整体以木结构为主，草葺屋顶，无顶棚，屋檐屋脊全由直线构成空间，无弯度和翘度，排除一切有违装饰性、纯粹性的东西，毫无人工技巧和人工修饰。非对称性、调和性和简洁的自然性格，这三大古代和式建筑之美基本元素完整地被展现出来，突出建筑与自然环境的调和，使日本建筑艺术达到了一个新的高峰，达到了原始文化之美的极致。为了避免因结构原因造成伊势神宫的损毁，日本人准备了两块相邻的同等规模的地块，每隔一定的时间，就在另一个地块上原样建设伊势神宫，这样，使具有强烈的日本象征的伊势神宫能够延续生命。德国建筑学者布鲁诺·陶特认为："伊势神宫一点也没有吸收佛教建筑的要素"，它"的确绝对是日本式的东西"。这一日本最原始的建筑艺术思想，对于日本建筑史产生了不可估量的影响。[1]

随着佛教建筑在日本的广泛流传，6 世纪中叶的中国建筑艺术也随之而兴起，"汉魂"是日本建筑语言对这种现象的描述。日本建筑师中有这样一个术语叫作"和样构造"，这是日本传统建筑语言构造的意思，其实也就是指木结构。中国隋、唐对它的影响是巨大而又深远的。

日本传统建筑虽然是"借"自于中国传统建筑，但由于其经过了拿来并挑选的过程，得到适合本民族的东西（木结构技术等），此谓"中为日用"。日本文化中的一些特点进一步地与"借"来的中国传统建筑原型相融合，并使之完善与提升，进而形成自己的传统"日本味道"。有些西方的学者甚至会有这样的观点：日本在这方面所掌握的东西超过了他的老师中国。

日本在明治维新后发现了西方科学技术的重要性，通过大量引进西方的先进技术、大量翻译西方的各种著作来提高整个社会的文明水平，以满足日本在资本主义工业化时期所需要的技术和资金，完成日本整个国家的现代化，从而达到缩小与西方列强国家差距的目的。与清朝皇帝拒绝"西方蛮夷"的任何东西不同，当时（1868 年）日本天皇极力主张"破除旧习……求知于世界"，新的结构技术和新的建材（钢铁、水泥），以及培养日本自己的建筑师也包含在这个主张里。

在近代洋式建筑的影响下日本建筑为了适应新时代建筑形式的需要，发生了多种新的变化并采用新的模式：一是全盘照搬西方使用石造结构或钢筋水泥结构的人工材料，取代日本传统的木造结构的天然材料，营建近代洋式建筑模式；二是结合运用过去日本传统的木造结构的技术，来建造钢筋水泥或石结构的"和洋折中"建筑模式，也称"拟洋式"；三是基本保持古代木造结构和形式的传统。这些变化显示出向近代建筑过渡的基本性格。[2]

日本政府在明治维新后不久聘请了大批的西方专家来帮助日本实现现

---

1  叶渭渠 . 日本建筑 [M]. 上海：上海三联书店，2006：26-31。
2  叶渭渠 . 日本建筑 [M]. 上海：上海三联书店，2006：155。

代化的目标，从而开始了从上而下强制性的向西方学习的路程。19 世纪的日本建筑史上发生了两件大事：一件是日本政府聘请了一批西方的建筑师，来帮助日本引进并学习西方建筑文明；另一件事是在西方人的指导下，日本自己的第一代建筑师成长起来了。

### 7.4.2　西方 Architecture 的日本化

Architecture 一词移入日本是明治维新以后的事。1886 年成立的日本造家学会,其会章是英国皇家建筑师学会（RIBA）和美国建筑师学会（AIA）会章的结合体。通过这种方式，欧美建筑师的职能意识就这样移植到日本了。之后，伊东忠太在大学内推进学院派的教育体制，企图明确"建筑"（Architecture）作为艺术的概念。1897 年，在伊东忠太提倡下，日本造家学会改名为建筑学会。如果这样一条成长路线在日本建筑界因袭下来的话，日本建筑师的职能便会与欧美几近一致地确立下来。但是，这条成长路线被佐野利器的思想和实践中断了，佐野认为："形式的好坏呀，色彩呀，都是小女子之为，不该出自男人之口。""日本建筑师，很明白，应是以科学为本的技术家。"日本建筑应基于日本是地震大国，必须确立符合日本国情的特有的抗震技术，这就显示了与西洋 Architecture 的不同。他的言论在日本建筑界的影响留存至今。持有相同观点的还有野田俊彦，他在 1915年发表的《建筑非艺术论》中，强调了否定样式、重视技术的倾向。而1923 年日本关东大地震，证明钢节点构架、抗震壁构成的钢结构和钢筋混凝土结构是适合日本地震大国的结构形式，从而淘汰了震前作为西欧化象征但不抗震的砖结构建筑。日本建筑学的性格也发生了变化，变成以抗震结构学为中心的偏工程化的学科。[1]

日本现代建筑是"借"自于西方现代建筑，经过了拿来并挑选的过程，从而得到适合本民族的东西（现代建筑技术等），这是"洋为日用"。日本文化中的一些特点与"借"来的西方现代建筑原型相融合使之完善与提升，进而形成自己的现代"日本味道"。像当初日本成功模仿中国建筑一样，现在日本人设计的西洋建筑不亚于西方建筑师自己的设计，这种先拿来后赶超的精神一直是日本人的立国之本。因此，虽然日本人的"原创性"比较少，但是他们具有修改并改进其他民族文化，并在改进的过程中融于日本本土特色的本领，还能在改进的基础上把自身特色发扬光大。[2]

经过长时间的学习和积累，日本现代建筑终于走上了自己的轨道。在日本的重大活动中，无论是 1964 年东京奥运会，还是 1970 年举办的大阪

1　吴耀东.日本现代建筑 [M]. 天津：天津科学技术出版社，1997：42-43。
2　赵鑫珊.建筑：不可抗拒的艺术（下）[M]. 天津：百花文艺出版社，2002：195。

世博会，再到 2005 年的世博会，几乎所有的建筑都是由日本本土建筑师承担的。日本政府把各种世界级的盛大活动，变成了本土建筑师学习、展示的舞台，通过一次次大赛的洗礼，日本建筑师逐渐成熟，出现了许多国际级大师，如丹下健三、桢文彦、矶崎新、安藤忠雄、隈研吾等等。

2010 年度的世界建筑最高奖普利茨克奖（Pritzker Prize）颁给了日本建筑师妹岛和世（Kazuyo Sejima）与西泽立卫（Ryue Nishizawa）组成的"妹岛和世与西泽立卫建筑事务所"（SANAA）。他们获奖的原因之一是他们成功地将现代建筑语言与日本传统建筑语言有机地融合为一体。

中国学者叶渭渠总结说：在日本文明发展过程中，日本人始终坚持了两个基本点：一个是坚持将本土文明作为主体；另一个是坚持多层次引进外来文明并进行消化。可以说，在世界文明发展史上，除了日本没有别的文明，如此强烈地执着于自己的本土文化传统，同时又能最广泛地吸取外来文化中的精华，周而复始，始终保持着本土文明与外来文化的平衡，并进行适当的调和，从中创造出具有明显民族特质的崭新的文明体系。[1]

## 7.5 小结

古代中国科学技术自身存在的缺陷，使得科学技术发展到一定的高度后，就难继续推进。原因有以下三个方面：

（1）存在过于实用化的现象。科学知识过分重视经验的描述，而理论上的创新和深化没有得到足够关注，这是阻碍中国古代科学发展的一个重要因素。

（2）科学的实验方法没有确立。长期以来，因中国文化中的特性，一直没有重视科学观念和理性思维的建立，片面地侧重思辨的、直观的经验知识。相反，西方近代科学却因科学实验方法的确立，而得到了飞跃式的发展。

（3）保守性使得一些突破原有知识框框的新的科学发现和技术发明难以得到承认或推广。排他性造成对外来的科学技术知识吸收的阻力。一些具体的技术成果或可被接受，但是作为一种学说或科学思想体系，就很难被吸收。建筑技术亦如此，没有得到系统地梳理和总结，因此难以得到提高。同时，中国古代虽有高超的、成熟的桥梁施工技术和建筑技术，但并没在建筑实践中发挥出技术极致。

近代中国发展史是一个屈辱的发展史，尤其是 19 世纪后期，受到列强的侵略和压迫。在建筑发展上反应为两种趋势：一是将西方先进技术不

1　叶渭渠. 日本建筑 [M]. 上海：上海三联书店，2006：2.

假思索地引进中国，另一个是因循中国传统建筑。这两种趋势的融合交叉一直贯穿在中国近现代建筑发展史中。

现代的中国尤其是在 20 世纪末，抓住了第四次科技革命的机遇，乘势而上，中国建筑的发展受到世界的瞩目。国外建筑师也到中国建筑市场上大展身手。在快速工业化和城市化发展进程中，出现了许多违背科学精神的乱象，对这些现象的梳理，有助于我们树立正确的建筑观。

他山之石可以攻玉，我们可以从日本的成功经验中得到有益的启迪，从而创造出具有中国特色的现代建筑，在世界建筑界拥有一席之地。

# 第 8 章　结语：对中国建筑问题的思考

## 8.1　中国建筑与西方 Architecture 的差异

1. 西方 Architecture 的定位与含义

在西方教育体系中，建筑学科被归类在人文艺术学科中。在西方艺术发展史中，建筑通常被看作是艺术品，与绘画和雕塑相提并论。西方建筑师往往身兼数职，如米开朗琪罗既是建筑师，又是画家，同时还是雕塑家，他们的社会地位较高，得到社会的普遍尊重与认同。

据查，西方最早的建筑学校是佛罗伦萨的柏拉图学院，是 1470 年由文艺复兴时期建筑大师阿尔贝蒂创办的。在这座学院里，艺术、雕塑和建筑是一体的。[1] 西方建筑教育史学家认为，这种在学院中培养建筑师、画家和雕塑家的模式，远比师徒之间的口口传授更为系统，同时从侧面佐证了建筑教育和艺术教育同出一源。现代建筑师的摇篮包豪斯采用了与柏拉图学院相类似的建筑教育模式，同样强调建筑师、艺术家与手工艺者的合作，以有利于更好地创造"未来建筑"。

"坚固、实用、美观"是维特鲁威在《建筑十书》中提出的[2]，已成为中西方建筑界普遍接受的基本原则。在艺术和科学之间寻求平衡，一直是西方建筑教育与建筑实践追求的目标，其中占主导地位的还是艺术[3]。受西方建筑教育的华裔建筑师贝聿铭也认为，建筑是技术与艺术的融合，但最终建筑应当归于艺术。[4] 中国建筑泰斗梁思成说过：建筑是一门综合学科，建筑师要有广博的知识面，具有综合素质，不仅应当具备哲学家的头脑和社会学家的独到眼光，同时更不能缺少工程师的精确和实践，还要有心理学家的敏感和文学家的洞察力。[5] 总之，有文化修养的综合艺术家才是建筑师的本质。这些观念告诉我们：建筑师与艺术家无本质区别，建筑等同于艺术。

《朗文当代英语大辞典》对 Architecture 注解为："the art and science of

1　贾倍思. 型和现代主义 [M]. 北京：中国建筑工业出版社，2003：19。

2　[意] 维特鲁威. 建筑十书 [M]. 高履泰，译. 北京：知识产权出版社，2001：16。

3　[美] 黎辛斯基. 建筑的表情 [M]. 杨惠君，译. 天津：天津大学出版社，2007：6-8。

4　[德] 盖洛·冯·波姆. 贝聿铭谈贝聿铭 [M]. 林兵，译. 上海：文汇出版社，2004：87。

5　蔡德道. 建筑师应博学 [J]. 南方建筑，2006（2）：1-5。

building, including its making, planning and decoration。"翻译为中文应当为是：房屋的建造、设计与装饰的艺术与科学[1]。Science 与 Art 是 Architecture 所具有的两个基本属性，而排序上的差异可以看出两者在 Architecture 中的地位。Science 位列 Art 之后，No.1 的位置是 Art。

## 2. 中国传统建筑以实用为主旨的"器物"思想

汉字的字源学角度对"建筑"有如下释义：建：从廴，从聿。《广雅》："建，立也。"《说文》："立朝律也。"筑，从木，筑声。古代泥土用夹板夹住，木杆用来砸实夯土，其本义为筑墙。"捣"是筑的真实含义。《韩非子·说难》："不筑（筑，这里指把坏墙修复），必将有盗。"从中可以看出，建筑的中文本义是修建，包括修筑桥梁、房屋、铁路、道路等等，主要强调的是房屋建造中的工程属性与科学属性。[2]建筑、政治、经济、社会等词汇，都是当年从早于中国进行西方式改造的日本借来的。古汉语中找不到更为贴切的汉语词汇，用于实现与 Architecture 的接轨，"建筑"才勉为其难地客串了这一角色，并长期以来约定俗成地被默认为中国的 Architecture。

虽然中国的"经史群书"没有一本是专门研究建筑的，其有关建筑的记述本身的目的也并不是为了讨论建筑问题，但一些政治经济论文，或者从一些哲学论文、涉及房屋问题的历史记述中却可以寻找到一些建筑方面的建筑思想。可能并不代表一定的建筑思想，但是一般都被引用下来用作参考，作为理解当时对建筑的一些见解。[3]

《易经》是儒家的哲学思想基础。《易经·系辞》中有一段文字谈及了建筑的起源，指出远古时期人们穴居于山野之间，后来人们为了遮风避雨，盖起了高大坚固、有着封闭空间的房屋，即"上栋下宇，以待风雨，盖取诸大壮"。从中可以看出中国古代对于建筑概念的认知。"栋"是指梁木，亦代表整个构架；"宇"就是指一个封闭而由规限的空间；"取诸大壮"意即构造坚固。墨子对这个观念作了进一步的引申："古之民，未知为宫室时，就陵阜而居，穴而处，下润湿伤民，故圣王作为宫室。"而建造宫室的方法则是，将房屋建在高处以避开湿润的地方；房屋四周围起来以抵御风寒；房屋的屋顶是用来遮挡雪霜雨露的，而高高的院墙则是男女有别的礼制所要求的。又说："谨此则止，凡费财劳力，不加利者，不为也。……是故圣王作为宫室，便于生，不以为观乐也……"（《墨子·辞过》）墨子的文章就充满了各种观点了，他的主题是反浪费，因而强调了房屋的功能意义。他

---

1  杨涛."器"与"艺"的博弈——对中国当代建筑问题的文化解读 [J]. 哈尔滨工业大学学报（社科版），2010（4）：15-21。

2  杨涛. 艺术的缺失 [J]. 哈尔滨工业大学学报（社科版），2009（2）：33-37。

3  李允鉌. 华夏意匠：中国古典建筑设计原理分析 [M]. 天津：天津大学出版社，2006：35。

完全否定了建筑是一种艺术，是绝对的"功能主义"者。

韩非的《五蠹篇》说道：上古时代，人少而禽兽多，人不堪禽兽虫蛇的骚扰。后来出现了一个圣人，领着大家"构木为巢"以避开这些害人的东西。大家高兴地推举这个圣人为王，即"有巢氏"。韩非将房屋的起源看作是人类为了躲避野兽侵害而建造的，是人为了生存而与自然斗争的结果。"构木为巢"有的学者解释为树上的木屋，"巢"其实也可理解为"居住的地方"。这种论点将"以避群害"作为建筑的出发点，摆脱了建筑发展的局限性。

春秋战国至秦汉期间（公元前5～前3世纪），不同的政治哲学观点引起了对建筑不同的态度或者说是思想学说。一方是提倡"积极地进行大规模建设"，一方是"反对铺张浪费以节省民力"，就是所谓"侈靡"与"节俭"之争。"侈靡"就是主张大量消费以活跃经济，自然大量展开建筑工程也就包括在"活跃经济"的措施之内。《管子》有一篇《侈靡》论，主张"百姓无宝，以利为首。一上一下，唯利所处。利然后能通，通然后成国。……故上侈而下靡，而君臣相上下相亲，则君臣之才不私藏。然则贪动枳而得食矣"（动枳，即动肢，指工作）。另外的篇章中也就有"非高其台榭，美其宫室，则群才不散"以及"不饰宫室则材木不可胜用"等说法。"侈靡"与"节俭"并不只是停留于纸面的言论，而是出现于其时的"政策"。战国时代出现了"是时也，七雄并争，竞相高以奢丽，楚筑章华于前，赵筑丛台于后"的"大兴土木"的局面。到了秦代，这种政策更发展到了一个顶峰，据郭沫若的《＜侈靡篇＞的研究》一文说："秦始皇是在吕不韦的影响之下长大的人，他的政治作风可以说是一位最伟大的侈靡专家。请看他筑阿房宫，筑骊山陵，筑长城，筑直道吧，动辄就动用几十万的人役来兴建大规模的工事。"到了汉代，这种主张提倡消费的思想仍然得到了继续，因而也出现了汉长安城中的各种伟大的工程。对这种现象，"节俭"派是大为不满的，因而就出现了批评反对建筑中浪费的文章，汉扬雄《将作大匠箴》："侃侃将作，经构宫室，墙以御风，宇以蔽日，寒暑攸除，鸟鼠攸去，王有宫殿，民有宅居。昔在帝世，茅茨土阶，夏卑宫观，在彼沟池；桀作瑶台，纣为璇室，人力不堪，而帝业不卒；《诗》咏宣王，由俭改奢，《春秋》讥刺，书彼泉台；两观雉门，而鲁以不恢，或作长府，而闵子以仁。"

根据这些资料，近代研究中国古典建筑的部分中外学者，得出这样的结论：中国自古以来都是崇尚节俭，因此在建筑设计上坚持简单朴素的原则。有人进一步说，这些原则和风气就是造成了建筑不发达，技术和艺术没有很大发展的原因，成了"中国古典建筑无价值论"的一个依据。其实，并不是提倡在建筑上节约的文章很多就反映了历史上的建筑一直都是在节约的原则下兴建的，只不过是反映出官民之间、贫富之间在建筑上的一种对立现象，批评自然是一种压力，但是这种矛盾是绝不会消失的。在普遍的心理上，奢华壮丽的皇宫帝殿虽然也可使人感到骄傲，但对其浪费人力、物力是存在着一种抵触的情绪的。当年秦始皇耗费巨大的人力物力建造了阿房宫，引起众人的反感，以至于到了1000多年后的唐朝，杜牧还写了《阿房宫赋》来指责他。显然，中国人民历来反对在建筑上过于奢华浪费，这构成了中国传统建筑观念的重要内容之一。

老子《道德经》第十一章："三十辐共一毂，当其无，有车之用。埏埴以为器，当其无，有器之用。凿户牖以为室，当其无，有室之用。故有之以为利，无之以为用。"这段话的重要意义在于指出：几千年的中国传统文化认为建筑的本质是"器"，而"器"的定位是"室"用，是实用。[1]

### 3. 近代以来中国建筑走向 Architecture

19世纪中期是中国的近现代建筑教育的起点，传统中国几经挫折终于在鸦片战争以后，发起对西方文化的全面借鉴与学习。中国近现代建筑受到西方建筑在技术结构与形式多方面的冲击下，被迫放弃了自己独有的传统木结构建筑体系，走向西方 Architecture。

早期，日本的建筑学学科名称与内容成为中国近现代大学课程体系中移植的蓝本，其表现为对实际的工程思想的关注。天津北洋西学学堂作为中国第一所大学于1896年成立了土木工程科系，并自此得到长足的发展。与之不同，建筑学专业的建立却远远滞后，并且业已成熟的土木工程学科一直影响和制约着建筑学学科的发展。科学救国的国情是导致这一状况的主要原因。刘既漂于1927年12月留法归来，受西方建筑概念的影响，为强调建筑的艺术属性引入"美术建筑"这一新词汇，但建筑科学性的制约过于强大，并未产生多大影响，最终昙花一现。北平大学是国内第一家将建筑系设在艺术院校中的大学，但是时间不长，只有两届建筑系毕业生，便被合并到了工学院中。究其原因正如黄廷爵所说，中国人普遍认为建筑是偏理工科的，放在艺术院校中不符合中国国情。

梁思成在谈到古建筑保护时，曾总结过近代以来中国建筑界对中国传统建筑文化的认知过程，他认为到20世纪20年代，中国人在西方建筑艺术的概念影响下，才开始用艺术的眼光审视中国传统建筑，发觉古建筑同书法和绘画一样也有艺术性，也是"艺术"。国人对建筑概念的转变的原因包括：首先，在许多西方建筑师建造的"中国式"建筑上强调了"艺术"；其次，在诸多西方学者包括日本学者出版的关于中国建筑的资料文献中，

---

1 杨涛."器"与"艺"的博弈——对中国当代建筑问题的文化解读 [J]. 哈尔滨工业大学学报（社科版），2010（4）：15-21。

对中国建筑的"艺术性"大加褒扬；第三，也是最关键的一点，就是到西方学习建筑技术的中国留学生们，从西方对历史建筑保护中，认识到中国建筑也是一门艺术，这些砖头和木料的精美组合，是中华民族和时代的象征。所以，中国知识阶层首先转变了以前轻视"匠作之事"的态度，认为中国传统建筑应当作为文化遗产予以保护。但是地方当局的观念却还没有转变过来，而保护历史建筑和古迹更多地是依靠政府来完成，这也是中国古建筑不断遭到破坏的重要原因[1]。

由于长期缺乏交流，1875年之前西方对中国建筑缺乏全面了解，因而没有出版过全面论述中国建筑的著作。但是他们普遍对中国建筑所特有的明显特征感兴趣，并在一些描述性文章中有所涉及。弗格森认为：从西方文化角度来看，中国很少有房屋能称为建筑。木结构的耐久性不足是中国学者认为中国古建筑难以保存的原因，与之不同，弗格森认为中国人有保护传统建筑的能力，只是由于他们缺失对古建筑的欣赏品位，所以才没有建筑遗迹的留存。弗格森认为中国没有真正建筑的另一个原因，是中国缺少一个教权统治时代，而这种统治通常能刺激和推动神学艺术的发展，神学艺术又转过来推进了建筑艺术的进步。中国确实有许多庙宇，但是它们的建筑风格与居民的住宅太相像了。古伯察相信：中国人无法理解西方宗教建筑那种宏伟、庄严和忧郁的风格。

在近现代以来，特别是新中国成立以来，一直存在着对建筑的艺术性的争论，但少有人质疑过西方Architecture是否适合中国国情的问题，也无人思考中国"建筑"是否真的等同于Architecture。矶崎新认为：表面上建筑师们都在做设计，可中国建筑师的设计工作却表现出与西方及日本建筑师之间存在有相当程度的不同。西方及日本建筑师致力于在他们的作品中改变旧规则并努力建立新规则，甚至可以感受到在全球化与地域主义的冲突中，他们如何做出明智的抉择，尽管有些选择是极端的。反观中国的建筑师还没有确立起自己的设计规则，一个完整的中国建筑设计体系还没有出现。中国建筑还在没有明确的规则可循的情形下前行。服务于经济高速发展需求的大量的建筑设计，在建筑思维十分混乱、建筑理念模糊不清的情形下仓促实现的。许多中国建筑师根本不清楚当今世界建筑正在发生的瞬息万变的内在变化。西方及日本建筑师将现代科技和地域文化美妙的结合的设计实践令中国建筑师非常羡慕，但他们自己却很难做到一定的程度，这样的尝试对他们而言显得十分的困难，能踏踏实实地、耐心地去搞明白一件事的建筑师在中国数量很少了。

---

1　赵鑫珊. 建筑：不可抗拒的艺术（下）[M]. 天津：百花文艺出版社，2002：448。

## 8.2 中国当代建筑问题的文化解读

20 世纪 70 年代，中美恢复正式邦交后，本着为中国建筑的发展寻求方向的目的，贝聿铭先生应中国政府邀请，设计了具有中国传统风貌的香山饭店。从这个世界级建筑大师的作品中，中国建筑师得到了一些启示：西方建筑技术固然值得我们学习，同时也应尽力发掘和延续中国传统建筑的精华。当然，这一事件还传递了这样一个信息：中国政府开放了国内建筑设计市场，欢迎世界上优秀的建筑师来参与创作作品。[1] 从此以后，许多境外建筑师开始在中国开展业务，到 20 世纪 90 年代达到一个顶峰。

文化是现象背后看不见的手。要剖析中西方建筑的差异，必须深入分析和解读中西方社会文化，或许从中可以找到合理的解答。"文化是一个社会成员内在和外在的行为规则"，英国学者巴格比认为，人的思想方式和行为方式分别是人的内在行为规则和外在行为规则。中西文化的差异根本在于双方的思想方式和行为方式的不同。中西建筑文化碰撞中，从思想方式和行为方式两个角度来看，对相关重要建筑问题的认知方面都表现出了极大差异。

### 1. 中西不同的功能与形式关系的认知

"内容决定形式"这一基本观念是中国形式美学关于内容与形式的辩证关系的理论基础，"形式为内容服务"是辩证地分析两者的关系后的最终结论——"形神无间"（陆时雍：《诗境总论》）；"意象俱足"（薛雪：《一瓢诗话》）；"情景交融"（方东树：《昭昧詹言》）等观点的根本在于"神"、"情"、"意"，而不在"形"、"景"、"象"。内容是首要的，形式是次要的，是隐含在中国美学关于内容与形式辩证关系的论述中的一条总纲——中国美学的本质是"内容的美学"。

与中国传统美学不同，西方美学赋予"形式"更加广泛的含义，将"形式"提升到宇宙层面，提升到美的本体或者更本质的意义上。柏拉图将"形式"视为产生一切的"理式"；康德说"形式"是人类认识世界的先验图式；亚里士多德认为万物生成和发展的存在、动力和目的均来源于"形式"等等。可以说，西方美学的核心就是"形式"，是一种"形式的美学"[2]。而"形"在中国的美学观念中是不具备西方美学这些复杂而丰富的内涵。中国美学所追求的"形""神"关系，从一定层面上看，只是西方形式美学的一个方面。

1　廖小东．贝聿铭传 [M].武汉：湖北人民出版社，2008：195。
2　赵宪章．西方形式美学 [M].上海：上海人民出版社，1996：28-34。

当代学者根据人的外表和内在，将人分为四种：第一种属于内外兼修型，都好；第二种是注重外表型，内在不好；第三种是内秀型，外表较差；第四种是无可救药型，内在外表都很差。随机调查发现，中国人往往比较喜欢第三种内秀型，而排斥第二种注重外表型。对于第二种人中国人往往形容为"金玉其外败絮其中"，比较隐蔽，因而比第四种人更危险；而内秀型是有涵养又低调的人，符合中国人的审美观。而在西方人的排序中，内外兼修型排在第一位，最反感第四种无可救药型。至于第二种和第三种，则喜欢注重外表型多过内秀型。他们的观点是外表好内在不好的人至少还有一点外表好。建筑的功能与形式的关系也好像人的外表和内在之间的关系，对此中西方有不同的理解。西方人一般认为功能和形式都是内在，都应该得到重视，但也不反感过分追求形式美的建筑；而中国人认为建筑应该注重功能，即功能才是内在、是重点，对重形式轻功能的建筑比较反感。

中央电视台新大楼（图8-1）所引起的批评与争论主要集中与功能和形式的关系问题，库哈斯辩解道：中央电视台新大楼所受到的批评主要包括两个方面，老一代建筑师从社会主义国家的视角关注建筑的实用功能，而年轻建筑师关心的是时尚。他认为中国建筑的问题在于，在中国建筑界一直存在着保守主义与新怀疑主义两种思潮，两者相互纠结带来对建筑问题的争议。作为外来的建筑师，只能在夹缝中生存。他觉得：中央电视台新大楼是一个理性的建筑，其次，中央电视台新大楼富含有创造性；再次，中央电视台新大楼的创造是连续的、整合。因而，中央电视台新大楼具有惊人的美感。[1]"形式追随功能"这句名言出自美国建筑师路易斯·沙利文，因其与中国传统文化相契合，而受到中国建筑师们的追捧，并对中国建筑发展产生了巨大的影响。"形式追随功能"思想只是西方建筑界在功能与形式关系问题上的部分内容，并非全部。赖特就有不同的见解，认为："形式追随功能"是为众多愚蠢的形式主义者所标榜的片面口号，这一口号被大量滥用了，"形式追随功能"在许多情形下会成为毫无实际意义的空话。只从功能出发，忽视形式的能动性是错误的，这样做的后果只能是建筑语言的贫瘠和单调。而改变这种局面的良方似乎应该是"形式和功能是一个有机的整体"，如此才会创造出真正丰富而具时代感的未来建筑。[2]从某种程度上看，库哈斯的CCTV大楼促使我们要重新、全面深入地研究西方建筑中功能和形式的复杂关系，从中探索出一条适合当代中国建筑发展的可行之路。

---

1　王军．采访本上的城市 [M].北京：生活·读书·新知三联书店，2008：243。
2　[美]F.L.赖特．建筑的未来 [M].翁致祥，译．北京：中国建筑工业出版社，1992：295-297。

**图 8-1 中央电视台新大楼**

来源：http://ent.sina.com.cn/v/2009-02-10/003623

### 2. 中西在"美"与"非美"观念上的差异

在中国美学发展史上，一直伴随着"非美"主义的传统。美一直处于比较尴尬的地位上：当美与质相遇时，美处于质之下；当美与善碰撞时，善处于美之上；比较道与美的关系，道处于美之上。甚至在中国传统文化中，美为不祥之物，是祸媒。来源于儒道释的中国传统文化要求人以含蓄的态度对待美，应当把对美的追求压在心底，与美保持一定的距离，更不能直白地追求美。不同于中国传统美学，西方美学中对"美"的认识却走向另一个极端。古希腊人自称为"最爱美的人"，面对"美"他们具有一股狂热的、宗教般的情结，自称是"美的信徒"。更有甚者，以追求美的名义发动战争，柏拉图表述道：美是永恒的——不生不灭、不增不添、无始无终；它也不是随人而异：对某些人美，对另一些人就丑；它也绝不是在此点美，而在另一点是丑的……

中西方审美的差异更多地是表现在感情的表达方式上。西方式审美是一种直观式的，倾向于直接的表达。而中国人喜欢用一种细腻含蓄、只可意会不可言传的意会性表达方式。中国诗如李清照的《点绛唇•蹴罢秋千》："蹴罢秋千，起来慵整纤纤手。露浓花瘦，薄汗轻衣透。见有人来，袜刬金钗溜。和羞走，倚门回首，却把青梅嗅。"[1] 寥寥数十字的描写就表达出比西方的长诗更高的意境。对西方人来说，这种含蓄的表达方式是他们感到很深奥，并难以深入理解的东西。中西审美"美"与"非美"的碰撞是"林黛玉"与"维纳斯"的会面，国人对"洋设计"感到莫名其妙与匪夷所思的反映就是例证。

老子在《道德经》第十二章提到："五色令人目盲，五声令人耳聋，五味令人口爽，驰骋田猎令人心发狂，难得之货令人行妨。是以圣人为腹不为目。故去彼取此。"[2] 先秦道家从自身的教义出发，片面夸大"美"的负面危害，直接否定了"美"。乾隆之所以对国外进贡的手枪等不屑一顾，冠以"奇技"、"淫巧"之名，也是受到中国传统文化中对过分精巧的技艺存在的偏见的误导。封建社会时期，等级壁垒森严，为了维护王者的绝对权威，各种用品，大到建筑的形制、颜色，甚至是衣服、碗筷等，都有严格的规定，违背了这些规定则会引来杀身之祸。因此，技艺精湛的精巧物件只能出自皇家，而民间文物一般古朴、实用。中国文人中也不乏对美敬而远之的人物。如1574年（明代万历二年）的进士吕坤，认为天下所有的祸端起源于贪多，而贪多的根源在于美。在历数了美带来的祸端后，他给自己的书斋起名为"远美轩"，匾上题字"冷淡"。

## 3. 中西对待传统的差异

与西方不同，中华民族是一个崇古的民族，中国人的哲学是一种向后看的哲学。儒家思想的代表人物孔子，在现实世界中没有找到经世济民的出路，而认为三皇五帝的时代是最理想的社会。因而，儒家思想带有一种向后看的倾向。道家则推崇一种小国寡民式的原始共产社会，"鸡犬之声相闻，民至老死不相往来"。这是道家在看到文明社会的种种弊端后的自然转向。在庄子看来，原始社会是如此的美妙无比，回归原始社会是最美好的、最理想的生存状态，值得饱蘸诗意的描绘。中国人自古所形成的这种贵故贱今的守旧观念完全是受到儒、道两家向后看思想的影响。一直以来，恪守传统的理法，践行祖传的习惯，遵从既有的规矩、习俗与维护旧有的制度是传统中国人的选择。

在儒道思想的引导下，中国人形成了一种向后看的思想，贵古贱今，因循守旧，表现为在政治上提倡"法先王"，在价值判断中往往认为"今不如昔"，而在对于人事的评价上则采取"厚古薄今"的态度。大多数人

1　李清照．的诗．点绛唇·蹴罢秋千．转引自：杨涛．"器"与"艺"的博弈——对中国当代建筑问题的文化解读 [J]．哈尔滨工业大学学报（社科版），2010（4）：15-21。
2　转引自：杨涛．"器"与"艺"的博弈——对中国当代建筑问题的文化解读 [J]．哈尔滨工业大学学报（社科版），2010（4）：15-21。

选择遵从既有的规矩习俗，恪守传统理法，维护旧有制度，践行祖传的习惯。[1]

美国著名诗人惠特曼认为：一个伟大诗人的伟大之处，就在于他能够根据过去和现在，想象出事物的未来。法国美学家丹纳曾经说过，尽管一个民族的特性可能会受到外来力量的影响与冲击，但由于这种外来影响只是暂时的，因此这个民族仍然会振作起来。原因在于一个民族的民族性来源于血肉、土地和空气，因此它是永久的。实际上，就回归传统这一点来说，本身并无对错。但是，在回归中能否对传统文化做到去伪存真、得到精髓，实现扬弃，这是关键的一点。从已有发展实际来看，我们已经走了很多回头路，而且每次回头都或多或少存在着重蹈覆辙的错误现象。当代的回归需要突破这一历史的怪圈，我们回归的目标是汲取传统文化的精髓。

我国知名学者梁漱溟认为，西方哲学是一种注重向前看、向外看的哲学，受这哲学观的影响，西方建筑理论家和建筑师都有着强烈的愿望，去打破既有的建筑规则和建筑形式，推陈出新，创造新的建筑艺术和建筑理论。当代中国，很多"洋设计"在带给我们强烈的视觉冲击的同时，更重要的是带给了我们关于建筑的一些前卫、新锐的、先锋的设计理念和思维方式。在现今时代，尽管中国建筑不能盲目崇洋，但一味回归传统也不可取。中国建筑的发展应当顺应世界建筑发展的潮流，在发展中寻求中国建筑传统的时代表达。

## 4. 中西方对待建筑经济与精神因素的差异

建筑需要"凝固的财富"的强大支撑才可成为"凝固的音乐"[2]。当代中国已拥有日益雄厚的经济实力，但同时存在着资源紧缺、环境恶化的这一难题。而如何平衡建筑精神和经济因素的制约，这似乎是一个世界难题，各国建筑师们一直在探寻，但始终未找到合适的答案。

一般来讲，人们对一个城市的第一印象一般就从城门开始，因为城门象征着财富与地位。公元前1250年，希腊迈锡尼城建造了一个华丽的城门。3000年后，一座代表北京这个城市和中国国家成就的象征——北京首都国际机场的T3航站楼这个"城门"建成了。有学者说，北京首都国际机场的T3航站楼其实就是一个文化象征，它就是中国向世界敞开的大门。北京首都国际机场的T3航站楼建筑面积超过了英国希思罗机场的所有航站楼，施工周期创下了世界最短纪录。航站楼内各项设施先进，功能齐全。尤其值得一提的是，航站楼的设计处处弥漫着人文气息：阳光透过顶棚洒落进来，使得室内空间开阔、明亮，无论你身处航站楼的任何位置，都

1  张平治. 中国人的毛病 [M]. 北京：中国社会出版社，1998：36。
2  吴焕加. 标志性建筑50年——当代中国建筑艺术风尚的嬗变 [J]. 建筑师，2009（2）：5。

会感受到自然光线；在夜景观设计上，设计师采用了代表中国和北京的颜色——红、黄、橙色，使这座建筑呈现出中国味道。整个机场运用了中国传统"风水"布局，不仅与周围开阔的环境相融合，而且给人以宁静和温暖的感觉，好像中国大地在敞开怀抱欢迎远方的客人。相比较而言，美国许多重要城市的机场，如纽约或洛杉矶机场给人的感觉是已经走向破败了。这是不是预示着美国这个曾引领世界发展的国家经济实力的下滑，和中国经济实力的崛起？[1]

当代最高的阿联酋迪拜塔（图8-2）于2010年1月4日揭幕，现场大概有400名媒体记者报道这一盛大典礼。有报道称，世界各地大概有20亿观众收看这一典礼的直播。迪拜塔高828m，造价为15亿美元。在迪拜塔之前，世界最高楼是高度为508m的台北101大厦，而迪拜塔的开发商为了能使自己的建筑成为世界之最，要求设计师们不断地增加建筑高度。借用参与过迪拜塔设计的土木工程师比尔贝克的说法：设计师们根据业主的要求，像调试乐器一样不断地调整设计，最终的建筑高度远远超出了台北101大厦。迪拜塔的表面被覆盖了2.8万块板材，而它所使用的玻璃能够覆盖14座标准足球场。这样的庞然大物，它的维护费用是极高的。在典礼之前，12名清洁工用了3个月时间，才使得这座高塔干净整洁地出现在世人面前。

图8-2　迪拜塔

1　[美]约翰·奈斯比特. 中国大趋势[M]. 北京：中华工商联合出版社，2009：169-140。

世博会历史上的里程碑式建筑——水晶宫与埃菲尔铁塔，对于近现代建筑技术及艺术的改革产生了巨大影响，于现代建筑运动先河方面也是一面旗帜。2010年的世博会在中国上海举行，这是一次世界开在中国的盛会，同时也可以很好地展示当代中国人的智慧、气度与综合力量，而中国馆也要负担起体现当代中国精神风貌的重任。

有的专家认为：50亿元可以做许多事情，而新央视大楼设计者无视经济原则是一种不负责任的体现。与此相反，有些专家则认为该建筑体现的创新性或表达的理念，不能用经济性来评价。就好像埃菲尔铁塔虽然没有实用功能，还用了那么多的钢，但是不能抹杀它在世界建筑史中的地位；而悉尼歌剧院作为一种形式的探索，也不能用实用率和回报率来评价。这两种相互矛盾、冲突的观点体现了经济因素和建筑精神的博弈，这种博弈从建筑诞生之时就一直有着不同的理解，而中西文化的不同，对经济因素和建筑精神的取舍也就不同。

### 5. 中国建筑大师与原创力的培养

中国应开始培养自己的建筑大师，当前一些中国建筑师在世界上崭露头角。马清运2006年被聘为美国南加州大学建筑学院院长，这是该学院第一次聘任非美国籍人士担任院长，院方的理由是：马清运是一个具有全球视野的世界级建筑师，聘他当院长有助于南加州大学多元文化的发展。到知名大学任职，马清运并不是开此先河者，在他之前，张永和曾担任麻省理工学院的建筑系主任。

另一位在国际上有较大影响的建筑师是马岩松，他是第一位获得国际大奖的中国建筑师，2006年获奖时他年仅34岁。马岩松的获奖作品位于加拿大米西索加市，是一栋56层高的住宅楼。整个建筑呈不规则形状，曲线优美，虽然马岩松自称自己在做这座建筑的造型时，并没有想过仿照女性身材，但是该建筑还是被评委们称为"玛丽莲·梦露"大厦。马岩松有过国外的学习和工作经历，在国内读完高中，后到美国耶鲁大学建筑学院学习；2002年取得硕士学位，然后在哈迪德建筑事务所、埃森曼建筑事务所等国外著名设计公司工作过一段时间；回国后，先任职于中央美术学院，后创立了马岩松建筑设计事务所（MAD），以独立工作室的角色纵横于国内外建筑市场。随后在接下来的两年中，他参加过一百多次设计作品大赛，也得过几次奖，但是那时候他的作品都只是实现在纸上。"梦露大厦"设计方案（图8-3）获奖以后，马岩松的名气也随之大振，2006年是马岩松事业丰收的一年，他参加了威尼斯双年展，还获得了纽约建筑联盟的青年建筑师奖。关于中国建筑，马岩松认为：中国大部分已建或在建的建筑缺乏传统文化的底蕴。关于奥运会对于中国建筑市场的刺激作用，马岩松也持怀疑态度，他觉得这样盲目的快速发展下去中国建筑的未来不容乐观。一个社会发展得过快，会导致人们来不及作长远的打算，只关心眼前的利益，这会带来许多无法预见的后遗症。现在中国城市中存在着大量抄袭或模仿西方高层建筑的外形，这些建筑在设计上不考虑城市文脉，没有任何创造性，没有在建筑内部功能上下功夫，并且单纯地追求高效率和低成本，使得许多建筑粗制滥造，内部功能不合理，利用率低。这种简单的模仿、复制，使建筑师们失去了灵感和创新力，对中国建筑的长远发展是非常不利的。他希望中国能有更多适合中国的建筑形式，能够结合当代中国城市的人口密集、资源短缺的特点，有更多具有中国特色的建筑。[1]

**图 8-3 马岩松的"梦露大厦"**

来源：http://photo.zhulong.com/renwu/myphoto.asp?m=49&id=22145

## 8.3 风格的来源

一直以来，中国近现代建筑"新风格"的探索遵循着两个明确的方向：中国传统建筑风格与西方建筑风格。在实践中表现为通过大量的不加判断

1 ［美］约翰·奈斯比特. 中国大趋势 [M]. 北京：中华工商联合出版社，2009：118-119。

的对中国传统"元素"与西方建筑"艺术"的"滥用",并试图从中探寻出中国现代建筑的"新风格"。我们甚至完全依赖了西方建筑师的"试验",导致中国当代建筑上了西方建筑的"船",上了西方建筑大师的"当"。梳理、研究、思考并总结150年的中国近现代建筑"屡败屡战"的"未果"的"新风格"探索,终于意识到:我们不懈的探索虽然没有给出一个明确的结果,但却带给了我们一个异常"意外"的收获——它充分证明了150年中国近现代建筑"风格"借鉴的探索之路其实是走不通的!换言之,我们这种借鉴"风格"的"新风格"探索方式本身就是问题的所在,因为:"风格"借鉴不可行!

### 8.3.1 "风格"借鉴不可行——理论论证

建筑要以人为本,风格追随时代,这是中西方建筑界共识的两个建筑基本原则。但在中国近现代建筑"新风格"探索历程中,这两个基本原则却未被认真解读和领会,更不用说使其切实指导中国建筑的实践了——它只是搁置在教科书里的一句"漂亮话"。

**1. "风格"借鉴违背建筑"以人为本"的原则**

中国传统建筑的成功在于其严格地遵循了建筑"以人为本"的原则——为古代中国人服务。但将其独到的"风格""拿来"用于服务现代,则是对建筑"以人为本"原则的违背,是行不通的,因为现代中国人与古代中国人相比已经发生了很大的变化了,中国现代建筑穿"古装"在极特殊的场合可行,普遍应用肯定不妥。

西方建筑的成功在于,其也严格地遵循了建筑"以人为本"的原则——为西方人服务。但将其"洋风格""拿来"用于服务现代中国,也是对建筑"以人为本"原则的违背,同样是行不通的——中国人不是西方人。中国现代建筑穿"洋装",只是在中国建筑"新风格"探索一直"未果"情形下的无奈之举——将就。

西方建筑大师在中国的设计受到质疑是有道理的。保罗•安德鲁说过:设计是创作,而自由是最重要的,如果表达的不是设计师的意愿,就不会是好设计。这表明,其在中国的设计是以他自己的意愿为本的,并不是以当代中国公众为本的,他带给我们的只能是一个个不顾中国国情的、不负责任的"洋马甲"而已。

**2. "风格"借鉴违背建筑"风格追随时代"的原则**

中国传统建筑风格是时代的产物,把它应用到中国现代建筑上,是对建筑"风格追随时代"原则的违背,是不正确的做法。因为,中国现代建筑同古代相比，在观念、材料、技术等方面有了极大的不同，新观念、新材料、新技术要求"新风格"——用旧瓶装新酒是不合适的。

与中国传统建筑一脉相承的稳定风格不同，西方建筑的风格在其与时代共进的过程中表现出太多的变化：古典建筑遵循形式美的原则；近代建筑在技术等的影响下实现了对传统建筑的革命；现代建筑则通过对近代的批判而完善了现代主义；当代，借助计算机等手段的帮助，已实现了建筑形态的"大爆发"。

西方建筑风格追随时代千变万化的特性表明，我们根本无法通过"借鉴"其"风格"得到我们的"新风格"。我们一味追随的后果就是，"看花"了自己的眼睛，"抄袭"来一堆令国人感到莫名其妙、匪夷所思的"洋风格"，更加误导我们偏离探索"新风格"的真方向。试问今天还在中国游荡的"欧陆风"，它到底算作什么"风"？它属于西方那个时代？它真是西方的东西吗？它该不会是我们自己想当然杜撰出来的自欺欺人的赝品吧？

### 8.3.2 "风格"借鉴不可行——实践印证

1. 对中国传统建筑风格的放弃

20 世纪的 20 年代，以南京中山陵为起点，中国建筑师开始了"中国固有形式"的建筑设计活动。由于它根本不是着眼于建筑的民族化，而只是从形式出发，装点门面，仅限于追求"固有形式"，并成为导致近代建筑出现复古主义的主要渊源。[1]

由张嘉德设计，1951 年开工，1954 年竣工的重庆人民大礼堂（图 8-4），设计手法属于复古主义，后来在反浪费、批判复古主义及更晚的运动中设计者受到批评。与此手法类似的还有长春地质宫、北京三里河"四部一会"办公大楼等[2]。在 1953 年召开的中国建筑工程学会成立大会上，梁思成在《建筑艺术中社会主义现实主义的问题》的发言中提出了他对民族形式的看法，他要求以中国传统建筑的法式为依据从事设计，"大屋顶"被用来描述和指代了这种历史主义的手法。[3] 简单的、生硬的"大屋顶"在 20 世纪末期，被过腻、过滥、过粗糙地使用之后，失去了其鲜活的生命力而销声匿迹。自此，中国建筑师对中国传统建筑复古主义、折中主义、装饰主义等的探索也陷入全面停滞状态。

1 中国建筑史编写组 . 中国建筑史 [M]. 北京：中国建筑工业出版，1986：178-184。
2 潘谷西 . 中国建筑史 [M]. 北京：中国建筑工业出版社，2002：424。
3 潘谷西 . 中国建筑史 [M]. 北京：中国建筑工业出版社，2002：395。

图 8-4　重庆人民大礼堂

　　1978 年，应中国政府的邀请，贝聿铭带着报答孕育他的中国文化，协助中国探索一条现代建筑的新道路的愿望设计了北京香山饭店（图 8-5），并试图通过自己的建筑作品，提醒中国同行们，在学习西方建筑技术的同时，不能把自己的传统文化彻底丢掉，中国传统建筑中的精华是值得保留，并在现代建筑中加以运用的。[1] 香山饭店在美国的影响很大，美国授予贝聿

图 8-5　北京香山饭店

---

1　廖小东 . 贝聿铭传 [M]. 武汉：湖北人民出版社，2008：195。

铭普利茨克奖，认为香山饭店表现了建筑在文化上如何延续——不对过去横加批评，而是撷其精华，成就自我。然而香山饭店在国人眼中的反应却很一般。首先，他没有做到风格追随时代，1978 年的中国已经开始巨变了，贝聿铭没有捕捉到这一变化，当时他对中国的认知还只是停留在他的童年；其次，菱形窗、白墙、灰色线条等中国传统建筑细节的运用，与"大屋顶"的手法并无不同；再次，贝聿铭也没有给出他自己所希望的"全中国的建筑师都可以用一百零一种方式仿制的方法"。

20 世纪 90 年代末，美国 SOM 事务所设计的上海金茂大厦，力图将中国古塔逐层递收的韵律感、音乐感与时尚的金属和玻璃相结合，以达到既中国又现代的效果。但这种"神似"的模仿也是表面的继承——公众反映较好，却并非完美。

### 2. 对西方建筑风格的质疑

20 世纪 30 年代现代建筑思潮已陆续传入中国，出现"装饰艺术"（Art-Deco）倾向和地道的国际式的作品。并为中国建筑史开辟了一条复兴传统建筑仿"装饰艺术"做法的新路。19 世纪下半叶至 20 世纪初，相继出现新艺术运动（Art Nouveau）和青年风格派（Jugendstil）的建筑。但国人只把它当作洋式建筑的一种"样式"而已。1925 年"装饰艺术"（Art decoratif）作为一种摩登形式的装饰艺术在上海风行一时。但这些探索仅仅停留在"摩登"式的形式层面上……

改革开放以来，中国政府对外开放了建筑设计领域，许多境外建筑师开始在中国开展业务。当前在中国引起公众瞩目的建筑作品大都是"洋设计"，如国家大剧院由保罗·安德鲁设计，CCTV 央视大楼由库哈斯设计，"鸟巢"由赫尔左格与德梅隆设计，"水立方"由澳大利亚 PTW 公司和 ARUP 公司设计，首都机场新航站由诺曼·福斯特设计……纵观当代中国所有的国家级大项目，基本全为"洋设计"。2007 年，美国某知名杂志举办了世界十大建筑奇迹评选活动，其中包含了中央电视台新办公楼、"鸟巢"、北京当代万国城等三座中国建筑。这项荣誉的获得，并没有使中国建筑界感到高兴，因为其设计者均为外国建筑师，而非我国本土建筑师。当然，现在国内一些业内外人士也认为国家大剧院、CCTV 央视大楼等建筑物的建筑风格不可思议，对其持怀疑态度，认为与中国的建筑传统偏离太多，外国建筑师的设计可能会损害我国的传统文化，我国正变成外国建筑师的"试验场"。

贝聿铭说："中国的建筑已经彻底走进了死胡同，建筑师无路可走。在这一点上中国的建筑师们会同意我的看法。他们不能重返旧世的做法。庙宇和宫殿的时代不仅在经济上使他们可望不可即，而且在思想上不能为他们接受。他们尝试过苏联的方式，结果他们对那些按苏联方式建造的刻板建筑物深恶痛绝。现在他们试图采纳西方的方式。我担心他们最终同样会讨厌我们的建筑……我希望尽浅薄之力报答生育我的那种文化，我希望能尽量帮助他们找到新方式……那将是一种能被全国各地的建筑师以多种途径加以再现的方式。我认为，那是形成一种崭新的中国本土建筑风格的唯一手段，这就是中国建筑复兴的开端。"[1]

当代，中国建筑真的开始厌烦西方的方式了，这一点贝聿铭的预测准确。但他认为中国建筑复兴的开端是努力提供一种为中国建筑师借鉴的方式的想法却是有问题的，他又将我们对"新风格"的探索引到了对某种"风格"借鉴的老路上了。贝聿铭告诫中国建筑师：中国建筑作品要吸取传统的精华——这当然正确。但这传统精华到底是什么呢？贝聿铭的多个中国建筑实践表明，他所吸取的传统精华依然是传统建筑的"风格"。

2011年1月20日，潘石屹回应宋丹丹的发问时谈道："北京是座古老的城市，有文保区，有需要保护的有价值的古老建筑，但同时北京是一座世界城市，肯定会出现越来越多风格前卫的建筑。"这表明，在中国当代建筑"新风格"的探索过程中，潘石屹对西方建筑"风格"借鉴的脚步不仅没有停歇的迹象，反而有继续加速的可能。

诸多国外建筑师也提醒中国建筑师们，不要心浮气躁地直接照搬国外的建筑风格，而是应当静下心来，认真研究中国建筑的出路，应当学会观察，仔细观察观察我们国家发生的变化，并深层次去研究、解读这些变化，从中可能会得到具有中国特色，而又被国际承认的中国未来建筑。

建筑要以人为本，风格追随时代，这两个建筑基本原则告诉我们一个"常识"——"风格"是果，不是因。从中、西建筑"风格"中探索不出中国现代建筑的"新风格"，只会收获邯郸学步、东施效颦般的虚假"新风格"。中国现代建筑的"新风格"的真正来源是我们对当代中国人的建筑要求与中国当代状况的全面的、正确的研究与把握——既要做到以现代中国人为本，又要做到风格追随时代要求。

150年的中国近现代建筑"新风格"探索真到了该转变方向的时候了——果断放弃注定无果的"风格"借鉴，专心研究当代中国人与社会对建筑所提出的真要求。如此，"新风格"就会自然而然地生长出来。

---

1  廖小东. 贝聿铭传 [M]. 武汉：湖北人民出版社，2008：208。

# 参 考 文 献

[1] Abstracting Craft. The Practiced Digital Hand. Malcolm McCullough[M].Reprint edition. Cambridge,MA.：The MIT Press，1998.

[2] David Underwood. Oscar Niemeyer and the Architecture of Brazil[M].New York：Rizzoli Publications，1994

[3] Digital Design Media. William J. Mitchell，Malcolm McCullough[M]. 2nd edition. New York：John Wiley & Sons，1997.

[4] Edward R. Ford. The Details of Modern Architecture：1928-1988（Volume 2）[M]. Cambridge，MA.：The MIT Press，1996.

[5] Francesco Dal Co（Editor）. Tadao Ando：Complete Works[M]. London：Phaidon Press Inc.，1998.

[6] Herbert Zettl.Sight，Sound，Motion：Applied Media Aesthetics[M].3rd edition. Belmont,CA.：Wadsworth Publishing Company，1999.

[7] Howard Davis. The Culture of Building[M].London：Oxford University Press，1999.

[8] Hugh Pearman. Contemporary World Architecture[M]. London：Phaidon Press Inc.，1998.

[9] James Steele，David Jenkins. Pierre Koenig[M]. London：Phaidon Press Inc.，1998.

[10] Jeffery Karl Ochsner, H. H. Richardson.Complete Architectural Works[M]. Cambridge，MA.：The MIT Press，1982.

[11] John Julius Norwich, ed. The World Atlas of Architecture[M]. New York：Portland House，1988.

[12] Le Corbusier.Complete Works[M]. Berlin：Birkhauser Verlag，1996.

[13] Peter Buchanan. Renzo Piano Building Workshop：Complete Works Volume Two[M]. London：Phaidon Press Inc.，1995.

[14] Renzo Piano. Renzo Piano and Building Workshop：Buildings and Projects[M]. New York：Rizzoli Publications, 1971.

[15] Sally B. Woodbridge，Richard Barnes（Photographer）. Bernard Maybeck：Visionary Architect[M].New York Abbeville Press，Inc.，1996.

[16] Sir Banister Fletcher. A History of Architecture[M]. London：The Butterworth Group，1987.

[17] Werner Blaser. Mies Van Der Rohe[M]. Berlin Birkhauser Verlag，1997.

[18] William S. Saunders. Modern Architecture——Photographs by Ezra Stoller[M]. New York：Harry N. Abrams Publishers，1990.

[19] [ 奥 ]Amulf Grubler. 技术与全球性变化 [M]. 吴晓东等，译 . 北京：清华大学出版社，2003.

[20] [ 澳 ] 詹妮弗·泰勒 . 桢文彦的建筑——空间·城市·秩序和建造 [M]. 马琴，译 . 北京：中国建筑工业出版社，2007.

[21] [ 德 ] 阿多诺 . 美学理论 [M]. 王柯平，译 . 成都：四川人民出版社，1998.

[22] [德]彼得·科斯洛夫斯基 . 后现代文化：技术发展的社会文化后期[M]. 毛怡红，译 . 北京：中央编译出版社，1999.

[23] [ 德 ] 弗里德里希·克拉默 . 混沌与秩序——生物系统的复杂结构 [M]. 柯志阳等，译 . 上海：上海科技教育出版社，2000.

[24] [ 德 ] 盖罗·冯·波姆 . 贝聿铭谈贝聿铭 [M]. 林兵，译 . 上海：文汇出版社，2004.

[25] [ 德 ] 黑格尔 . 美学 [M]. 朱光潜，译 . 北京：商务印书馆，1981.

[26] [ 德 ] 克劳斯·迈因策尔 . 复杂性中的思维：物质、精神和人类的复杂动力学 [M]. 曾国屏，译 . 北京：中央编译出版社，1999.

[27] [ 德 ] 莱因哈德·伦内贝格 . 分析生物技术和人类基因组 [M]. 杨毅等，译 . 北京：科学出版社，2009.

[28] [ 德 ] 利普斯 . 事物的起源 [M]. 李敏，译 . 西安：陕西师范大学出版社，2008.

[29] [ 德 ] 沃尔夫冈·韦尔施 . 重构美学 [M]. 陆扬等，译 . 上海：上海译文出版社，2006.

[30] [ 德 ] 沃林格尔 . 哥特形式论 [M]. 张坚等，译 . 杭州：中国美术学院出版社，2003.

[31] [ 法 ]B. 曼德尔布洛特 . 分形对象：形、机遇和维数 [M]. 文志英等，译 . 北京：世界图书出版社，1999.

[32] [ 法 ]Edgar Morin. 复杂性思想导论 [M]. 陈一壮，译 . 上海：华东师范大学出版社，2008.

[33] [ 法 ] 鲍赞巴克，索莱尔斯 . 观看，书写：建筑与文学之间的对话 [M]. 姜丹丹，译 . 桂林：广西师范大学出版社，2010.

[34] [ 法 ] 勒·柯布西耶 . 走向新建筑 [M]. 陈志华，译 . 天津：天津科学技术出版社，1991.

[35] [ 法 ] 雅克·阿塔利 . 21 世纪词典 [M]. 梁志斐等，译 . 桂林：广西师范大学出版社，2004.

[36] [ 古罗马 ] 维特鲁威 . 建筑十书 [M]. 高履泰，译 . 北京：知识产权出版社，2001.

[37] [ 荷 ] 亚历山大·佐尼斯 . 勒·柯布西耶：机器与隐喻的诗学 [M]. 金秋野，王又佳，译 . 北京：中国建筑工业出版社，2004.

[38] [ 美 ]David loye. 进化的挑战：人类动因对进化的冲击 [M]. 胡恩华等，译 . 北京：社会科学文献出版社，2004.

[39] [ 美 ]F. L. 赖特 . 建筑的未来 [M]. 翁志祥，译 . 北京：中国建筑工业出版社，1992.

[40] [ 美 ]FINNEY　WEIR　GIORDANO. 托马斯微积分 [M]. 叶其孝等，译 . 北京：高等教育出版社，2003.

[41] [ 美 ]H.G. 布洛克 . 现代艺术哲学 [M]. 滕守尧，译 . 成都：四川人民出版社，1998.

[42] [ 美 ]J.E. 麦克莱伦第三 , 哈罗德•多恩 . 世界科学技术通史 [M]. 王鸣阳，译 . 上海：上海世纪出版集团，2007.

[43] [ 美 ]J. 布里格斯,F. D. 皮特 . 湍鉴：混沌理论与整体性科学导引 [M]. 刘华杰等，译 . 北京：商务印书馆，1998.

[44] [ 美 ]Jean-Louis Cohen. 流动的石头：新混凝土建筑 [M]. 汤凯青，译 . 北京：中国电力出版社，2008.

[45] [ 美 ]Leonard Shlain. 艺术与物理学——时空和光的艺术观与物理观 [M]. 暴永宁等，译 . 长春：吉林人民出版社，2001.

[46] [ 美 ]R. P. 费曼 . 费曼讲物理入门 [M]. 秦克诚，译 . 湖南：湖南科学技术出版社，2004.

[47] [ 美 ]Stanley Abercrombie. 建筑的艺术观 [M]. 吴玉成，译 . 天津：天津大学出版社，2001.

[48] [ 美 ] 爱德华•O. 威尔逊 . 昆虫的社会 [M]. 王一民等，译 . 重庆：重庆出版社，2007.

[49] [ 美 ] 爱德华•麦克诺尔•伯恩斯,菲利普•李•拉尔夫 . 世界文明史（第一卷）[M]. 罗经国等，译 . 北京：商务印书馆，1995.

[50] [ 美 ] 爱德华•麦克诺尔•伯恩斯,菲利普•李•拉尔夫 . 世界文明史（第四卷）[M]. 罗经国等，译 . 北京：商务印书馆，1995.

[51] [ 美 ] 安妮特•勒古耶 . 超越钢结构——金属建筑新技术 [M]. 杜晓辉，译 . 北京：中国建筑工业出版社，2008.

[52] [ 美 ] 巴里•A. 伯克斯 . 艺术与建筑 [M]. 刘俊等，译 . 北京：中国建筑工业出版社，2002.

[53] [ 美 ] 伯纳德•格伦 . 世界七千年大事总览 [M]. 雷自学等，译 . 北京：东方出版社，1990.

[54] [ 美 ] 查尔斯•詹克斯,卡尔•克罗普夫 . 当代建筑的理论和宣言 [M]. 周玉鹏等,译 . 北京：中国建筑工业出版社，2004.

[55] [ 美 ] 菲尔•赫恩 . 塑成建筑的思想 [M]. 张宇，译 . 北京：中国建筑工业出版社，2006.

[56] [ 美 ] 弗吉尼亚•费尔卫瑟 . 大型建筑的结构表现技术 [M]. 段智君等，译 . 北京：中

国建筑工业出版社，2008.

[57] [美]弗瑞德•A.斯迪特.生态设计——建筑•景观•室内•区域可持续设计与规划[M].汪芳等，译.北京：中国建筑工业出版社，2007.

[58] [美]豪•鲍克斯.像建筑师那样思考[M].姜卫平等，译.济南：山东画报出版社，2009.

[59] [美]克里斯•亚伯.建筑•技术与方法[M].项琳斐等，译.北京：中国建筑工业出版社，2008.

[60] [美]肯尼思•弗兰姆普敦.建构文化研究——论19世纪和20世纪建筑中的建造诗学[M].王骏阳，译.北京：中国建筑工业出版社，2007.

[61] [美]罗伯特•埃文斯•斯诺德格拉斯.昆虫的生存之道[M].邢锡范等，译.上海：上海科学技术文献出版社，2010.

[62] [美]罗伯特•文丘里.建筑的复杂性与矛盾性[M].周卜颐，译.北京：中国建筑工业出版社，1991.

[63] [美]马克•第亚尼.非物质社会——后工业世界的设计、文化与技术[M].滕守尧，译.四川：四川人民出版社，1998.

[64] [美]玛乔里•艾略特•贝弗林.艺术设计概论[M].孙里宁，译.上海：上海人民美术出版社，2006.

[65] [美]梅莉•希可丝特.建筑大师赖特[M].成寒，译.上海：上海文艺出版社，2001.

[66] [美]米歇尔•沃尔德罗普.复杂：诞生于秩序与混沌边缘的科学[M].陈玲，译.北京：生活•读书•新知三联书店，1997.

[67] [美]尼古拉•尼葛洛庞帝.数字化生存[M].胡泳等，译.海口：海南出版社，1997.

[68] [美]欧内斯特•伯登.世界典型建筑细部设计[M].张国忠等，译.北京：中国建筑工业出版社，1997.

[69] [美]乔治•H.马库斯.今天的设计[M].张长征等，译.成都：四川人民出版社，2009.

[70] [美]乔治•威廉斯.适应与自然选择[M].陈蓉霞，译.上海：上海科学技术出版社，2001.

[71] [美]斯蒂芬•R.凯勒特.生命的栖居——设计并理解人与自然的联系[M].朱强等，译.北京：中国建筑工业出版社，2008.

[72] [美]斯蒂芬•R.帕卢比.进化爆炸：人类如何引发快速的进化演变[M].温东辉，译.北京：中国环境科学出版社，2008.

[73] [美]斯蒂芬•贝利，菲利普•加纳.20世纪风格与设计[M].罗筼筼，译.成都：四川人民出版社，2000.

[74] [美] 斯蒂芬·基兰，詹姆斯·廷伯莱克.再造建筑——如何用制造业的方法改造建筑业 [M]. 何清华等，译.北京：中国建筑工业出版社，2009.

[75] [美] 托德·西勒.像天才一样思考 [M]. 李斯，译.海口：海南出版社，2000.

[76] [美] 威廉·弗莱明.艺术和思想 [M]. 吴江，译.上海：上海人民美术出版社，1987.

[77] [美] 威拖德·黎辛斯基.建筑的表情 [M]. 杨惠君，译.天津：天津大学出版社，2007.

[78] [美] 约翰·奈斯比特.世界大趋势 [M]. 魏平，译.北京：中信出版社，2009.

[79] [美]J.H. 伯利斯坦德.走出蒙昧（上）[M]. 周作宇，洪成文，译.南京：江苏人民出版社，1995.

[80] [美]J.H. 伯利斯坦德.走出蒙昧（下）[M]. 周作宇等，译.南京：江苏人民出版社，1998.

[81] [日] 渡边邦夫.结构设计的新理念·新方法 [M]. 小山广，小山友子，译.北京：中国建筑工业出版社，2008.

[82] [日]建筑学教育研究会.新建筑学初步 [M]. 范悦等，译.北京：中国建筑工业出版社，2008.

[83] [日]日本建筑学会.玻璃在建筑中的应用 [M]. 卢春生等，译.北京：中国建筑工业出版社，2008.

[84] [日] 隈研吾.负建筑 [M]. 计丽屏，译.济南：山东人民出版社，2008.

[85] [日] 渊上正幸.世界建筑师的思想和作品 [M]. 覃力等，译.北京：中国建筑工业出版社，1999.

[86] [日] 原研哉.设计中的设计 [M]. 朱锷译.济南：山东人民出版社，2006.

[87] [新西兰]Andrew W.Charleson.建筑中的结构思维 [M]. 李凯等，译.北京：机械工业出版社，2008.

[88] [匈] 久洛·谢拜什真.新建筑与新技术 [M]. 肖立春等，译.北京：中国建筑工业出版社，2005.

[89] [意]L·本奈沃洛.西方现代建筑史 [M]. 邹德侬等，译.天津：天津科学技术出版社，1996.

[90] [意]P. L. 奈尔维.建筑的艺术与技术 [M]. 黄运昇，译.北京：中国建筑工业出版社，1987.

[91] [意] 布鲁诺·赛维.现代建筑语言 [M]. 席云平等，译.北京：中国建筑工业出版社，1986.

[92] [意] 曼弗雷多·塔夫里.建筑学的理论和历史 [M]. 郑时玲，译.北京：中国建筑工业出版社，1991.

[93] [英]Alain de Botton.幸福的建筑 [M]. 冯涛，译.上海：上海译文出版社，2007.

[94] [ 英 ]Bertrand Russell. 西方的智慧（上）[M]. 崔权醴，译. 北京：文化艺术出版社，1997.

[95] [ 英 ]Bertrand Russell. 西方的智慧（下）[M]. 崔权醴，译. 北京：文化艺术出版社，1997.

[96] [ 英 ] 弗兰克•惠特福德. 包豪斯 [M]. 林鹤，译. 北京：生活•读书•新知三联书店，2001.

[97] [ 英 ] 尼古拉斯•佩夫斯纳. 现代建筑与设计的源泉 [M]. 殷凌云等，译. 北京：生活•读书•新知三联书店，2001.

[98] [ 英 ]Peter Tallack. 科学之书：影响人类历史的 250 项科学大发现 [M]. 马华，译. 济南：山东画报出版社，2004.

[99] [ 英 ]W. C. 丹皮尔. 科学史及其与哲学和宗教的关系（上）[M]. 李珩，译. 北京：商务印书馆，1975.

[100] [ 英 ]W. C. 丹皮尔. 科学史及其与哲学和宗教的关系（下）[M]. 李珩，译. 北京：商务印书馆，1975.

[101] [ 英 ] 安格斯•J. 麦克唐纳. 结构与建筑 [M]. 陈治业等，译. 北京：中国水利水电出版社，知识产权出版社，2003.

[102] [英 ]比尔•阿迪斯. 创造力和创新——结构工程师对设计的贡献 [M]. 高立人，译. 北京：中国建筑工业出版社，2008.

[103] [ 英 ] 彼得•柯林斯. 当代建筑设计思想的演变 1750—1950[M]. 英若聪，译. 北京：中国建筑工业出版社，1987.

[104] [ 英 ] 查理德•帕多万. 比例——科学•哲学•建筑 [M]. 周玉鹏等，译. 北京：中国建筑工业出版社，2004.

[105] [ 英 ] 达尔文. 物种起源 [M]. 周建人等，译. 北京：商务印书馆出版，1995.

[106] [ 英 ] 大卫•沃特金. 西方建筑史 [M]. 傅景川等，译. 长春：吉林人民出版社，2004.

[107] [ 英 ] 肯尼思•弗兰姆普敦. 现代建筑：一部批评的历史 [M]. 原山等，译. 北京：中国建筑工业出版社，1988.

[108] [ 英 ] 李约瑟. 中国科学技术史 [M]. 北京：科学出版社，2005.

[109] [ 英 ] 罗杰•斯克鲁登. 建筑美学 [M]. 刘先觉，译. 北京：中国建筑工业出版社，1992.

[110] [ 英 ] 洛兰•法雷利. 构造与材料 [M]. 黄中浩，译. 大连：大连理工大学出版社，2001.

[111] [ 英 ] 尼古拉斯•佩夫斯纳. 设计的先驱者——从威廉•莫里斯到格罗皮乌斯 [M]. 王申祐，译. 北京：中国建筑工业出版社，1987.

[112] [英 ] 史蒂芬•霍金. 时间简史——从大爆炸到黑洞 [M]. 许明贤等，译. 湖南：湖

南科学技术出版社，2001.

[113] [英] 伊丽莎白•史密斯. 新高技派建筑 [M]. 陈珍诚，译. 南京：东南大学出版社，
2001.

[114] [英] 约翰•巴罗. 艺术与宇宙 [M]. 舒运祥，译. 上海：上海科学技术出版社，
2001.

[115] [英] 约翰•奇尔顿. 空间网格结构 [M]. 高立人，译. 北京：中国建筑工业出版社，
2004.

[116] 《大师》编辑部. 弗兰克•劳埃德•赖特 [M]. 武汉：华中科技大学出版社，2007.

[117] 《大师》编辑部. 路易斯•康 [M]. 武汉：华中科技大学出版社，2007.

[118] 布正伟. 结构构思论——现代建筑创作结构运用的思路与技巧 [M]. 北京：机械工
业出版社，2006.

[119] 曾国屏. 自组织的自然观 [M]. 北京：北京大学出版社，1996.

[120] 陈世良. 建筑变成明信片 [M]. 北京：中国城市出版社，2003.

[121] 陈志华. 外国建筑史（19 世纪末叶以前）[M]. 北京：中国建筑工业出版社，1979.

[122] 褚瑞基. 建筑历程 [M]. 天津：百花文艺出版社，2005.

[123] 丹纳. 艺术哲学 [M]. 合肥：安徽文艺出版社，1991.

[124] 邓明. 材料成形新技术及模具 [M]. 北京：化学工业出版社，2005.

[125] 邓庆坦，邓庆尧. 当代建筑思潮与流派 [M]. 武汉：华中科技大学出版社，2010.

[126] 邓庆坦. 中国近、现代建筑历史整合研究论纲 [M]. 北京：中国建筑工业出版社，
2008.

[127] 范毅舜. 走进一座大教堂 [M]. 北京：生活•读书•新知三联书店，2006.

[128] 龚德顺，邹德侬，窦以德. 中国现代建筑史纲 [M]. 天津：天津科学技术出版社，
1989.

[129] 何颂飞. 立体形态构成 [M]. 北京：中国青年出版社，2010.

[130] 贺业钜. 考工记营国制度研究 [M]. 北京：中国建筑工业出版社，1985.

[131] 胡省三，王淼洋. 科学技术发展简史 [M]. 上海：上海科技教育出版社，1996.

[132] 黄天授. 现代科学技术导论 [M]. 北京：中国人民大学出版社，1995.

[133] 黄真，林少培. 现代结构设计的概念与方法 [M]. 北京：中国建筑工业出版社，
2009.

[134] 贾倍思. 型和现代主义 [M]. 北京：中国建筑工业出版社，2003.

[135] 赖德霖. 中国近代建筑史研究 [M]. 北京：清华大学出版社，2007.

[136] 李大夏，陈寿恒. 数字营造：建筑设计•运算逻辑•认知理论 [M]. 北京：中国建筑
工业出版社，2009.

[137] 李蕙蓁. 德意志制造 [M]. 北京：生活•读书•新知三联书店，2009.

[138] 李继宗. 现代科学技术概论 [M]. 上海：复旦大学出版社，1994.

[139] 李丽. 时空向度的现代探索：诺贝尔物理学奖获得者100年图说 [M]. 重庆：重庆出版社，2006.

[140] 李清志. 异形建筑 [M]. 北京：生活·读书·新知三联书店，2006.

[141] 李允鉌. 华夏意匠：中国古典建筑设计原理分析 [M]. 天津：天津大学出版社，2006.

[142] 梁美灵，王则柯. 童心与发现：混沌与均衡纵横谈 [M]. 北京：生活·读书·新知三联书店，1996.

[143] 梁思成. 清式营造则例 [M]. 北京：中国建筑工业出版社，1981.

[144] 梁思成. 图像中国建筑史 [M]. 天津：百花文艺出版社，2000.

[145] 廖小东. 贝聿铭传 [M]. 武汉：湖北人民出版社，2008.

[146] 刘华杰. 分形艺术 [M]. 湖南：湖南科学技术出版社，1998.

[147] 刘睿铭. 科学的历程 [M]. 南昌：江西高校出版社，2009.

[148] 刘先觉编著. 密斯·凡·德·罗 [M]. 北京：中国建筑工业出版社，1992.

[149] 刘育东. 建筑的涵意：认识建筑、体验建筑、并了解建筑设计 [M]. 台北：胡氏图书出版社，1996.

[150] 刘云胜. 高技术生态建筑发展历程——从高技派建筑到高技术生态建筑的演进 [M]. 北京：中国建筑工业出版社，2008.

[151] 楼庆西. 中国古建筑二十讲 [M]. 北京：生活·读书·新知三联书店，2001.

[152] 马永健. 现代主义艺术20讲 [M]. 上海：上海社会科学院出版社，2005.

[153] 苗东升. 系统科学辩证法 [M]. 济南：山东教育出版社，1998.

[154] 苗东升. 系统科学精要 [M]. 北京：中国人民大学出版社，1998.

[155] 聂振斌，滕守尧，章建刚. 艺术化生存——中西审美文化比较 [M]. 成都：四川人民出版社，1997.

[156] 潘谷西. 中国建筑史 [M]. 北京：中国建筑工业出版社，2001.

[157] 钱凤根. 世界名派名家设计大系"新艺术"设计 [M]. 河北：河北美术出版社，1996.

[158] 秦佑国. 建筑技术概论 [J]. 北京：建筑学报，2002（7）.

[159] 任军. 当代科学观影响下的建筑形态研究 [D]. 天津：天津大学，2007.

[160] 日本建筑构造技术者协会. 日本结构技术典型实例100选——战后50余年的创新历程 [M]. 滕征本等，译. 北京：中国建筑工业出版社，2005.

[161] 沈之兴，张幼香. 西方文化史 [M]. 第2版. 广州：中山大学出版社，1997.

[162] 宋健，惠永正. 现代科学技术基础知识 [M]. 北京：科学出版社，1994.

[163] 汤亮. 建筑师和工程师的分野与合流研究 [D]. 长沙：长沙理工大学，2006.

[164] 滕军红. 整体与适应——复杂性科学对建筑学的启示 [D]. 天津：天津大学，2002.

[165] 滕守尧. 文化的边缘 [M]. 北京：作家出版社，1997.

[166] 万书元. 当代西方建筑美学 [M]. 南京：东南大学出版社，2001.

[167] 汪丽君，舒平. 类型学建筑 [M]. 天津：天津大学出版社，2004.

[168] 王保前. 新观念 600 论 [M]. 北京：农村读物出版社，1988.

[169] 王博. 世界十大建筑鬼才 [M]. 武汉：华中科技大学出版社，2006.

[170] 王世仁. 理性与浪漫的交织——中国建筑美学论文集 [M]. 北京：中国建筑工业出版社，1987.

[171] 王天锡. 贝聿铭 [M]. 北京：中国建筑工业出版社，1990.

[172] 王岳川，尚水. 后现代主义文化与美学 [M]. 北京：北京大学出版社，1992.

[173] 文化部文物保护科研所. 中国古建筑修缮技术 [M]. 北京：中国建筑工业出版社，1983.

[174] 吴国盛. 科学的历程 [M]. 北京：北京大学出版社，2002.

[175] 吴焕加. 外国现代建筑二十讲 [M]. 北京：生活•读书•新知三联书店，2007.

[176] 吴焕加. 现代西方建筑的故事 [M]. 天津：百花文艺出版社，2005.

[177] 吴焕加. 现代主义建筑 20 讲 [M]. 上海：上海社会科学院出版社，2005.

[178] 吴焕加. 雅马萨奇 [M]. 北京：中国建筑工业出版社，1993.

[179] 吴焕加. 中外现代建筑的解读 [M]. 北京：中国建筑工业出版社，2010.

[180] 吴耀东. 日本现代建筑 [M]. 天津：天津科学技术出版社，1997.

[181] 项秉仁. 赖特 [M]. 北京：中国建筑工业出版社，1992.

[182] 萧默. 建筑意 [M]. 合肥：安徽教育出版社，2005.

[183] 谢国钟. 嬉游城市光影间：欧洲六国建筑之旅 [M]. 北京：生活•读书•新知三联书店，2007.

[184] 许国志. 系统科学 [M]. 上海：上海科技教育出版社，2000.

[185] 许力主. 后现代主义建筑二十讲 [M]. 上海：上海社会科学院出版社，2005.

[186] 杨冬江，李冬梅. 为中国而设计 境外建筑师与中国当代建筑 [M]. 北京：中国建筑工业出版社，2008.

[187] 杨涛，杨昌鸣. 艺术的缺失——建筑对 Architecture 的漏读 [J]. 哈尔滨工业大学学报（社科版），2009（2）：33-37.

[188] 杨涛 杨昌鸣. "器" 与 "艺" 的博弈——对中国当代建筑问题的文化解读 [J]. 哈尔滨：哈尔滨工业大学学报（社科版），2010（4）：15-21.

[189] 叶渭渠. 日本建筑 [M]. 上海：上海三联书店，2005.

[190] 张克荣. 贝聿铭 [M]. 北京：现代出版社，2004.

[191] 张钦哲，朱纯华. 菲利普•约翰逊 [M]. 北京：中国建筑工业出版社，1990.

[192] 张贤科. 古希腊名题与现代数学 [M]. 北京：科学出版社，2007.

[193] 张燕翔. 当代科技艺术 [M]. 北京：科学出版社，2007.

[194] 赵建波. 基于生活观、科学观和教育观点研究型建筑设计思想 [D]. 天津：天津大学，

2006.

[195] 赵凯华 陈熙谋.电磁学 [M].北京：高等教育出版社，2003.

[196] 赵凯荣.复杂性哲学 [M].北京：中国社会科学出版社，2001.

[197] 赵巍岩.当代建筑美学意义 [M].南京：东南大学出版社，2001.

[198] 赵宪章.西方形式美学——关于形式的美学研究 [M].上海：上海人民出版社，1996.

[199] 赵鑫珊.建筑是首哲理诗：对世界建筑艺术的哲学思考 [M].天津：百花文艺出版社，1998.

[200] 赵鑫珊.人类文明的功过 [M].北京：作家出版社，1999.

[201] 郑光复.建筑的革命 [M].南京：东南大学出版社，1999.

[202] 郑敏.结构—解构视角：语言·文化·评论 [M].北京：清华大学出版社，1998.

[203] 周铁军，王雪松.高技术建筑 [M].北京：中国建筑工业出版社，2009.

[204] 邹德侬，王明贤，张向炜.中国建筑 60 年（1949—2009）：历史纵览 [M].北京：中国建筑工业出版社，2009.

# 后　记

感谢导师杨昌鸣教授，在我迷茫的时候将我拉回到建筑学术研究当中。借助先生所构建的学术研究平台，在先生悉心的指导下，自己得以梳理了多年来对建筑的一些思考，感觉有了一点小小的收获。先生严谨踏实的治学态度、严密思辨的治学方式以及克己宽厚的学者风范，是我人生的典范。本书的顺利完成离不开先生的悉心指导，从选题、写作到最后定稿的各个环节，无不凝聚着先生的辛勤汗水和大量心血。在今后的学术道路上，我将牢记恩师的教诲，踏实研究，努力进取。

感谢邹德侬先生。作为我的硕士生导师，多年来邹先生一直在关心、支持、鼓励着我，我的点滴成长和进步无不渗透着他殷切的期望。先生是我建筑研究、艺术探索的引路者，从先生那里，我认识了吴冠中先生，并得到了美的启蒙。读博期间，多次聆听先生的教诲，先生渊博的知识和真诚的指导，使我终生受益。

感谢聂兰生先生、黄为隽先生。多年来，两位先生给予了我和我的家人长辈般的关怀。他们的长者风范使我受益良多，他们是我一生做人的榜样。

感谢张玉坤教授、宋昆教授、陈天教授、刘丛红教授、董西红老师给予我无私的帮助和教诲，使我明白要成为一个真正的学者需要有艰辛的付出和实事求是的科学精神。虽然今天我做得还远远不够，但今后的工作中我会以此为目标，全力以赴继续努力。感谢天津大学建筑学院老师们的热情关怀与培养。

感谢青岛大学美术学院领导和同事们，在求学过程中给予我的极大关怀和帮助。美术学院良好的工作氛围以及同事们的无私帮助，使我得以安心求学，积极进取。

感谢天津大学管理学院孙继国博士、同济大学蒋正良博士、山东大学马临刚博士所给予的帮助，感谢天津大学 2008 秋博全体同学，在与同学们交往的过程中，我常常能够感受到思想交流与碰撞的愉悦。

感谢家人的支持和鼓励。他们永远是我前进的动力源泉。

2011 年 11 月 25 日